Ciclos del tiempo

Ciclos del tiempo

Una extraordinaria nueva visión del universo

ROGER PENROSE

Traducción de Javier García Sanz

DEBATE

Papel certificado por el Forest Stewardship Council®

MIXTO
Papel | Apoyando la silvicultura responsable
FSC® C117695

Penguin Random House Grupo Editorial

Título original: *Cycles of Time*

Primera edición con esta encuadernación: febrero de 2024
Tercera reimpresión: julio de 2025

Printed in Spain – Impreso en España

ISBN: 978-84-19951-85-4
Depósito legal: B-1.716-2024

Compuesto en Fotocomposición 2000, S. A.
Impreso en Liberdúplex
Sant Llorenç d'Hortons (Barcelona)

C951854

Índice

Prefacio

Uno de los misterios más profundos de nuestro universo es el enigma de su procedencia.

Cuando, a principios de la década de 1950, ingresé en la Universidad de Cambridge como estudiante de grado en matemáticas, se estaba imponiendo una teoría cosmológica fascinante, conocida como el modelo del estado estacionario. Según este esquema, el universo no tuvo principio y permanecía más o menos igual todo el tiempo. El universo en estado estacionario lo conseguía, pese a su expansión, porque la continua dilución de material que resulta de la expansión del universo se considera compensada por la continua creación de nueva materia, en forma de gas hidrógeno extremadamente difuso. Mi amigo y mentor en Cambridge, el cosmólogo Dennis Sciama, de quien aprendí la excitación de tanta nueva física, era en esa época un fuerte defensor de la cosmología de estado estacionario, y él me transmitió la belleza y potencia de ese notable esquema de cosas.

Pero esta teoría no ha soportado la prueba del tiempo. Unos diez años después de que yo hubiera ingresado por primera vez en Cambridge, y me hubiera familiarizado con la teoría, Arno Penzias y Robert Wilson descubrieron, para su propia sorpresa, una radiación electromagnética que impregnaba todo y procedía de todas direcciones, ahora conocida como el *fondo cósmico de microondas* o CMB (de Cosmic Microwave Background). Poco después, Robert Dicke identificó este fondo como una consecuencia predicha del «destello» de un *Big-Bang* origen del universo, que ahora se supone que tuvo lugar hace unos 14.000 millones de años —un suceso que había sido concebido seriamente por primera vez por monseñor George Lemaître en 1927, como una consecuencia de su trabajo sobre las ecuaciones de Einstein de la relatividad general y los primeros indicios observacionales de una expansión del universo. Haciendo gala de gran valor y honestidad científica (cuando los datos del CMB quedaron mejor establecidos), Dennis Sciama repudió públicamente sus ideas anteriores y pasó a apoyar con fuerza la idea del Big Bang origen del universo.

Desde entonces, la cosmología ha madurado desde una búsqueda especulativa hasta una ciencia exacta, y el análisis intenso del CMB —procedente de datos muy detallados, generados por soberbios experimentos— ha formado una parte importante de esta revolución. Sin embargo, quedan muchos misterios, y mucha especulación sigue formando parte de esta empresa. En este libro ofrezco descripciones no solo de los principales modelos de la cosmología relativista clásica sino también de varios desarrollos y cuestiones enigmáticas que han surgido desde entonces. Muy en particular, hay una profunda singularidad subyacente en la Segunda Ley de la termodinámica y la propia naturaleza del Big Bang. En relación con esto, presento un cuerpo de especulación propia, que reúne muchas hebras de diferentes aspectos del universo que conocemos.

Mi propia aproximación heterodoxa data del verano de 2005, aunque muchos detalles son más recientes. Esta exposición entra seriamente en la geometría, pero en el cuerpo principal del texto he evitado incluir algo serio en forma de ecuaciones u otros tecnicismos, que han sido relegados a los apéndices. Solo los expertos son remitidos a esas partes del libro. El esquema que voy a defender es en verdad heterodoxo, pero está basado en ideas geométricas y físicas que están muy firmemente fundamentadas. Aunque es algo completamente diferente, ¡hay en esta propuesta fuertes ecos del viejo modelo del estado estacionario!

Me pregunto qué le hubiera parecido a Dennis Sciama.

Agradecimientos

Estoy muy agradecido a muchos amigos y colegas por sus importantes aportaciones, y por compartir conmigo sus ideas respecto al esquema cosmológico que presento aquí. Especialmente importantes han sido las discusiones detalladas con Paul Tod, concernientes a la formulación de su propuesta de una versión de extensión conforme de la hipótesis de curvatura de Weyl, que han tenido una influencia crucial; y muchos aspectos de su análisis se han mostrado vitales para el desarrollo detallado de las ecuaciones de la cosmología cíclica conforme, tal como las presento aquí. En el otro extremo, el potente análisis de Helmut Friedrich del infinito conforme, en especial su trabajo sobre el caso en donde hay una constante cosmológica positiva, ha prestado un fuerte apoyo a la viabilidad matemática de este esquema. Otra persona que ha hecho una aportación importante durante muchos años es Wolfgang Rindler, en especial por su seminal comprensión de los horizontes cosmológicos, pero también por su larga colaboración conmigo sobre el formalismo de 2-espinores, y también por discusiones sobre el papel de la cosmología inflacionaria.

Aportaciones significativas proceden de Florence Tsou (Sheung Tsun) y Hong-Mo Chan, que han compartido conmigo sus ideas sobre la naturaleza de la masa en la física de partículas; también James Bjorken ofreció una idea crucial en relación con esto. Entre otros muchos que han tenido una importante influencia sobre mí hay que citar a David Spergel, Amir Hajian, James Peebles, Mike Eastwood, Ed Speigel, Abhay Ashtekar, Neil Turok, Pedro Ferreira, Vahe Gurzadyan, Lee Smolin, Paul Steinhardt, Andrew Hodges, Lionel Mason y Ted Newman. El heroico apoyo editorial de Richard Lawrence ha sido impagable, como la aportación vital de Thomas Lawrence al proporcionar mucha información que faltaba, concerniente en particular a la Parte 1. Hay que dar las gracias a Paul Nash por haber hecho un índice.

Por su gran apoyo, amor y comprensión, frecuentemente en difíciles circunstancias, estoy en deuda profunda con mi mujer Vanessa, a quien también agradezco el haber proporcionado casi al instante algunas gráficas necesarias, pero más en particular por guiarme a través de algunas de las continuas frustraciones de la moderna tecnología electrónica, que de no ser por ella me habrían hecho rendirme ante la elaboración de los diagramas. Finalmente, también hay que dar las gracias a nuestro hijo Max, de diez años de edad, no solo por su continuo ánimo y cariño, sino también por desempeñar su propio papel en la ayuda ante esta desconcertante tecnología.

Estoy agradecido a la M.C. Escher Company, Holanda, por el permiso para reproducir las imágenes utilizadas en la Fig. 2.3. Gracias también al Instituto de Física Teórica de la Universidad de Heidelberg, por la Fig. 2.6. Doy la gracias, además, a la NSF por su apoyo económico bajo PHY00-90091.

Prólogo

Con los párpados medio cerrados, calado por la lluvia y sintiendo en los ojos el picor de las finas gotas de agua procedentes de la nube que se formaba sobre el río, Tom observaba el torrente turbulento que descendía por la ladera de la montaña.

—¡Impresionante! —dijo dirigiéndose a su tía Priscilla, una catedrática de astrofísica de la Universidad de Cambridge, que le había llevado a este maravilloso molino antiguo en excelente estado de conservación—, ¿siempre es así? No me extraña que esta vieja maquinaria pueda seguir dando vueltas a una velocidad tan grande.

—No creo que siempre lleve tanta energía —dijo Priscilla, que permanecía junto a él tras la barrera a la orilla del río, elevando algo su voz para hacerse oír por encima del ruido del agua rugiente—. El agua está hoy mucho más violenta que de costumbre a causa de este tiempo lluvioso. Ya ves que ha habido que desviar buena parte del agua para que no llegue al molino. En circunstancias normales no se haría, porque habría que aprovechar al máximo un flujo mucho más tranquilo. Pero ahora el flujo lleva mucha más energía que la que se necesita para mover el molino.

Tom observó durante algunos minutos el agua tumultuosa y admiró las complicadas figuras que formaban los vapores cuando ascendían en el aire.

—Puedo ver que hay mucha energía en el agua, y sé que hace un par de siglos la gente era suficientemente inteligente para ver cómo se podía utilizar toda esta energía para impulsar estas máquinas, que realizaban el trabajo de muchos seres humanos y tejían todos esos tejidos de lana. Pero ¿de dónde procedía inicialmente la energía que llevó toda esa agua a lo alto de la montaña?

—Fue el calor del Sol el que hizo que el agua de los océanos se evaporara y ascendiera, de modo que con el tiempo volvió a caer en forma de lluvia. Y una buena proporción de la lluvia se depositó en lo alto de las montañas —respondió Priscilla—. En realidad es la energía del Sol la que se está aprovechando para mover el molino.

Tom se sintió un poco intrigado por esto. A menudo se sentía intrigado por las cosas que le contaba Priscilla, y era bastante escéptico por naturaleza. Realmente no podía ver cómo el calor podía elevar el agua en el aire. Y si había tanto calor, ¿por qué él sentía frío ahora?

Ayer hacía calor —concedió a regañadientes. Aunque, aún incómodo, comentó—: Pero yo no sentía que el Sol tratara de levantarme en el aire más de lo que lo siento ahora.

La tía Priscilla se rió.

—No, no es realmente así. Son las minúsculas moléculas del agua en los océanos las que se hacen más energéticas gracias al calor del Sol. Por eso, dichas moléculas se mueven aleatoriamente mucho más rápidas que lo harían de lo contrario, y unas pocas de esas moléculas «calientes» se moverán tan rápidas que se despegarán de la superficie del agua y se elevarán en el aire. Y aunque son relativamente pocas las moléculas que ascienden en un instante, los océanos son tan grandes que realmente habrá una gran cantidad de agua ascendiendo en conjunto. Esas moléculas forman las nubes, y finalmente las moléculas de agua vuelven a caer en forma de lluvia, buena parte de la cual cae en lo alto de las montañas.

Tom se sentía aún bastante incómodo, pero al menos la lluvia había amainado algo.

—Pero esta lluvia no me parece nada caliente.

—Piensa que la energía del Sol se convierte inicialmente en la energía del movimiento aleatorio rápido de las moléculas de agua —dijo la tía Priscilla—. Piensa luego que ese movimiento rápido da como resultado que una pequeña proporción de las moléculas sean tan rápidas que se elevan en forma de vapor de agua. La energía de estas moléculas se convierte en lo que se denomina energía potencial gravitatoria. Piensa en lo que pasa cuando arrojas una bola al aire. Cuanto mayor es la energía con la que la lanzas, más alto sube. Pero cuando alcanza la altura máxima, deja de subir. En ese momento toda su energía de movimiento se ha transformado en energía potencial gravitatoria correspondiente a su altura sobre el suelo. Lo mismo sucede con las moléculas de agua. Su energía de movimiento (la energía que obtuvieron del calor del Sol) se convierte en esa energía potencial gravitatoria, ahora en la cima de la montaña, y cuando corre hacia abajo, esta energía potencial se convierte de nuevo en energía cinética de movimiento, que se utiliza para mover el molino.

—Entonces, ¿el agua no está caliente en absoluto cuando está allí arriba —preguntó Tom.

—Exactamente, querido. Cuando esas moléculas llegan a una gran altura en el cielo, se frenan y con frecuencia se congelan en minúsculos cristales de hielo (de eso están hechas la mayor parte de las nubes), de modo que la energía entra en su altura sobre el suelo antes que en su movimiento térmico. Como consecuencia, la lluvia no está caliente allí, e incluso está bastante fría cuando finalmente empieza a caer de nuevo, frenada por la resistencia del aire.

—¡Eso es sorprendente!

—Si, realmente lo es. —Y, animada por el interés del muchacho, la tía Priscilla aprovechó la oportunidad para seguir diciendo—: ¿Sabes?, lo curioso es que incluso en el agua *fría* en este río sigue habiendo mucha más energía *térmica* en el movimiento de las moléculas individuales que se mueven aleatoriamente a gran velocidad que la que hay en las corrientes turbulentas de agua que descienden por la ladera de la montaña.

—¡Anda ya! ¿Se supone que tengo que creermelo?

Tom reflexionó durante unos minutos, algo confundido al principio; pero luego, más atraído por lo que Pricilla decía, comentó excitado:

—¡Me has dado una gran idea! ¿Por qué no construimos un tipo de molino especial que utilice directamente toda la energía de las moléculas del agua en un lago ordinario? Podría utilizar montones de minúsculos molinillos, quizá como esos molinillos que giran en el viento, con pequeñas capuchas en los extremos para que puedan girar y ponerse siempre en la dirección del viento, venga de donde venga. Solo que en este caso tendrían que ser pequeñísimos y estar dentro del agua, de modo que fuera la velocidad de las moléculas del agua lo que los hiciera girar, y así podrían utilizarse para aprovechar la energía del movimiento en las moléculas de agua para impulsar todo tipo de máquinas.

—Esa es una idea maravillosa, querido Tom, ¡solo que por desgracia no funcionaría! La razón está en un principio físico fundamental conocido como Segunda Ley de la termodinámica, que más o menos dice que las cosas se hacen cada vez más desorganizadas con el paso del tiempo. Más en concreto, dice que no se puede sacar energía útil de los movimientos *aleatorios* de un cuerpo caliente (o frío). Me temo que lo que estás sugiriendo es lo que se llama un «demonio de Maxwell».

—¡No empieces con eso! Sabes que el abuelo siempre me llamaba «pequeño demonio» cuando tenía una buena idea, y a mí no me gustaba. Y esa Segunda Ley no es una ley muy bonita —se quejó Tom de mal humor. Luego recuperó su escepticismo natural—: Y en cualquier caso no estoy seguro de que pueda creérmela. —Después continuó—: Creo que leyes como esa solo necesitan ideas inteligentes para superarlas. En cualquier caso, pensaba que tú habías dicho que es el calor del Sol el responsable de calentar los océanos, y que es esa energía del movimiento *aleatorio* la que sube a la cima de las montañas, y eso es lo que mueve el molino.

—Sí, tienes razón. Así que la Segunda Ley nos dice que el calor del Sol por sí solo no haría el trabajo. Para que funcione, también necesitamos que la alta atmósfera esté más fría, para que el vapor de agua pueda condensarse sobre la montaña. De hecho, la Tierra en conjunto no obtiene ninguna energía del Sol.

Tom miró a su tía con una expresión interrogativa.

—Qué tiene que ver la alta atmósfera fría con todo esto? ¿No significa «frío» que no hay tanta energía como en «caliente»? ¿De qué sirve un poco de «no tanta energía»? No entiendo lo que estás diciendo. Me parece que te estás contradiciendo —dijo Tom con aplomo—. Primero me dices que la energía del Sol mueve el molino, y ahora me dices que el Sol no cede energía a la Tierra después de todo.

—Es verdad, no lo hace. Si lo hiciera, la Tierra se calentaría cada vez más a medida que ganara energía. La energía que la Tierra obtiene del Sol durante el día tiene que volver al espacio finalmente, y lo hace debido al cielo frío nocturno; salvo que, supongo, con el calentamiento global una pequeña parte de la misma vuelve a la Tierra. Por eso el Sol es un punto muy caliente en un cielo por lo demás oscuro y frío...

Tom empezaba a perder el hilo de lo que ella estaba diciendo y su mente empezó a divagar. Pero le oía decir:

—... de modo que es la *organización* manifiesta en la energía del Sol la que nos permite mantener a raya la Segunda Ley.

Tom miró a la tía Priscilla, casi totalmente desconcertado.

—No creo que pueda entender todo eso —dijo—, y no veo por qué tengo que creerme esa «Segunda Ley». Además, ¿de dónde viene toda esa organización del Sol? Tu Segunda Ley debería decirnos que el Sol se hace cada vez más desorganizado con el paso del tiempo, de modo que tendría que haber estado enormemente organizado cuando se formó inicialmente, puesto que continuamente está desprendiendo organización. Tu «Segunda Ley» nos dice que su organización se está perdiendo continuamente».

—Eso tiene que ver con el hecho de que el Sol es un punto caliente en el cielo oscuro. Ese desequilibrio extremo de temperatura proporcionó la organización necesaria.

Tom miró fijamente a la tía Priscilla, sin entender ahora nada de lo que ella le estaba diciendo.

—Me dices que eso cuenta como organización; bueno, no veo por qué debería contar. Supongamos que de algún modo lo hace, pero entonces todavía tendrías que decirme de dónde procede ese curioso tipo de organización.

—Procede del hecho de que el gas a partir del cual se condensó el Sol estaba antes uniformemente disperso, y la gravedad pudo hacer que se formasen grumos que se condensaron gravitatoriamente en estrellas. Hace muchísimo tiempo el Sol hacía precisamente eso; se condensaba a partir de ese gas inicialmente disperso, y se hacía cada vez más caliente en el proceso.

—Sigues diciéndome una cosa detrás de otra, retrocediendo en el tiempo, pero ¿de dónde procedía *originalmente* eso que llamas «organización», sea lo que sea?

—En última instancia procede del Big Bang, que fue lo que puso en marcha el universo entero con una tremenda explosión.

—No parece que una tremenda explosión sea algo muy organizado. Para mí no lo es.

—¡No eres el único que piensa así! Estás en buena compañía si no lo crees. Nadie lo cree *realmente*. Uno de los mayores enigmas de la cosmología es de dónde procede la organización, y en qué forma el Big Bang representa organización.

—¿No podría haber algo *más* organizado *antes* del Big Bang? Eso podría explicarlo.

—La gente ha tratado de sugerir cosas como esa durante algún tiempo. Hay teorías en las que nuestro universo actualmente en expansión tuvo una fase de colapso anterior que «rebotó» para convertirse en nuestro Big Bang. Y hay teorías en las que pequeños fragmentos de una fase anterior del universo colapsaron en objetos que llamamos agujeros negros, y esos fragmentos «rebotaron» para convertirse en nuevas semillas de montones y montones de nuevos universos en expansión, y hay otras en donde brotan nuevos universos a partir de cosas llamadas «falsos vacíos»...

—Todo eso suena completamente descabellado para mí —dijo Tom.

—Y, ¡ah sí!, existe otra teoría de la que he oído hablar recientemente...

Parte 1

La Segunda Ley y su misterio subyacente

1.1. La marcha implacable de la aleatoriedad

La Segunda Ley de la termodinámica... ¿cuál es esta ley? ¿Cuál es su papel fundamental en el comportamiento físico? ¿Y en qué sentido nos presenta un misterio auténticamente profundo? En las últimas secciones de este libro trataremos de entender la enigmática naturaleza de este misterio y por qué nos vemos impulsados a hacer todo lo posible por resolverlo. Esto nos llevará a áreas inexploradas de la cosmología, y a cuestiones que en mi opinión solo pueden resolverse adoptando una perspectiva nueva y muy radical sobre la historia de nuestro universo. Pero estas son cuestiones en las que nos interesaremos más tarde. Por el momento vamos a limitar nuestra atención a la tarea de entender lo que hay implicado en esta ubicua ley.

Normalmente, cuando pensamos en una «ley de la física» pensamos en un enunciado que afirma una igualdad entre dos cosas diferentes. La segunda ley de movimiento de Newton, por ejemplo, iguala la tasa de cambio del momento lineal (el producto de la masa por la velocidad) de una partícula a la fuerza total que actúa sobre la misma. Otro ejemplo es la ley de la conservación de la energía, que afirma que la energía total de un sistema aislado en un instante es igual a su energía total en cualquier otro instante. Análogamente, las leyes de conservación de la carga eléctrica, del momento lineal y del momento angular afirman una correspondiente igualdad para la carga eléctrica total, el momento lineal total y el momento angular total. La famosa ley de Einstein $E = mc^2$ afirma que la energía de un sistema es siempre igual a su masa multiplicada por el cuadrado de la velocidad de la luz. Y otro ejemplo más: la tercera ley de Newton afirma que la fuerza ejercida por un cuerpo A sobre un cuerpo B, en cualquier instante, es siempre igual y opuesta a la fuerza que actúa sobre A debida a B. Y lo mismo sucede con otras muchas leyes de la física.

Todas estas son *igualdades*; y esto se aplica también a la llamada *Primera* Ley de la termodinámica, que en realidad es otra vez la ley de conservación de la energía, aunque ahora en un contexto termodinámico. Decimos «termodinámico» porque ahora se tiene en cuenta la energía de los *movimientos térmicos*, es decir, la energía de los movimientos aleatorios de las partículas constituyentes individuales. Esta energía es la energía *térmica* del sistema; la *temperatura* del sistema se define como dicha energía por grado de libertad (como consideraré de nuevo más adelante). Por ejemplo, cuando la fricción con el aire frena un proyectil, esto no viola la ley de conservación de la energía (esto es, la Primera Ley de la termodinámica); aunque el proyectil pierde energía cinética al frenarse, los movimientos aleatorios de las moléculas del aire, y las del proyectil, se hacen ligeramente más energéticos debido al *calentamiento* que produce la fricción.

Sin embargo, la *Segunda* Ley de la termodinámica no es una igualdad, sino una *desigualdad* que afirma simplemente que cierta magnitud conocida como la *entropía* de un sistema aislado —que es una medida del desorden, o «aleatoriedad», del sistema— es *mayor* (o al menos no menor) en instantes posteriores que lo era en instantes anteriores. Junto a esta aparente debilidad del enunciado, encontraremos que también hay cierta vaguedad o subjetividad en la propia definición de entropía de un sistema general. Más aún, en muchas formulaciones nos vemos llevados a concluir que hay momentos excepcionales u ocasionales en los que hay que considerar que la entropía realmente *se reduce* (aunque momentáneamente) con el tiempo (en una fluctuación) pese a que la tendencia general es hacia un aumento de la entropía.

Pero, frente a esta aparente imprecisión inherente en la Segunda Ley (como la llamaré de ahora en adelante para abreviar), esta ley tiene una universalidad que va mucho más allá de cualquier sistema particular de reglas dinámicas con las que se podría estar concernido. Es válida igualmente, por ejemplo, tanto para la teoría de la relatividad como para la teoría newtoniana, y asimismo para los campos continuos de la teoría del electromagnetismo de Maxwell (que trataré brevemente en §2.6, §3.1 y §3.2, y algo más explícitamente en el apéndice A1), así como también lo es para teorías que solo incluyen partículas discretas. Es válida incluso para hipotéticas teorías dinámicas de las que no tenemos ninguna buena razón para creer que tengan relevancia para el universo real en el que habitamos. No obstante, su pertinencia queda más manifiesta cuando se trata con esquemas dinámicos realistas, tales como la mecánica newtoniana, que tienen una evolución *determinista* y son *reversibles en el tiempo*, de modo que para cualquier evolución admisible hacia el futuro la inversión de la dirección del tiempo nos da otra evolución igualmente admisible de acuerdo con el esquema dinámico.

Para decirlo en términos familiares: si tenemos una película que muestra una acción que está de acuerdo con leyes dinámicas —tales como las de Newton— que son reversibles en el tiempo, entonces la situación mostrada cuando la película se pasa al revés también estará de acuerdo con dichas leyes dinámicas. El lector podría sentirse intrigado por esto, pues mientras que una película que muestra un huevo que rueda por una mesa, cae al suelo y se aplasta representaría un proceso dinámico admisible, la película pasada al revés (que muestra el huevo aplastado, originalmente un amasijo en el suelo, que se recompone milagrosamente a partir de los fragmentos de cáscara, con la yema y la albúmina uniéndose por separado hasta rodearse de la cáscara recompuesta, y luego salta a la mesa) no es algo que esperemos ver alguna vez en un proceso físico real (Fig. 1.1). Pero la dinámica newtoniana de cada partícula individual, con su respuesta acelerada (de acuerdo con la segunda ley de Newton) a todas las fuerzas que actúan sobre ella, y las reacciones elásticas implicadas en cualquier colisión entre las partículas constituyentes, es completamente reversible en el tiempo. Este sería también el caso para el comportamiento refinado de partículas relativistas y mecanocuánticas, de acuerdo con los procedimientos estándar de la física moderna, aunque hay ciertas sutilezas que surgen de la física de agujeros negros de la relatividad general, y también de la mecánica cuántica, en las que no quiero entrar todavía. Algunas de estas sutilezas tendrán una importancia crucial para nosotros más adelante, y se considerarán especialmente en §3.4. Pero por el momento bastará una imagen totalmente newtoniana de las cosas.

Tenemos que acostumbrarnos al hecho de que las situaciones que se muestran pasando la película en *ambas* direcciones son compatibles

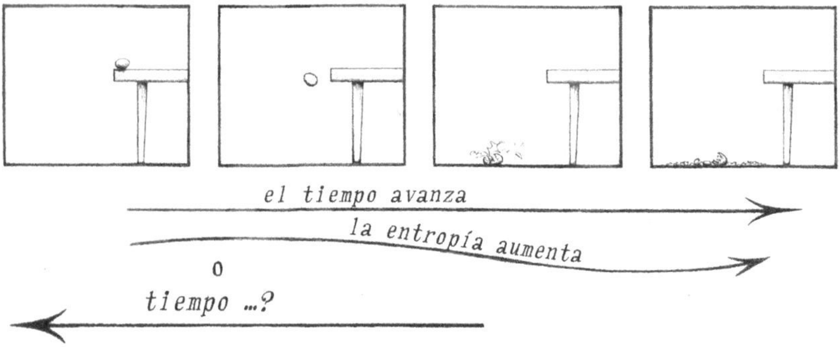

Fig. 1.1. Un huevo que rueda por una mesa, cae al suelo y se aplasta, de acuerdo con leyes dinámicas reversibles en el tiempo.

con la dinámica newtoniana, pero la que muestra la autorrecomposición del huevo es incompatible con la Segunda Ley, y sería una secuencia de sucesos tan sumamente improbable que sencillamente podemos descartarla como posibilidad realista. Lo que la Segunda Ley establece realmente, hablando en términos generales, es que las cosas se hacen cada vez más «aleatorias». De modo que si fijamos una situación particular y luego dejamos que evolucione hacia el futuro de acuerdo con la dinámica, el sistema evolucionará hacia un estado de apariencia más aleatoria a medida que pasa el tiempo. Hablando en sentido estricto, no deberíamos decir que *evolucionará* hacia un estado de apariencia más aleatoria sino que, de acuerdo con lo que se ha dicho antes, es *abrumadoramente probable* que evolucione hacia tal estado más aleatorio. En la práctica cabe esperar que, de acuerdo con la Segunda Ley, las cosas se hagan cada vez más y más aleatorias con el paso del tiempo, aunque esto representa simplemente una aplastante probabilidad, y no una absoluta certeza.

De todas formas podemos afirmar, con un extraordinario grado de confianza, que lo que experimentaremos será un aumento de entropía; en otras palabras, un aumento de aleatoriedad. Dicho así, la Segunda Ley suena quizá como una advertencia desesperada, pues nos dice que las cosas se están desorganizando cada vez más con el paso del tiempo. Esto no suena a misterio, sin embargo, como el título de la Parte 1 parece sugerir. Es solo un aspecto obvio de cómo se comportarían las cosas si las dejamos a sí mismas. La Segunda Ley parece expresar una inevitable, y quizá deprimente, característica de la existencia cotidiana. De hecho, desde este punto de vista, la Segunda Ley de la termodinámica es una de las cosas más naturales imaginables y, por supuesto, algo que refleja una experiencia completamente común.

A algunos les podría preocupar que la emergencia de vida en esta Tierra, con su casi increíble sofisticación, represente una contradicción con este aumento del desorden que exige la Segunda Ley. Más tarde explicaré (véase §2.2) por qué no hay realmente contradicción. La biología es, hasta donde sabemos, totalmente compatible con el aumento de entropía global que exige la Segunda Ley. El misterio al que se refiere el título de esta Parte 1 es un misterio de la *física* en una escala de un orden totalmente diferente. Aunque guarda una relación precisa con esa misteriosa y enigmática organización que continuamente se nos manifiesta a través de la biología, tenemos buenas razones para esperar que esta última no presente ninguna paradoja con respecto a la Segunda Ley.

No obstante, una cosa debería quedar clara con respecto al estatus físico de la Segunda Ley: esta representa un principio independiente que debe ser *añadido* a las leyes dinámicas (por ejemplo, a las leyes de Newton), y no debe considerarse como algo que se *deduce* de ellas. La *definición* real de la entropía de un sistema *en cualquier instante* es, sin embargo, simétrica con respecto a la dirección del tiempo, de modo que obtenemos la misma definición de entropía, para nuestra película del huevo que cae, en cualquier instante, con independencia de la dirección en que se pase la película. Y si las leyes dinámicas son también simétricas en el tiempo (como sucede realmente con la dinámica newtoniana), y la entropía de un sistema no es siempre constante en el tiempo (como es tan evidente en el caso del huevo aplastado), entonces la Segunda Ley no puede ser una deducción de dichas leyes dinámicas. Pues si la entropía está aumentando en una situación particular (por ejemplo, el huevo que se aplasta), estando de acuerdo con la Segunda Ley, entonces la entropía debe estar *disminuyendo* en la situación invertida (el huevo que se recompone milagrosamente), lo que es una flagrante violación de la Segunda Ley. Puesto que aun así ambos procesos son compatibles con la dinámica (newtoniana), concluimos que la Segunda Ley no puede ser una *consecuencia* de las leyes dinámicas.

1.2. La entropía como recuento de estados

Pero ¿de qué manera la noción física de «entropía», tal como aparece en la Segunda Ley, *cuantifica* realmente esta «aleatoriedad», de modo que la autorrecomposición del huevo pueda verse como abrumadoramente improbable y, por consiguiente, pueda descartarse como una posibilidad seria? Para ser un poco más explícito sobre cuál es realmente el concepto de entropía, de modo que podamos describir mejor lo que realmente afirma la Segunda Ley, consideremos un sistema físicamente bastante más sencillo que el huevo que se rompe. La Segunda Ley nos dice, por ejemplo, que si derramamos un poco de pintura roja en un recipiente y luego un poco de pintura azul en el mismo recipiente, y agitamos con fuerza la mezcla, entonces, tras un corto período de agitación, las diferentes regiones de rojo y azul perderán su individualidad, y finalmente el contenido entero del recipiente parecerá tener un color púrpura uniforme. Parece que ninguna agitación adicional convertirá de nuevo el color púrpura en las regiones originales roja y azul separadas, pese a la reversibilidad temporal de los procesos submicroscópicos subyacentes en el mezclado. De hecho, el color púrpura resultará espontáneamente, aun sin agitación, en especial si calentamos un poco la pintura. Pero con agitación el estado púrpura se alcanza mucho más rápidamente. En términos de entropía, encontramos que el estado original, en el que hay regiones claramente separadas de pintura roja y pintura azul, tendrá una entropía relativamente baja, pero el recipiente con pintura púrpura uniforme con que acabamos tendrá una entropía mucho mayor. De hecho, el procedimiento de agitación nos ofrece una situación que no solo es compatible con la Segunda Ley sino que empieza a darnos una idea de cuál es realmente el contenido de la Segunda Ley.

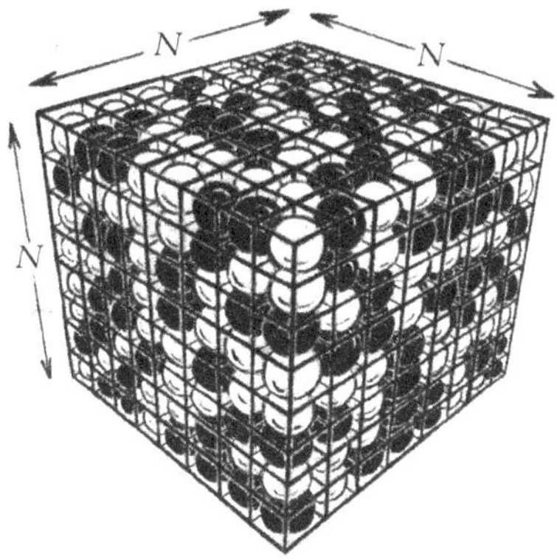

Fig. 1.2. Caja cúbica $N \times N \times N$; cada compartimento contiene una bola roja o una bola azul.

Tratemos de ser más precisos sobre el concepto de entropía, para que podamos ser más explícitos acerca de lo que está sucediendo. ¿Qué *es* realmente la entropía de un sistema? Básicamente, la noción es bastante elemental, aunque implica algunas ideas sutiles, debidas principalmente al gran físico austríaco Ludwig Boltzmann, y tiene que ver precisamente con el *recuento* de las diferentes posibilidades. Para simplificar las cosas idealizaremos nuestro ejemplo del recipiente con pintura de modo que haya solo un número finito (muy grande) de posibilidades diferentes para las posiciones de cada molécula de pintura roja o de pintura azul. Consideremos nuestro recipiente como una gran caja cúbica subdividida en $N \times N \times N$ compartimentos, y pensemos en las moléculas de pintura como si fueran bolas rojas o bolas azules a las que solo se permite ocupar posiciones discretas, centradas en los N^3 compartimentos cúbicos (véase la Fig. 1.2), suponiendo que cada compartimento está ocupado por exactamente una bola, sea roja o azul (representadas como blancas y negras, respectivamente, en la figura).

Para estimar el color de la pintura en un lugar del recipiente hacemos una especie de promedio de la densidad relativa de bolas rojas frente a bolas azules en el entorno de la localización considerada. Hagámoslo rodeando dicha localización con una caja cúbica mucho más pequeña que la primera caja, pero muy grande comparada con los compartimentos cúbicos que acabamos de considerar. Supondré que esta caja intermedia contiene un gran número de los compartimentos considerados y pertenece a una red cúbica que llena toda la caja grande y es menos refinada que la red de compartimentos originales (Fig. 1.3). Supongamos que la longitud del lado de cada caja intermedia es n veces mayor que la de los compartimentos originales, de modo que hay $n \times n \times n = n^3$ compartimentos en cada caja intermedia. Aquí n, aunque sigue siendo muy grande, debe tomarse mucho más pequeño que N:

$$N \gg n \gg 1.$$

Para simplificar las cosas, supondré que N es un múltiplo exacto de n, de modo que

$$N = kn$$

donde k es un número entero que da el número de cajas intermedias que llenan cada lado de la caja grande. Ahora habrá $k \times k \times k = k^3$ de estas cajas de tamaño intermedio en toda la caja grande.

La idea consistirá en utilizar estas cajas intermedias para que nos den una medida del «color» que vemos en la localización de dicha caja, donde las propias bolas se consideran demasiado pequeñas para que puedan verse individualmente. A cada caja intermedia se le podrá asignar un color, o *tono*, promedio, obtenido al «promediar» los colores de las bolas rojas y azules dentro de la caja. Así, si r es el número de bolas

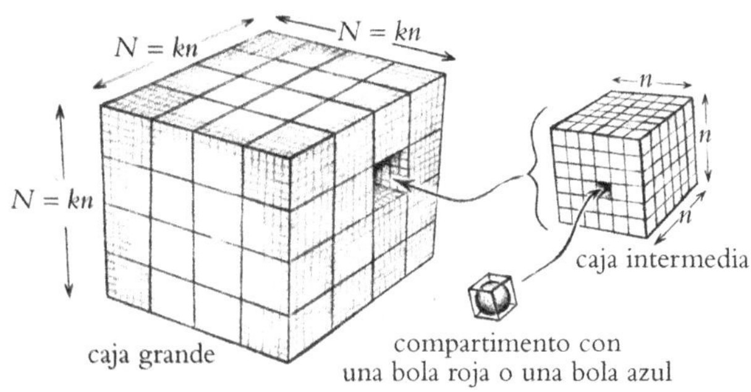

Fig. 1.3. Los compartimentos se agrupan en k^3 cajas intermedias, cada una de ellas de un tamaño $n \times n \times n$.

rojas en la caja en consideración, y *a* es el número de bolas azules en ella (de modo que $r + a = n^3$), entonces el tono en dicha localización se considera definido por la razón entre *r* y *a*. Por consiguiente, consideramos que tenemos un tono más rojo si r/a es mayor que 1 y un tono más azul si r/a es menor que 1.

Supongamos que la mezcla nos *parece* un púrpura uniforme si cada uno de estos $n \times n \times n$ compartimentos tiene un valor r/a comprendido entre 0,999 y 1,001 (de modo que *r* y *a* son casi iguales, con un margen de error de una décima de 1 por ciento). A primera vista, esto puede parecer un requisito bastante restrictivo (al tenerse que aplicar a *cada uno* de los $n \times n \times n$ compartimentos individuales). Pero cuando *n* se hace muy grande, encontramos que ¡la inmensa mayoría de disposiciones de bolas *satisfacen* esta condición! También deberíamos tener en cuenta que cuando consideramos moléculas en una lata de pintura, el número de ellas será inimaginablemente grande para los estándares ordinarios. Por ejemplo, podría haber un número del orden de 10^{24} moléculas en una lata de pintura ordinaria, de modo que tomar $N = 10^8$ no es en absoluto irrazonable. Además, como quedará claro cuando consideremos que los colores parecen perfectamente puros en fotografías digitales con un tamaño de píxel de 10^{-2} cm, también es muy razonable tomar un valor $k = 10^3$ en este modelo. A partir de esto, encontramos que con estos números ($N = 10^8$ y $k = 10^3$, de modo que $n = 10^5$) hay unas $10^{23\,570000\,000000\,000000\,000000}$ disposiciones diferentes de la colección de $\frac{1}{2}N^3$ bolas rojas y $\frac{1}{2}N^3$ que dan la apariencia de un púrpura uniforme. Hay solamente $10^{46\,500000\,000000}$ disposiciones diferentes que dan la configuración original en la que todas las bolas azules están arriba y todas las bolas rojas están abajo. Así, para bolas distribuidas completamente al azar, la probabilidad de encontrar púrpura uniforme es prácticamente una certeza, mientras que la probabilidad de encontrar todas las bolas azules arriba es del orden de $10^{-23\,570000\,000000\,000000\,000000}$ (y esta cifra no cambia sustancialmente si no exigimos que «todas» las bolas azules estén inicialmente arriba, sino que, digamos, solo el 99,9 por ciento de ellas estén arriba).

Vamos a considerar que la «entropía» es algo parecido a una medida de estas probabilidades o, más bien, de estos diferentes números de disposiciones que dan la misma «apariencia global». En realidad, utilizar estos números directamente daría una medida extremadamente difícil de controlar, debido a sus enormes diferencias en tamaño. Por eso, es una suerte que haya buenas razones teóricas para tomar el *logaritmo* (natural) de estos números como una medida de «entropía» más apropiada. Para los lectores que no estén muy familiarizados con la noción de logaritmo (especialmente de logaritmo «natural») expresaré las cosas en términos de logaritmos en base 10, que se escribe «$\log_{10}$» (en lugar del logaritmo natural, utilizado más tarde, al que llamaré simplemente «log»). Para entender $\log_{10}$, la idea básica que hay que recordar es que

$$\log_{10} 1 = 0, \log_{10} 10 = 1, \log_{10} 100 = 2, \log_{10} 1.000 = 3, \log_{10} 10.000 = 4, \text{ etc.}$$

Es decir, para obtener el $\log_{10}$ de una potencia de 10, simplemente contamos el número de ceros. Para un número entero (positivo) que no es una potencia de 10, podemos generalizar esto diciendo que la parte entera (es decir, el número antes de la coma decimal) de su logaritmo se obtiene contando el número total de dígitos y restando 1, por ejemplo (con la parte entera escrita en negrita),

$$\log_{10} 2 = \mathbf{0},301\ 029\ 995\ 66\ldots$$
$$\log_{10} 53 = \mathbf{1},724\ 275\ 869\ 60\ldots$$
$$\log_{10} 9140 = \mathbf{3},960\ 946\ 195\ 73\ldots$$

etc., de modo que en cada caso el número en negrita es solo uno menos que el número de dígitos en el número del que estamos tomando el logaritmo. La propiedad más importante de $\log_{10}$ (o de log) es que *convierte la multiplicación en suma*; es decir:

$$\log_{10} (ab) = \log_{10} a + \log_{10} b.$$

(En el caso de que a y b sean ambos potencias de 10, esto es obvio a partir de lo anterior, puesto que multiplicando $a = 10^A$ por $b = 10^B$ nos da $ab = 10^{A+B}$.)

La trascendencia de la relación antes mostrada para el uso del logaritmo en la noción de entropía es que queremos que la entropía de un sistema que consiste en dos componentes separadas y por completo independientes sea simplemente la que obtenemos *sumando* las entropías de las partes individuales. Decimos que, en este sentido, el concepto de entropía es *aditivo*. De hecho, si la primera componente puede darse en P maneras diferentes y la segunda en Q maneras diferentes, entonces el sistema entero —que consiste en ambas componentes juntas— podrá darse en el producto PQ de maneras diferentes (puesto que para cada una de las P disposiciones en que se da la primera componente habrá exactamente Q disposiciones en que se da la segunda). Así, definiendo la entropía del estado de cualquier sistema como algo proporcional al *logaritmo* del número de maneras diferentes en que puede darse dicho estado, aseguramos que se satisfaga realmente esta propiedad de aditividad para sistemas independientes.

Sin embargo, todavía he sido un poco vago sobre lo que entiendo por este «número de maneras en que puede darse el estado de un sistema». En primer lugar, cuando modelamos las localizaciones de las moléculas (en una lata de pintura, digamos) normalmente no consideraríamos realista tener compartimentos discretos, puesto que en la teoría newtoniana, con todo detalle, habría un número infinito de diferentes localizaciones posibles para cada molécula y no solamente un número finito. Además, cada molécula individual podría tener una forma asimétrica, de modo que podría estar orientada en el espacio de diferentes maneras. O podría tener otros tipos de grados de libertad internos, tales como distorsiones de su forma, que tendrían que ser tenidos en cuenta. Cada una de estas orientaciones o distorsiones tendría que contar como una configuración diferente del sistema. Podemos tratar todos estos puntos considerando lo que se conoce como el espacio de *configuración* de un sistema, que paso a describir.

Para un sistema de d grados de libertad, el espacio de configuración sería un espacio d-dimensional. Por ejemplo, si el sistema consistiera en q partículas puntuales $p_1, p_2, \ldots, p_q$ (cada una de ellas sin grados de libertad internos), entonces el espacio de configuración tendría $3q$ dimensiones. La razón es que cada partícula individual requiere precisamente tres coordenadas para determinar su posición, de modo que hay $3q$ coordenadas en total, y así un único punto P del espacio de configuración define las localizaciones de todos los $p_1, p_2, \ldots, p_q$ juntos (véase la Fig. 1.4). En situaciones más complicadas, en las que hay grados de libertad internos, tendríamos más grados de libertad para cada partícu-

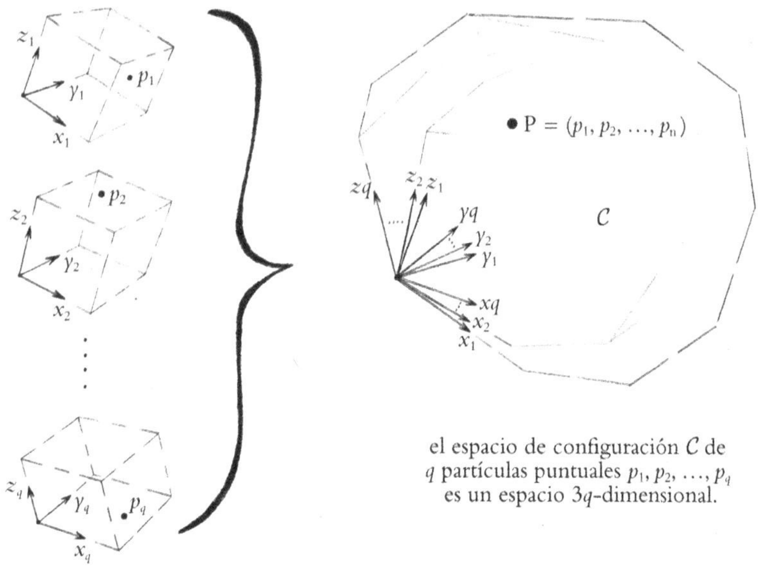

Fig. 1.4. El espacio de configuración $\mathcal{C}$ de q partículas puntuales $p_1, p_2, \ldots, p_q$ es un espacio $3q$-dimensional.

la, pero la idea general es la misma. Por supuesto, no espero que el lector sea capaz de «visualizar» lo que sucede en un espacio de tan alto número de dimensiones. Esto no será necesario. Nos haremos una idea suficientemente buena si imaginamos que las cosas suceden en un espacio de solo 2 dimensiones (tal como una región dibujada en una hoja de papel) o una región en el espacio tridimensional ordinario, con tal de que siempre tengamos en cuenta que dichas visualizaciones serán inevitablemente limitadas en algunos aspectos, a algunos de los cuales llegaremos pronto. Y, por supuesto, siempre deberíamos tener en mente que tales espacios son espacios matemáticos puramente abstractos que no deberían confundirse con el espacio *físico* 3-dimensional o el espacio-tiempo *físico* 4-dimensional de nuestras experiencias ordinarias.

Hay otro punto que necesita clarificación en nuestros intentos de una definición de entropía, y se refiere a qué es exactamente lo que estamos tratando de contar. En el caso de nuestro modelo finito teníamos números finitos de disposiciones diferentes para las bolas rojas y azules. Pero ahora tenemos un número infinito de disposiciones (puesto que las localizaciones de las partículas requieren parámetros continuos), y esto nos lleva a considerar *volúmenes* de altas dimensiones en el espacio de configuración para darnos una medida adecuada de *tamaño*, en lugar de contar solo cosas discretas.

Para hacernos una idea de lo que se entiende por un «volumen» en un espacio de alta dimensión, es bueno pensar primero en dimensiones menores. La «medida de volumen» para una región de una superficie curva 2-dimensional, por ejemplo, sería simplemente la medida del *área* de dicha región. En el caso de un espacio 1-dimensional, estamos pensando simplemente en la *longitud* a lo largo de una porción de la curva. En un espacio de configuración n-dimensional, estaríamos pensando en términos de un análogo n-dimensional al 3-volumen de una región ordinaria.

Pero *¿de qué* regiones del espacio de configuración vamos a medir los volúmenes cuando estamos interesados en la definición de entropía? Básicamente, lo que nos interesaría sería el volumen de toda esa región en el espacio de configuración que corresponde al conjunto de estados que «parecen iguales» que el estado concreto en consideración. Por supuesto, «parecen iguales» es una expresión bastante vaga. Lo que aquí significa realmente es que tenemos un conjunto razonablemente exhaustivo de *parámetros macroscópicos* que miden cosas tales como la distribución de densidad, el color, la composición química... pero no

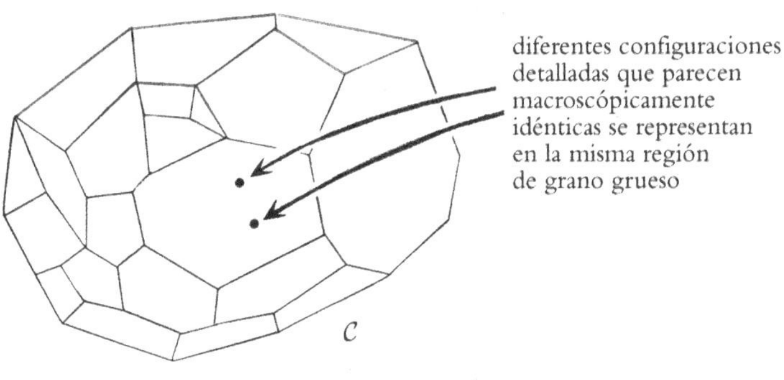

Fig. 1.5. Un granulado grueso de $\mathcal{C}$.

estamos interesados en cosas tan detalladas como las localizaciones exactas de todos los átomos que constituyen el sistema en consideración. Esta división del espacio de configuración $\mathcal{C}$ en regiones que «parecen iguales» en este sentido se conoce como un «granulado grueso» de $\mathcal{C}$. Así, cada «región de grano grueso» consiste en puntos que representan estados que se considerarían indistinguibles entre sí por medio de medidas macroscópicas. Véase la Fig. 1.5.

Por supuesto, lo que aquí se entiende por medida «macroscópica» sigue siendo bastante vago, pero estamos buscando algo análogo a la noción de «tono» en la que estábamos interesados en nuestro modelo finito simplificado para la lata de pintura. Hay que reconocer que existe cierta vaguedad en tal noción de «granulado grueso», pero es el *volumen* de dicha región en el espacio de configuración —o, más bien, el *logaritmo* del volumen de dicha región de grano grueso— lo que nos interesa para la definición de entropía. Sí, esto sigue siendo un poco vago, pero aun así es extraordinario lo robusta que resulta ser la noción de entropía, debido sobre todo a las absolutamente desmesuradas razones entre volúmenes que resultan de los volúmenes de grano grueso.

1.3. El espacio de fases y la definición de Boltzmann para la entropía

No obstante, todavía no hemos acabado con la definición de entropía; lo que se ha dicho hasta ahora solo aborda *a medias* la cuestión. Podemos ver que la descripción que he dado no es del todo adecuada si consideramos un ejemplo ligeramente diferente. En lugar de tener una lata de pintura roja y azul, podríamos considerar una botella llena con una mitad de agua y otra mitad de aceite de oliva. Podemos removerla tanto como queramos y también agitarla violentamente, pero cuando dejamos de hacerlo el agua y el aceite vuelven a separarse, y pronto tenemos solo aceite de oliva en la mitad superior y agua en la mitad inferior. Sin embargo, la entropía ha estado aumentando continuamente durante el proceso de separación. El nuevo ingrediente que interviene aquí es una fuerte atracción mutua entre las moléculas de aceite que hace que se agreguen y expulsen el agua al hacerlo. La mera noción de espacio de configuración no es adecuada para dar cuenta del aumento de entropía en una situación de este tipo, pues necesitamos tener en cuenta los *movimientos* de las partículas/moléculas individuales, y no solo sus localizaciones. En cualquier caso, sus movimientos serán necesarios para nosotros, de modo que la evolución futura del estado está determinada de acuerdo con las leyes newtonianas que suponemos son las que actúan aquí. En el caso de las moléculas del aceite de oliva, su fuerte atracción mutua hace que sus velocidades aumenten (en vigorosos movimientos orbitales una alrededor de otra) a medida que se aproximan, y es la parte de «movimiento» del espacio relevante la que proporciona el necesario volumen extra (y por consiguiente entropía extra) para las situaciones en que el aceite de oliva está completamente agregado.

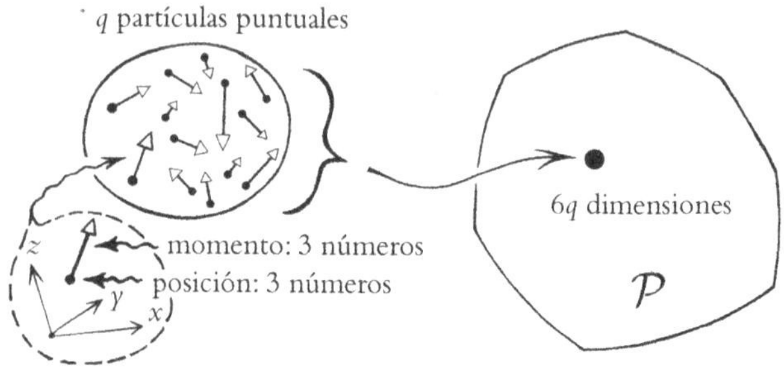

Fig. 1.6. El espacio de fases $\mathcal{P}$ tiene el doble de dimensiones que $\mathcal{C}$.

El espacio que necesitamos, en lugar del espacio de configuración $\mathcal{C}$ antes descrito, es lo que se denomina *espacio de fases*. El espacio de fases $\mathcal{P}$ tiene el *doble* de dimensiones (!) que $\mathcal{C}$, y por cada coordenada de posición para cada partícula (o molécula) constituyente debe haber una correspondiente coordenada de «movimiento» además de dicha coordenada de posición (véase la Fig. 1.6). Cabría imaginar que una coordenada apropiada sería una medida de la *velocidad* (o de la velocidad angular, en el caso de coordenadas angulares que describen la orientación en el espacio). Sin embargo, resulta que debido a profundas conexiones con el formalismo de la *teoría hamiltoniana*,[1.1] es el *momento* (o el momento angular en caso de coordenadas angulares) lo que necesitaremos para describir el movimiento. En la mayoría de las situaciones familiares, todo lo que necesitamos saber sobre esta noción de «momento» es que es *el producto de la masa por la velocidad* (como ya se ha mencionado en §1.1). Ahora los movimientos (instantáneos), así como las posiciones, de todas las partículas que componen nuestro sistema están codificados en la localización de un único punto p en $\mathcal{P}$. Decimos que el estado de nuestro sistema está descrito por la localización de p dentro de $\mathcal{P}$.

Podemos considerar que las leyes dinámicas que gobiernan el comportamiento de nuestro sistema son las leyes newtonianas del movimiento, pero también podemos tratar situaciones más generales (tales como los campos continuos de la electrodinámica de Maxwell (véanse §2.6, §3.1, §3.2 y el apéndice A1), que también entran bajo el amplio marco hamiltoniano que se ha mencionado antes. Estas leyes son *deter-*

ministas en el sentido de que el estado de nuestro sistema en cualquier instante determina por completo el estado en cualquier otro instante, ya sea anterior o posterior. Para decirlo de otra manera, podemos describir la evolución dinámica de nuestro sistema, de acuerdo con estas leyes, como un punto p que se mueve a lo largo de una curva —llamada *curva de evolución*— en el espacio de fases $\mathcal{P}$. Esta curva de evolución representa la *única* evolución del sistema entero, de acuerdo con las leyes dinámicas, que parte de un estado inicial dado, que podemos representar por un punto concreto p_0 en el espacio de fases $\mathcal{P}$. (Véase la Fig. 1.7.) De hecho, todo el espacio de fases $\mathcal{P}$ estará lleno (técnicamente, *foliado*) de tales curvas de evolución (parecido a una bala de paja) y cada punto de $\mathcal{P}$ estará en alguna curva de evolución particular. Debemos considerar que esta curva está *orientada*, lo que significa que debemos asignar una dirección a la curva, y podemos hacerlo poniéndole una flecha. La evolución de nuestro sistema, de acuerdo con las leyes dinámicas, se describe por un punto p en movimiento, que viaja a lo largo de la curva de evolución —en este caso partiendo del punto particular p_0— y se mueve en la dirección en que apunta la flecha. Esto nos proporciona la evolución futura del estado particular del sistema representado por p. Seguir la curva de evolución en la dirección que se aleja de p_0 en sentido contrario a la flecha nos da la inversa temporal de la evolución, que nos dice cómo se habría llegado al estado representa-

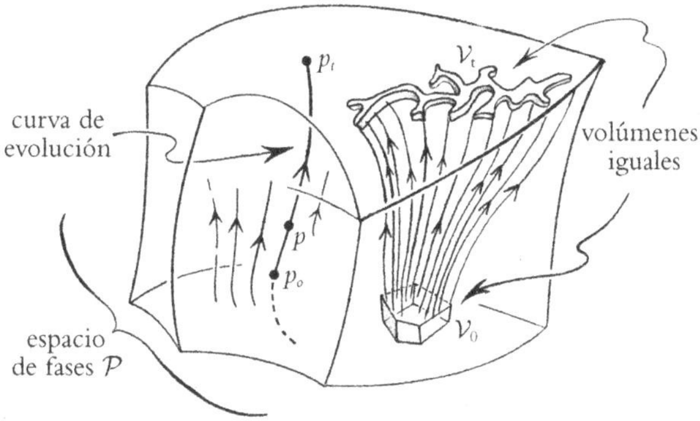

Fig. 1.7. El punto p se mueve a lo largo de una curva de evolución en el espacio de fases $\mathcal{P}$.

do por p_0 a partir de estados en el pasado. De nuevo, esta evolución sería *única*, según las leyes dinámicas.

Una propiedad importante del espacio de fases, que conocemos desde la llegada de la mecánica cuántica, es que tiene una *medida natural*, de modo que podemos tomar *volúmenes* en el espacio de fases como si fueran, esencialmente, simples números adimensionales. Esto es importante, porque la definición de Boltzmann para la entropía, a la que pronto llegaremos, viene dada en términos de volúmenes del espacio de fases, de modo que tenemos que ser capaces de comparar medidas de volúmenes de altas dimensiones, y las dimensiones pueden diferir mucho de un volumen a otro. Esto puede parecer extraño desde el punto de vista de la física clásica ordinaria (es decir, no cuántica), puesto que en términos ordinarios consideraríamos que la longitud de una curva (un «volumen» 1-dimensional) tiene siempre una medida menor que el área de una superficie (un «volumen» 2-dimensional), y que el área de una superficie tiene una medida menor que un 3-volumen, etc. Pero las medidas de volúmenes del espacio de fases que la mecánica cuántica nos dice que utilicemos son simplemente *números*, medidos en unidades de masa y distancia que nos dan $\hbar = 1$, siendo

$$\hbar = \frac{h}{2\pi}$$

la versión de Dirac de la constante de Planck (a veces llamada constante de Planck «reducida»), donde h es la constante de Planck original. En unidades estándar $\hbar$ tiene el valor extraordinariamente minúsculo

$$\hbar = 1{,}054\,57\ldots \times 10^{-34} \text{ julios} \cdot \text{segundo},$$

de modo que las medidas del espacio de fases que encontramos en circunstancias ordinarias suelen tener valores numéricos extraordinariamente altos.

Pensar que estos números son simplemente *enteros* da cierta «granularidad» al espacio de fases, y esto proporciona el carácter *discreto* de los «quanta» de la mecánica cuántica. Pero en la mayoría de las circunstancias ordinarias estos números serían enormes, de modo que la granularidad y la discretización pasan inadvertidas. Una excepción surge con el espectro de cuerpo negro de Planck al que llegaremos en §2.2 (véanse la Fig. 2.6 y la nota 1.2); este es el fenómeno observado cuya

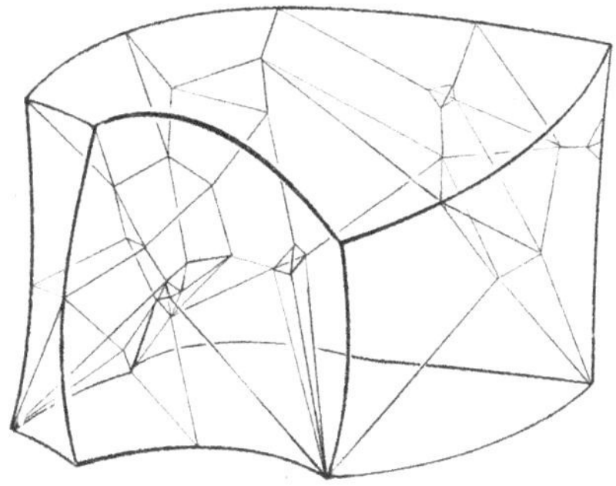

Fig. 1.8. Una impresión de granulado grueso en dimensiones más altas.

explicación por Max Planck, en 1900, puso en marcha la revolución cuántica. Aquí hay que considerar una situación de equilibrio que implica simultáneamente diferentes números de fotones, y por consiguiente espacios de fases de diferentes dimensiones. La discusión adecuada de tales materias está fuera del alcance de este libro, pero volveré a las ideas básicas de la teoría cuántica en §3.4.[1.3]

Ahora que tenemos la noción de espacio de fases de un sistema, tendremos que entender cómo opera la Segunda Ley en relación con él. Como sucedía con mi argumentación anterior del espacio de configuración, esto requerirá que dispongamos de un *granulado grueso* de $\mathcal{P}$, en donde dos puntos que pertenezcan a la misma región de grano grueso se considerarán «indistinguibles» con respecto a parámetros macroscópicos (tales como temperatura, presión, densidad, dirección y magnitud del flujo de un fluido, color, composición química, etc.). La definición de la *entropía* S de un estado representado por un punto p en $\mathcal{P}$ la proporciona ahora la notable fórmula de Boltzmann

$$S = k' \log_{10} V,$$

donde V es el volumen de la región de grano grueso que contiene a p. La cantidad k' es una constante pequeña dada por $k' = k\log 10$ ($\log 10 = 2{,}302\,585\ldots$), donde k es realmente la constante de Boltzmann, que tiene el valor minúsculo

$$k = 1{,}3805\ldots \times 10^{-23} \text{ julios/grado Kelvin},$$

y así $k' = 3{,}179\ldots \times 10^{-23}\,\mathrm{JK}^{-1}$ (véase la Fig. 1.8). De hecho, para ser consistentes con las definiciones utilizadas normalmente por los físicos, en lo sucesivo escribiré las fórmulas en términos de logaritmos *naturales*, de modo que la fórmula de la entropía de Boltzmann queda

$$S = k \log V,$$

donde $\log V = 2{,}302\,585\ldots \times \log_{10} V$.

Antes de que pasemos a examinar, en §1.4, las razones y las implicaciones de esta elegante definición, y qué relación tiene con la Segunda Ley, debería mencionar una cuestión concreta que la definición aborda de forma muy adecuada. A veces se señala (muy correctamente) que el bajo valor de la entropía de un estado no es realmente una buena medida de la «especialidad» del estado. Si consideramos de nuevo la situación del huevo que cae que se ha introducido en §1.1, advertimos que el estado de entropía relativamente alta al que se llega cuando el huevo se ha convertido en un amasijo en el suelo sigue siendo un estado extraordinariamente especial. Es especial porque hay unas correlaciones muy particulares entre los movimientos de las partículas que constituyen ese aparente «amasijo», de una naturaleza tal que si las *invertimos* a todas, entonces ese amasijo tendrá la notable propiedad de que rápidamente se resolverá en un huevo perfectamente completo que se proyecta hacia arriba para posarse con delicadeza en la mesa. Este es en verdad un estado muy especial, no menos especial que lo era la configuración de entropía relativamente baja del huevo sobre la mesa con que empezamos. Pero por «especial» que fuera sin duda ese estado que consiste en un amasijo en el suelo, *no* era especial en el sentido particular al que nos referimos al decir que tiene «baja entropía». El bajo valor de la entropía se refiere a una especialidad *manifiesta*, que se muestra en valores especiales de los parámetros macroscópicos. Las sutiles correlaciones entre los movimientos de las partículas no tienen importancia cuando se trata de la entropía que hay que asignar al estado de un sistema.

Vemos que aunque *algunos* estados de entropía relativamente alta (tales como el huevo aplastado invertido en el tiempo que acabamos de considerar) pueden evolucionar hacia estados de entropía *más baja*, en contradicción con la Segunda Ley, tales estados representarían una ínfima minoría de las posibilidades. Puede decirse que este es el «punto clave» de la noción de entropía y de la Segunda Ley. La definición de entropía de Boltzmann en términos de la noción de granulado grueso trata de una manera muy natural y adecuada esta cuestión del tipo de «especialidad» que es exigido por la baja entropía.

Otro punto es digno de mención aquí. Existe un teorema matemático clave, conocido como *teorema de Liouville*, que afirma que para el tipo normal de sistema dinámico clásico considerado por los físicos (los sistemas *hamiltonianos* estándar antes mencionados), la evolución temporal conserva los *volúmenes* en el espacio de fases. Esto se ilustra en la parte derecha de la Fig. 1.7, donde vemos que si una región de $\mathcal{V}_0$, de volumen V en el espacio de fases $\mathcal{P}$, es transportada, al cabo de un tiempo t, por las curvas de evolución a una región $\mathcal{V}_t$, entonces encontramos que $\mathcal{V}_t$ tiene el mismo volumen V que $\mathcal{V}_0$. Sin embargo, esto no contradice la Segunda Ley, porque las regiones de grano grueso no son conservadas por la evolución. Si la región inicial $\mathcal{V}_0$ resultaba ser una región de grano grueso, entonces sería probable que el volumen de $\mathcal{V}_t$ fuera irregular y estuviera repartido en una región de grano grueso mucho mayor, o quizá en varias regiones semejantes, en un instante t posterior.

Para terminar esta sección, será apropiado volver a la importante cuestión del uso del *logaritmo* en la fórmula de Boltzmann, siguiendo algo que se ha abordado brevemente en §1.2. La cuestión tendrá una importancia particular para nosotros más adelante, muy especialmente en §3.4. Supongamos que estamos contemplando la física que tiene lugar en nuestro laboratorio local, y queremos considerar la definición de la entropía de algunas estructuras implicadas en un experimento que estamos realizando. ¿Cuál consideraríamos que es la definición de entropía de Boltzmann relevante para nuestro experimento? Tendríamos en cuenta todos los grados de libertad de interés, en el laboratorio, y los utilizaríamos para definir un espacio de fases $\mathcal{P}$. Dentro de $\mathcal{P}$ estaría la región relevante de grano grueso $\mathcal{V}$ de volumen V, que nos da nuestra entropía de Boltzmann $k\log V$.

Sin embargo, podríamos considerar nuestro laboratorio como parte de un sistema mucho más grande, digamos que el resto de la galaxia Vía Láctea en la que residimos, donde hay muchísimos más grados de libertad. Al incluir todos estos grados de libertad, encontramos que nuestro espacio de fases será muchísimo mayor que antes. Además, la región de grano grueso pertinente para nuestro cálculo de entropías dentro de nuestro laboratorio también será muchísimo mayor que antes, porque puede incluir todos los grados de libertad presentes en toda la galaxia, y no solo los relevantes para los contenidos del laboratorio. No obstante, esto es natural porque el valor de la entropía es ahora el que se aplica a la galaxia en conjunto, del que la entropía implicada en nuestro laboratorio es solo una pequeña parte.

Los parámetros que definen los grados de libertad *externos* (los que determinan el estado de la galaxia *excepto* los que definen el estado dentro del laboratorio) nos ofrecen un inmenso espacio de fases «externo» $\mathcal{X}$, y habrá una región de grano grueso $\mathcal{W}$ dentro de $\mathcal{X}$ que caracteriza al estado de la galaxia externa al laboratorio. Véase la Fig. 1.9.

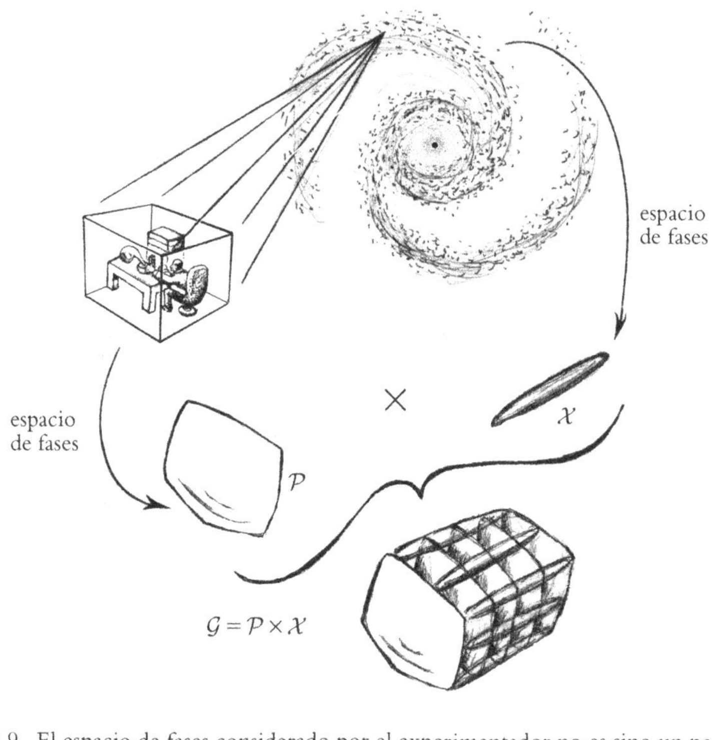

Fig. 1.9. El espacio de fases considerado por el experimentador no es sino un pequeño factor del que incluye todos los grados de libertad externos en la galaxia.

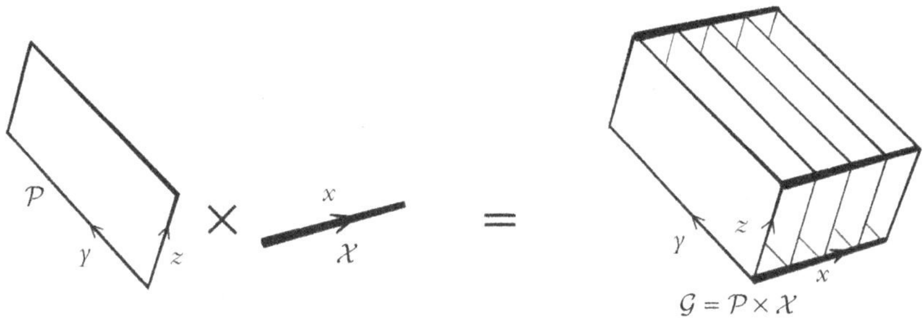

Fig. 1.10. Espacio producto donde $\mathcal{P}$ es un plano y $\mathcal{X}$ es una línea.

El espacio de fases $\mathcal{G}$ para la galaxia entera estará definido por el conjunto completo de parámetros, tanto externos (que proporcionan el espacio $\mathcal{X}$) como internos (que proporcionan el espacio $\mathcal{P}$). El espacio $\mathcal{G}$ es llamado por los matemáticos *espacio producto*[1.4] de $\mathcal{P}$ por $\mathcal{X}$, escrito

$$\mathcal{G} = \mathcal{P} \times \mathcal{X},$$

y su dimensión será la *suma* de las dimensiones de $\mathcal{P}$ y de $\mathcal{X}$ (porque sus coordenadas son las de $\mathcal{P}$ seguidas de las de $\mathcal{X}$). La Figura 1.10 ilustra la idea de un espacio producto, donde $\mathcal{P}$ es un plano y $\mathcal{X}$ es una línea.

Si consideramos que los grados de libertad externos son totalmente independientes de los internos, entonces la región de grano grueso relevante en $\mathcal{G}$ será el producto

$$\mathcal{V} \times \mathcal{W}$$

de las regiones de grano grueso $\mathcal{V}$ en $\mathcal{P}$ y $\mathcal{W}$ en $\mathcal{X}$, respectivamente (véase la Fig. 1.11). Además, el elemento de volumen en un espacio producto es el producto de los elementos de volumen en cada uno de los espacios constituyentes; por consiguiente, el volumen de la región de grano grueso $\mathcal{V} \times \mathcal{W}$ en $\mathcal{G}$ será el producto VW del volumen V de la región de grano grueso $\mathcal{V}$ en $\mathcal{P}$ por el volumen W de la región de grano grueso $\mathcal{W}$ en $\mathcal{X}$. Entonces, por la propiedad «producto a suma» del logaritmo, la entropía de Boltzmann que obtenemos es

$$k \log (VW) = k \log V + k \log W,$$

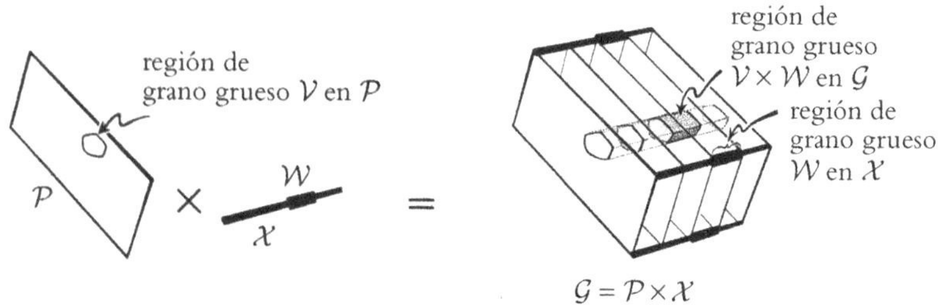

Fig. 1.11. Región de grano grueso en el espacio producto como un producto de regiones de grano grueso en los factores.

que es la *suma* de la entropía dentro del laboratorio y la entropía externa al laboratorio. Esto simplemente nos dice que las entropías de sistemas independientes se *suman*, lo que muestra que puede asignarse un valor de entropía a cualquier *parte* de un sistema físico que es independiente del resto del sistema.

En la situación aquí considerada en la que $\mathcal{P}$ se refiere a los grados de libertad relevantes para el laboratorio y $\mathcal{X}$ a los relevantes para la galaxia externa (que se suponen independientes unos de otros), encontramos que el valor de la entropía $k \log V$ que el experimentador asignaría al experimento que se está realizando, si se ignoran los grados de libertad externos, diferiría del valor de la entropía $k \log(VW)$ que resultaría si estos grados de libertad externos se toman también en consideración, simplemente en el valor de la entropía $k \log W$ que se asignaría a todos los grados de libertad galácticos externos. Esta parte externa no desempeña ningún papel para el experimentador y por consiguiente puede ser ignorada sin problemas para estudiar el papel de la Segunda Ley dentro del propio laboratorio. Sin embargo, cuando en §3.4 lleguemos a considerar el balance de entropía del universo *en conjunto*, y muy en particular la contribución debida a agujeros negros, encontraremos que estas materias no pueden ser ignoradas, ¡y adquirirán una importancia fundamental para nosotros!

1.4. El carácter robusto del concepto de entropía

Las cuestiones concernientes a la entropía del cosmos entero pueden dejarse al margen por ahora. Por el momento podemos limitarnos a apreciar el valor de la fórmula de Boltzmann, pues nos proporciona una excelente noción de cómo debería definirse realmente la entropía de un sistema físico. Boltzmann propuso esta definición en 1875, lo que representó un enorme avance respecto a lo que se había hecho hasta entonces;[1.5] ahora se hace posible aplicar el concepto de entropía en situaciones completamente generales donde no es necesaria ninguna hipótesis especial, tal como que el sistema en cuestión tenga que estar en algún tipo de estado estacionario. Sin embargo, sigue habiendo cierta vaguedad en esta definición, asociada principalmente con lo que se entiende por un «parámetro macroscópico». Por ejemplo, podríamos imaginar que en el futuro será posible medir muchos aspectos detallados del estado de un fluido que hoy se consideran «inmedibles». Más que ser simplemente capaces de determinar, digamos, cuáles podrían ser la presión, densidad, temperatura y velocidad del flujo en varias localizaciones del fluido, quizá sea posible en el futuro determinar los movimientos de las moléculas del fluido con mucho más detalle, incluso medir los movimientos de moléculas específicas. Para ello habría que hacer un granulado grueso del espacio de fases bastante más fino que el que se había hecho antes. Por consiguiente, a la luz de esta tecnología más nueva la entropía de un estado particular del fluido se consideraría algo menor de lo que se hubiera considerado antes.

Algunos científicos han argumentado[1.6] que el uso de esta tecnología para determinar detalles más finos de un sistema entrañaría siempre un aumento de entropía en el *aparato de medida* que compensaría con creces la reducción de entropía efectiva que, mediante medidas detalladas, podría determinarse que estaba teniendo lugar en el sistema bajo examen. Por consiguiente, dicha medida detallada de un sistema seguiría dando como resultado un aumento de la entropía total. Este es un argumento muy razonable, pero incluso si lo tenemos en cuenta sigue habiendo algo turbio en la definición de entropía de Boltzmann, pues la falta de objetividad en lo que constituye un «parámetro macroscópico» para el sistema en conjunto apenas queda aclarada por tales consideraciones.

Un ejemplo extremo de este tipo de cosas fue ideado por el gran físico matemático del siglo XIX James Clerk Maxwell (cuyas ecuaciones para el electromagnetismo ya se han mencionado; §1.1 y §1.3). Maxwell imaginó un «demonio» minúsculo que, abriendo o cerrando una portezuela, era capaz de dirigir a cada molécula del gas en un sentido u otro, haciendo con ello que se violara la Segunda Ley aplicada al propio gas. Pero para considerar el sistema entero, incluido el cuerpo del propio demonio de Maxwell, como una única entidad física, habría que introducir en la imagen la composición submicroscópica real del demonio, y la Segunda Ley debería quedar restaurada una vez que se hace esto.

En términos más realistas podríamos imaginar que el demonio se reemplaza por un minúsculo artefacto mecánico, y podemos argumentar que la Segunda Ley sigue siendo válida para la estructura entera. Sin embargo, no me parece que la cuestión de lo que constituye un parámetro macroscópico quede adecuadamente resuelta por estas consideraciones, y la definición misma de entropía, para un sistema tan complicado, sigue siendo algo enigmática. Parece extraño que una magnitud física aparentemente bien definida como la entropía de un fluido ¡fuera dependiente del estado específico de la tecnología en cada momento!

Pese a todo, es notable lo poco que se verían afectados, en general, los valores de la entropía asignados a un sistema por tales desarrollos en la tecnología. Los valores de la entropía que se asignarían a un sistema, en conjunto, cambiarían muy poco como resultado de redibujar de esta manera las fronteras de las regiones de grano grueso, como podría resultar de una tecnología mejorada. Debemos tener en cuenta que probablemente habrá siempre algún grado de subjetividad en el valor preciso de la entropía que se podría asignar a un sistema a cuenta de la precisión de los aparatos de medida disponibles en cada momento, pero no por ello deberíamos adoptar el punto de vista de que la entropía no es un concepto físicamente útil. En la práctica, esta subjetividad se traducirá, en circunstancias normales, en un factor muy pequeño. La razón para ello es que las regiones de grano grueso suelen tener volúmenes que son desmesuradamente diferentes unos de otros, y el retrazado detallado de sus fronteras no supondrá normalmente ninguna diferencia discernible en los valores asignados de la entropía.

Para hacernos una idea de esto, volvamos a nuestra descripción simplificada de la mezcla de pintura roja y azul, que modelábamos considerando 10^{24} compartimentos ocupados por iguales números totales de bolas rojas y azules. Allí considerábamos que el color en las diversas localizaciones era púrpura si la razón de bolas rojas a bolas azules en una gran caja cúbica $10^5 \times 10^5 \times 10^5$ yace en el rango 0,999 a 1,001. Supongamos que, en su lugar, gracias al uso de instrumentos más precisos, somos capaces de estimar la razón rojo/azul de las bolas en una escala mucho más fina que antes, y de forma mucho más precisa. Supongamos que ahora la mezcla se estima uniforme solo si la razón de bolas rojas a bolas azules está entre 0,9999 y 1,0001 (de modo que los números de bolas rojas y azules van a ser ahora iguales con una precisión de una centésima de 1 por ciento), que es diez veces más precisa que la que exigíamos antes; y que la región examinada solo necesita ahora ser la mitad de la dimensión lineal —y por consiguiente un octavo del volumen— que hubiéramos tenido que examinar antes para determinar el matiz. Pese a este considerable aumento de la precisión, encontramos que la «entropía» que debemos asignar a nuestro estado «púrpura uniforme» («entropía» en el sentido del logaritmo del número de estados que satisfacen ahora esta condición) apenas cambia respecto al valor que teníamos antes. Por consiguiente, nuestra «tecnología mejorada» no supone de hecho ninguna diferencia para el tipo de valores de la entropía que obtenemos en una situación de este tipo.

Este es solo un «modelo de juguete» (y un modelo de juguete del espacio de configuración antes que del espacio de fases), pero sirve para resaltar el hecho de que tales cambios en la precisión de nuestros «parámetros macroscópicos» en la definición de nuestras regiones de grano grueso no suelen suponer mucha diferencia en los valores asignados de la entropía. La razón básica para este carácter robusto de la entropía es simplemente el enorme tamaño de las regiones de grano grueso que encontramos y, más en particular, el enorme valor de las razones de los tamaños de tales regiones diferentes. Para tomar una situación más realista podríamos considerar el aumento de entropía implicado ¡en el acto común de tomar un baño! Por simplicidad no intentaré hacer una estimación del nada despreciable aumento de la entropía que se da en el proceso de limpieza real (!), sino que me concentraré solo en lo que está implicado en la mezcla del agua que sale de los grifos frío y caliente (ya sea en la propia bañera o en el interior de un grifo mezclador que podría estar unido a la bañera). Sería razonable suponer que el agua caliente sale a una temperatura de unos 50 °C, y la fría a alrededor de 10 °C, y que el volumen total del agua que se acumula en la bañera es de unos 150 litros (la mitad de ellos de agua caliente y la otra mitad de agua fría). El aumento de la entropía resulta ser de unos 21407 J/K, lo que equivale a que nuestro punto del espacio de fases se mueva desde una región de grano grueso a otra que es ¡unas 10^{27} veces más grande! Ningún cambio razonable en el trazado de las fronteras de las regiones de grano grueso debería suponer un cambio significativo en números de esta magnitud.

Habría que mencionar aquí otra cuestión relacionada. He expresado las cosas como si las regiones de grano grueso estuvieran bien definidas, con fronteras precisas, cuando en sentido estricto no sería así, independientemente de qué familia plausible de «parámetros macroscópicos» pudiera adoptarse. De hecho, trazáramos donde trazáramos la frontera de una región de grano grueso, dos puntos muy próximos en el espacio de fases, aunque estuvieran uno a cada lado de la frontera, representarían estados que son casi idénticos, y por consiguiente macroscópicamente idénticos; ¡y, pese a todo, se han juzgado «macroscópicamente distinguibles» en virtud de su pertenencia a diferentes regiones de grano grueso![1.7] Podemos solucionar este problema pidiendo que haya una región de «borrosidad» en las fronteras que separan cada región de grano grueso de las regiones adyacentes y, como sucedía con la cuestión de la subjetividad acerca de qué es exactamente lo que debe considerarse como «parámetro macroscópico», podemos simplemente

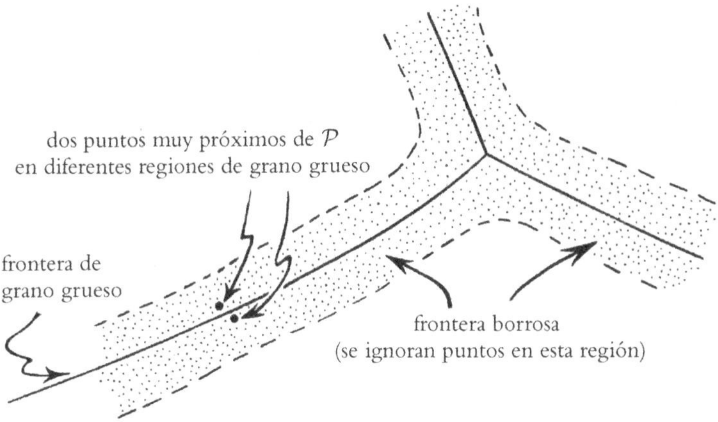

Fig. 1.12. «Borrosidad» en las fronteras que separan una región de grano grueso de las adyacentes.

decidir no preocuparnos de lo que hacemos con los puntos en el espacio de fases que yacen dentro de esta «frontera borrosa» (véase la Fig. 1.12). Es razonable considerar que tales puntos ocupan un volumen del espacio de fases muy pequeño en comparación con los enormes interiores de estas regiones de grano grueso. Por esta razón, considerar que un punto próximo a la frontera pertenece a una región o a otra será algo intranscendente, pues de hecho no supone ninguna diferencia para el valor de la entropía que normalmente se asignaría a un estado. De nuevo, encontramos que la noción de la entropía de un sistema es muy robusta —pese a cierta vaguedad en su definición— debido a la misma inmensidad de las regiones de grano grueso y el enorme desequilibrio entre sus tamaños.

Una vez dicho todo esto, hay que señalar, no obstante, que existen varias situaciones particularmente sutiles para las que estas crudas nociones de «indistinguibilidad macroscópica» *parecerían* inadecuadas, ¡hasta el punto de que parecen darnos respuestas muy equivocadas para la entropía! Una situación semejante se da en el fenómeno de *ecos de espín* (advertido por primera vez por Erwin Hahn en 1950) del que se hace uso en relación con la resonancia magnética nuclear (RMN). Según este fenómeno, un material con un estado específico inicial de magnetización, con espines nucleares[1.8] perfectamente alineados, puede perder esta magnetización bajo la influencia de un campo electromagnético externo variable, y los espines nucleares adoptan entonces una configuración de una apariencia mucho más desordenada debido a una complicada serie de precesiones de espín que ocurren a ritmos diferentes. Pero si luego se invierte con cuidado el campo externo, todos los espines nucleares vuelven a sus estados originales, de modo que, sorprendentemente, ¡se recupera el estado original de magnetización! Si se consideran medidas macroscópicas parecería que la entropía había aumentado en la transición a esta etapa intermedia (con los espines nucleares desordenados) —de acuerdo con la Segunda Ley—, pero cuando, como resultado de la aplicación del campo electromagnético externo invertido, los espines nucleares recuperan el orden que habían perdido en la etapa intermedia, ¡parecería que ha habido una flagrante violación de la Segunda Ley, debida a una *disminución* de la entropía durante este proceso final![1.9]

El hecho es que incluso si los estados de espín parecían estar muy desordenados en la situación intermedia, hay realmente un «orden oculto» muy preciso en la disposición de espines aparentemente desordenados, orden que solo se revela cuando se invierte la pauta de variaciones del campo magnético externo. Algo análogo ocurre con un disco CD o DVD, donde probablemente una cruda «medida macroscópica» ordinaria no revelaría la muy considerable información almacenada en dicho disco, mientras que un aparato de reproducción adecuado, específicamente diseñado para leer el disco, no tendría problemas en revelar esta información almacenada. Para detectar este orden oculto se necesitan medidas de un tipo mucho más sofisticado que las medidas macroscópicas «ordinarias» que serían adecuadas en la mayoría de las situaciones.

En realidad no tenemos necesidad de considerar algo tan técnicamente sofisticado como el examen de minúsculos campos magnéticos para encontrar «orden oculto» de este tipo general. Algo esencialmente similar ocurre con un aparato de apariencia mucho más simple (véase la Fig. 1.13, y la nota 1.10 para más información). Este consiste en dos tubos de vidrio cilíndricos, uno de los cuales encaja perfectamente dentro del otro, dejando un espacio muy estrecho entre ambos. Una manivela añadida al tubo interno permite rotarlo con respecto al ex-

Fig. 1.13. Dos tubos de vidrio bien encajados con un fluido viscoso entre ambos, con una línea de colorante rojo.

terno, que permanece fijo. En este fino espacio entre los dos cilindros se introduce uniformemente un fluido viscoso (por ejemplo, glicerina). Ahora se monta el experimento de modo que inicialmente hay una fina línea recta de colorante rojo brillante insertada en el fluido, paralela al eje del cilindro (véase la Fig. 1.14). Entonces se le da varias vueltas a la manivela, a consecuencia de lo cual la línea de colorante se dispersa, hasta que se observa que está uniformemente distribuida alrededor del cilindro de modo que ya no se ve ninguna traza de su concentración original a lo largo del fluido, sino que el fluido adquiere un tono rosáceo muy tenue. Para cualquier elección razonable de «parámetros macroscópicos» para determinar el estado del fluido viscoso tintado, la entropía parecería haber aumentado, pues ahora la tinta está uniformemente dispersa sobre el fluido. (Podría parecer que la situación es muy similar a lo que sucedía con la mezcla agitada de pintura roja y azul que se ha considerado en §1.2). Sin embargo, si ahora se rota la manivela en la dirección contraria, con el mismo número de vueltas que se habían dado antes, encontramos, de forma casi milagrosa, que reaparece la línea de tinta roja y llega a hacerse casi tan claramente definida como lo estaba inicialmente. Si la entropía hubiera aumentado realmente en el giro de manivela inicial, en la cantidad que había parecido hacerlo, y si se considera que la entropía ha vuelto a casi su valor original después del giro inverso de la manivela, entonces ¡tenemos una clara violación de la Segunda Ley como resultado de este proceso de giro invertido!

En ambas situaciones, un punto de vista habitual es decir que la Segunda Ley *no* se ha violado en realidad, sino que en tales situaciones la

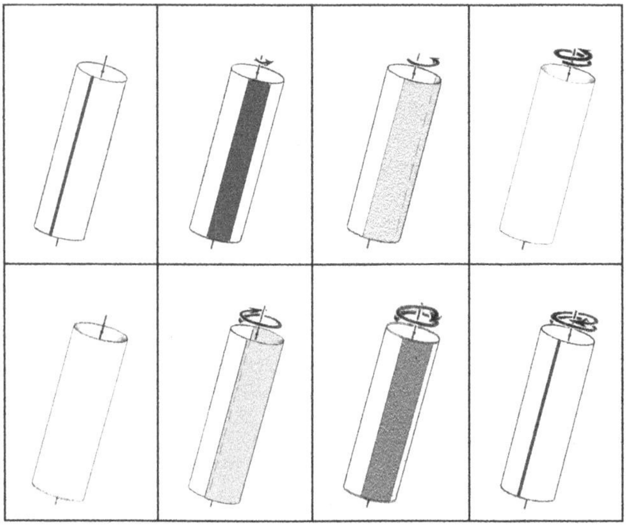

Fig. 1.14. Se dan varias vueltas a la manivela, lo que difunde la línea de colorante. Luego se da el mismo número de vueltas a la manivela en sentido contrario y la línea reaparece en aparente violación de la Segunda Ley.

definición de entropía no ha sido suficientemente refinada. En mi opinión, hay aquí una fuente de problemas si se exige que haya una definición precisa y objetiva de entropía física, aplicable en *todas* circunstancias, con respecto a la cual la Segunda Ley sea universalmente válida.

No veo por qué habría que exigir que haya siempre una noción de entropía bien definida y físicamente precisa, que sea por completo objetiva y en consecuencia esté «ahí fuera» en la naturaleza en un sentido absoluto [1.11], y que esta entropía objetiva casi nunca disminuya con el paso del tiempo. ¿Debe haber siempre un concepto de entropía *real* que se aplica al fluido viscoso ligeramente coloreado entre los cilindros, o a las configuraciones de espines nucleares que habían *parecido* hacerse totalmente desordenadas, aunque reteniendo una memoria precisa del «orden» que habían tenido antes? No creo que haya esta necesidad. Sin duda la entropía es un concepto físico extraordinariamente útil, pero no veo por qué haya que asignarle un papel fundamental y verdaderamente objetivo en física. De hecho, me parece razonable que la utilidad de la noción física de entropía tiene su origen básicamente en el hecho de que, para sistemas que solemos encontrar en el *universo real*, las medidas normales de magnitudes «macroscópicas» dan lugar a volúmenes de grano grueso que difieren entre sí en factores inmensamente grandes. Sin embargo, hay una cuestión profunda y es *por qué*, en el universo que conocemos, deberían diferir en valores tan enormes. Estos factores enormes revelan un hecho notable sobre nuestro universo, que *sí parece* ser claramente objetivo y estar «ahí fuera» —y pronto llegaré a esto— pese a las cuestiones decididamente confusas de subjetividad que están implicadas en nuestro concepto de «entropía», que solo sirven para nublar el misterio central que subyace en la profunda utilidad de esta notable noción física.

1.5. El inexorable aumento de la entropía en el futuro

Tratemos de entender por qué cabría esperar que la entropía aumente cuando el sistema evoluciona hacia el futuro, como exige la Segunda Ley. Imaginemos que nuestro sistema parte de un estado de entropía relativamente baja, de modo que el punto p que se va a mover en el espacio de fases $\mathcal{P}$ describiendo con ello la evolución temporal del sistema, parte de un punto p_0 en una región de grano grueso bastante pequeña $\mathcal{R}_0$ (véase la Fig. 1.15). Debemos tener en cuenta que, como ya se ha señalado, los tamaños de las diferentes regiones de grano grueso suelen diferir en factores absolutamente enormes. Además, la enorme dimensionalidad del espacio de fases $\mathcal{P}$ tenderá a implicar que probablemente haya números enormes de volúmenes de grano grueso vecinos a cualquier región concreta. (Nuestras imágenes 2- o 3-dimensionales son más bien engañosas a este respecto, pero veremos que el número de vecinos aumenta con el aumento de la dimensión —típicamente seis en el caso 2-dimensional y catorce en 3 dimensiones; véase la Fig. 1.16). Así, será extraordinariamente probable que la curva de evolución descrita por p, cuando deja la región de grano grueso $\mathcal{R}_0$ del punto de partida p_0 y entra en la siguiente región de grano grueso $\mathcal{R}_1$, encuentre que $\mathcal{R}_1$ tiene un volumen enormemente mayor que $\mathcal{R}_0$; pues encontrar, en su lugar, un volumen enormemente menor parecería una acción muy improbable para el punto p, algo parecido a que p lograra, simplemente por *azar*, encontrar la proverbial aguja en un pajar, ¡pero aquí en una tarea aún más formidable!

Por consiguiente, el *logaritmo* del volumen de $\mathcal{R}_1$ también será algo mayor que el logaritmo del volumen de $\mathcal{R}_0$, aunque solo modestamente mayor en comparación con lo que es el aumento en volumen

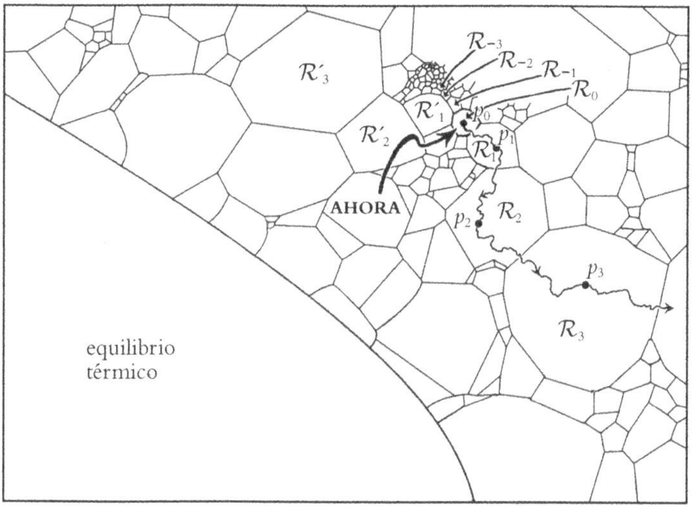

Fig. 1.15. El sistema parte de un punto p_0 en una pequeña región de grano grueso $\mathcal{R}_0$.

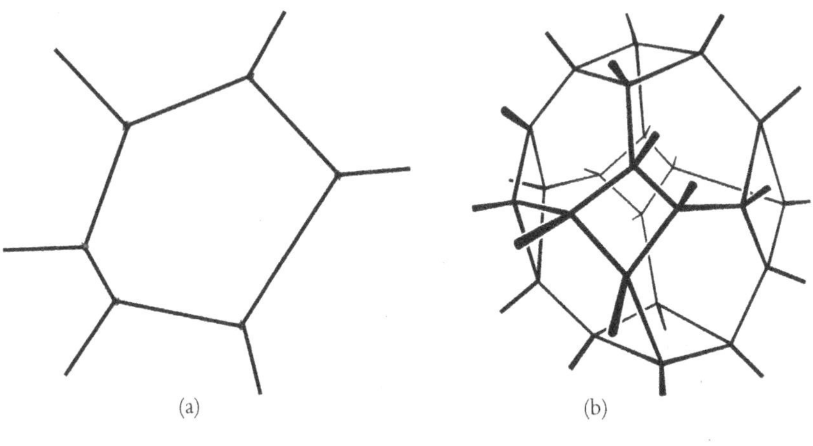

Fig. 1.16. Conforme aumenta la dimensión n, el número típico de regiones de grano grueso vecinas aumenta rápidamente. (a) $n = 2$ con típicamente 6 vecinos. (b) $n = 3$ con típicamente 14 vecinos.

real (véase §1.2 anterior), de modo que la entropía solo habrá aumentado un poco. Luego, cuando p entra en la siguiente región de grano grueso, digamos $\mathcal{R}_2$, es una vez más altamente probable encontrar que el volumen de $\mathcal{R}_2$ es enormemente mayor que el de $\mathcal{R}_1$, de modo que el valor de la entropía de nuevo crecerá algo. Esperamos entonces que p entre luego en otra región, digamos $\mathcal{R}_3$, aun enormemente mayor que las regiones en las que ya había estado antes, y la entropía vuelve a aumentar algo, y así sucesivamente. Además, debido a los grandes aumentos en los volúmenes de estas regiones de grano grueso, una vez que p ha entrado en una región mayor podemos considerar una imposibilidad práctica —es decir, «abrumadoramente improbable»— que encuentre de nuevo una región menor, del tipo de regiones de tamaños mucho más minúsculos que proporcionarían valores de la entropía algo menores que los que se encontraron antes. Así, cuando el tiempo avanza hacia el futuro cabe esperar que el valor de la entropía aumente incesantemente, aunque mucho más modestamente que lo hacen los volúmenes reales.

Por supuesto, no es estrictamente imposible que de esta manera pueda obtenerse un valor menor de la entropía; lo que ocurre sencillamente es que tales casos de reducción de entropía deben considerarse abrumadoramente improbables. El aumento de la entropía que hemos obtenido es simplemente el tipo de tendencia que debemos considerar como estado de cosas normal, en el que la evolución procede de un modo que no tiene ningún sesgo particular con respecto al granulado grueso del espacio de fases; y también podría tratarse como si el camino de p a través del espacio de fases fuera esencialmente aleatorio, pese al hecho de que la evolución está realmente gobernada por los procedimientos bien definidos y totalmente deterministas de (digamos) la mecánica newtoniana.

Cabría preguntarse legítimamente por qué p no entra *directamente* en $\mathcal{R}_{max}$, la (inmensamente) mayor de las regiones de grano grueso, en lugar de ir entrando secuencialmente en una sucesión de regiones de grano grueso cada vez mayores, como se ha descrito antes. Aquí, $\mathcal{R}_{max}$ se refiere a lo que habitualmente se conoce como *equilibrio térmico*, donde sería probable que el volumen de $\mathcal{R}_{max}$ superara el volumen de todas las demás regiones de grano grueso juntas. De hecho, cabe esperar que p llegue *finalmente* a $\mathcal{R}_{max}$, y cuando lo haga permanecerá, en general, en dicha región, con la muy ocasional excursión a una región menor (una fluctuación térmica). Pero hay que considerar que la curva de evolución describe una evolución continua, donde no es probable que el estado en un instante difiera mucho del estado en un instante inmediatamente anterior. Por consiguiente, sería probable que los volúmenes de grano grueso no difieran de sus vecinos en una cantidad tan enorme como la que supondría un salto directo a $\mathcal{R}_{max}$, pese a los enormes cambios en los volúmenes de grano grueso que encontraría la curva de evolución. No parecería probable que la entropía salte de golpe; más bien esperaríamos que alcance gradualmente valores cada vez mayores.

Todo esto parece ser bastante satisfactorio, y muy bien podría llevarnos a creer que un aumento gradual de la entropía en el futuro es una expectativa completamente natural que apenas necesita una reflexión más profunda, excepto quizá por detalles de rigor que podrían ser necesarios para satisfacer al matemático purista. El huevo, mencionado en la sección anterior, que parte en el instante **AHORA**, colocado en el borde de la mesa, tiene probablemente una evolución futura con aumento de entropía que sería compatible con su caída desde la mesa y aplastamiento en el suelo. Esto está en perfecto acuerdo con las simples consideraciones del gran aumento de los volúmenes del espacio de fases, como ya se ha señalado.

Sin embargo, planteemos una pregunta algo distinta de la del comportamiento futuro esperado del huevo. Preguntemos por el comportamiento *pasado* probable del huevo. Lo que ahora queremos saber es: ¿cuál es la manera más probable de que el huevo haya llegado a encontrarse en el borde de la mesa?

Intentemos abordar esta pregunta de la misma manera que antes, cuando preguntábamos por la evolución futura más probable de nuestro sistema partiendo de **AHORA**, pero esta vez estamos preguntando por la evolución *pasada* más probable de nuestro sistema *llegando a* **AHORA**. Nuestras leyes newtonianas operan igualmente bien en la dirección del tiempo pasado, y de nuevo nos dan una evolución pasada determinista. Entonces hay una curva de evolución que lleva al punto p_0 del espacio de fases $\mathcal{P}$, que describe esta evolución pasada, y representa la manera en que el huevo llegó a estar colocado en el borde de la mesa. Para encontrar esta historia pasada «más probable» del huevo, examinamos de nuevo las regiones de grano hueso vecinas de $\mathcal{R}_0$, y observamos de nuevo que hay grandes diferencias en sus tamaños. Por consiguiente, habrá muchísimas más curvas de evolución con final en p_0 que entran en $\mathcal{R}_0$ desde una enorme región como $\mathcal{R}_1$, cuyo volumen supera con mucho al de $\mathcal{R}_0$, que curvas que entran en $\mathcal{R}_0$ desde regiones mucho más pequeñas. Digamos que la curva de evolución entra en $\mathcal{R}_0$ desde la región $\mathcal{R}_1'$, mucho mayor que $\mathcal{R}_0$. Antes de esto, habría de nuevo regiones vecinas de tamaños enormemente diferentes, y notamos de nuevo que la inmensa mayoría de evoluciones que entran en $\mathcal{R}_1'$ procederían de regiones de grano grueso mucho mayores que $\mathcal{R}_1'$. Por ello, parece que podemos suponer de nuevo que la curva de evolución pasada que entra en $\mathcal{R}_1'$ procede de una región $\mathcal{R}_2'$, de volumen enormemente mayor que $\mathcal{R}_1'$, y que de la misma forma entró en $\mathcal{R}_2'$ procedente de una región $\mathcal{R}_3'$ de un volumen aún mayor que $\mathcal{R}_2'$, y así sucesivamente.

Esta es la conclusión a la que parece llevarnos nuestro razonamiento, pero ¿tiene sentido? Tales curvas de evolución serían enormemente más numerosas que las curvas de evolución que llegan a p_0 desde la sucesión de volúmenes *mucho menores*, digamos... $\mathcal{R}_{-3}$, $\mathcal{R}_{-2}$, $\mathcal{R}_{-1}$, $\mathcal{R}_0$, lo que es probable que haya ocurrido *realmente*, cuyos volúmenes aumentarían enormemente a partir de volúmenes más pequeños, en la dirección del tiempo creciente, como sería compatible con la Segunda Ley. Más que ofrecernos un apoyo para la Segunda Ley, nuestra línea de razonamiento parece habernos llevado ahora a una respuesta completamente *equivocada*: ¡a esperar continuas *violaciones* flagrantes de la Segunda Ley en el pasado!

Nuestro razonamiento parece habernos llevado a esperar, por ejemplo, que una manera extraordinariamente probable de que nuestro huevo se encontrara originalmente colocado en el borde de la mesa es que empezó como un amasijo de cáscaras de huevo roto bajo la mesa, mezclado con yema y albúmina salpicados y parcialmente absorbidos en la alfombra. Luego este amasijo se recombinó de manera espontánea, saliendo limpiamente de la alfombra, con la yema y la albúmina claramente separadas y rodeadas por completo por la cáscara del huevo milagrosamente recompuesta para dar un huevo perfectamente construido, que se autoimpulsa desde el suelo a la velocidad correcta para que pueda posarse con delicadeza en el borde de la mesa. Tal comportamiento sería del tipo al que nos llevaba nuestro razonamiento anterior, con una curva de evolución «probable» que pasa sucesivamente por regiones de tamaños cada vez más reducidos, como ..., $\mathcal{R}_3'$, $\mathcal{R}_2'$, $\mathcal{R}_1'$, $\mathcal{R}_0$. Pero esto estaría en fuerte *conflicto* con lo que presumiblemente sucedió en realidad, a saber: que alguna persona descuidada colocó el huevo en la mesa, sin darse cuenta de que corría el riesgo de rodar demasiado cerca del borde. *Dicha* evolución habría sido *compatible* con la Segunda Ley, estando representada en el espacio de fases $\mathcal{P}$ por una curva de evolución que atraviesa la sucesión de volúmenes que *aumentan* enormemente ..., $\mathcal{R}_{-3}$, $\mathcal{R}_{-2}$, $\mathcal{R}_{-1}$, $\mathcal{R}_0$. Cuando se aplica en la dirección del tiempo pasado, nuestro argumento nos ha dado una respuesta que es lo más *equivocada* que podríamos imaginar.

1.6. ¿Por qué el pasado es diferente?

¿Por qué nuestro razonamiento se ha extraviado tan lamentablemente, cuando en apariencia es el mismo razonamiento que de manera convincente parecía llevarnos a esperar que la Segunda Ley debe ser válida, con aplastante probabilidad, para la evolución futura de un sistema físico ordinario? El problema con el razonamiento, tal como lo he expuesto, está en la hipótesis de que la evolución puede considerarse efectivamente «aleatoria» con respecto a las regiones de grano grueso. Por supuesto no es realmente aleatoria, como se ha señalado, puesto que está determinada de forma precisa por las leyes dinámicas (por ejemplo, de Newton). Pero hemos considerado que no hay un sesgo particular en este comportamiento dinámico, con respecto a esas regiones de grano grueso, y esta hipótesis parecía buena para la evolución futura. Sin embargo, cuando consideramos la evolución pasada, encontramos que manifiestamente no es así. Hay mucho sesgo, por ejemplo, en el comportamiento de la evolución pasada del huevo, que, visto desde una perspectiva de tiempo invertido, parecería estar guiado de manera inexorable, mediante acciones excepcionalmente improbables aunque todas de acuerdo con las leyes dinámicas, desde un estado de amasijo original hasta el estado extraordinariamente improbable de un huevo en equilibrio, completo e intacto, en el borde de la mesa. Si tal comportamiento fuera observado en el comportamiento dirigido hacia el *futuro* se consideraría una forma imposible de teleología o magia. ¿Por qué consideramos tal comportamiento claramente focalizado como algo perfectamente aceptable si está dirigido hacia el pasado, mientras que es rechazado como científicamente inaceptable si está dirigido hacia el futuro?

La respuesta —aunque apenas es una «explicación física»— es simplemente que esta «teleología del pasado» es una experiencia común, mientras que la «teleología del futuro» es simplemente algo que nunca encontramos. Pues es sencillamente un *hecho* del universo observado el que no encontremos tal «teleología del futuro»; el que se cumpla la Segunda Ley es simplemente un hecho observacional. En el universo que conocemos no parece que las leyes dinámicas estén guiadas de ninguna manera hacia un objetivo futuro y puede considerarse que no tienen ninguna relación con regiones de grano grueso; mientras que tal «orientación» de las curvas de evolución en las direcciones pasadas es un lugar común. Si examinamos la curva de evolución en su comportamiento pasado, parece estar buscando «deliberadamente» regiones de grano grueso cada vez más pequeñas. Si no consideramos esto extraño es simplemente porque es una parte muy familiar de nuestra experiencia cotidiana. La experiencia de un huevo que rueda hasta el borde de una mesa y se aplasta contra la alfombra que hay en el suelo no se considera extraña, mientras que una película de este suceso pasada al revés sí parece extraordinariamente singular, y representa algo que, en la dirección ordinaria del tiempo, no es parte de nuestra experiencia ordinaria del mundo físico. Tal «teleología» es perfectamente aceptable si estamos mirando hacia el pasado, pero no es una característica de nuestra experiencia que se aplica hacia el futuro.

De hecho, podemos entender esta aparente teleología del pasado en el comportamiento si simplemente suponemos que el propio origen de nuestro universo estaba representado en el espacio de fases por una región de grano grueso excepcionalmente minúscula, de modo que el estado inicial del universo tenía una entropía especialmente pequeña. Mientras podamos considerar que las leyes dinámicas son tales que hay un grado adecuado de continuidad en el modo en que se comporta la entropía del universo, como ya se ha señalado, entonces todo lo que necesitamos suponer es que el estado inicial del universo —que llamamos el *Big Bang*— tenía, por alguna razón, una entropía extraordinariamente minúscula (un carácter minúsculo que, como veremos en la parte siguiente de este libro, tiene un carácter bastante sutil). La apropiada continuidad de la entropía implicaría entonces un aumento relativamente gradual de la entropía del universo a partir de entonces (en la dirección normal del tiempo), lo que nos da un tipo de justificación teórica de la Segunda Ley. Así pues, la cuestión clave es el carácter especial del Big Bang, y la extraordinaria menudencia de la región de grano grueso inicial $\mathcal{B}$ que representa la naturaleza de este estado inicial especial.

La cuestión de la especialidad del Big Bang es central para los argumentos de este libro. En §2.6 veremos cuán extraordinariamente especial debe haber sido realmente el Big Bang y tendremos que afrontar la naturaleza muy particular de este estado inicial. Los profundos enigmas que esto plantea nos llevarán más adelante a la extraña línea de pensamiento que proporciona el tema distintivo que subyace en este libro. Pero, por el momento, nos limitamos a tomar nota del hecho de que una vez que aceptamos que un estado tan extraordinariamente especial dio origen al universo que conocemos, entonces la Segunda Ley, en la forma en que la observamos, es una consecuencia natural. Con tal de que no haya un correspondiente estado *último* de baja entropía del universo, o algo semejante, que nos proporcione una exigencia teleológica de que la curva de evolución del universo tenga que terminar en alguna otra región «futura» $\mathcal{F}$ extraordinariamente minúscula en $\mathcal{P}$, nuestro razonamiento para el aumento de entropía en la dirección temporal futura parece ser perfectamente aceptable. Es la ligadura de baja entropía inicial, que exige que la curva de evolución tenga su origen dentro de la región $\mathcal{B}$ extraordinariamente minúscula, la que nos da una base teórica para la Segunda Ley que realmente observamos en nuestro universo.

No obstante, deberíamos abordar algunos puntos clarificadores antes de aventurarnos (en la Parte 2) en un examen más detallado del estado del Big Bang. En primer lugar, se ha argumentado a veces que la existencia de una Segunda Ley no guarda ningún misterio, pues nuestra experiencia del paso del tiempo depende de una entropía en aumento como parte de lo que constituye nuestra sensación consciente del paso del tiempo; de modo que cualquiera que sea la dirección del tiempo que creamos que es el «futuro», debe ser aquella en la que la entropía aumenta. Según este argumento, si la entropía hubiera estado *disminuyendo* con respecto a algún parámetro temporal t, entonces nuestra sensación consciente de flujo temporal se proyectaría en la dirección invertida, de modo que consideraríamos que los pequeños valores de *t* yacen en lo que pensamos que es nuestro «futuro» y los valores grandes en nuestro «pasado». Por consiguiente consideraríamos que el parámetro *t* es el inverso de un parámetro temporal normal, de modo que la entropía seguiría aumentando en lo que experimentamos como el futuro. Entonces, así dice el argumento, nuestras experiencias psicológicas del paso del tiempo serían siempre tales que la Segunda Ley es válida, independientemente de la dirección física del avance de la entropía.

Sin embargo, incluso dejando aparte la naturaleza muy dudosa de cualquiera de estos argumentos basados en «nuestra experiencia del avance del tiempo» —cuando no sabemos casi nada sobre qué prerrequisitos físicos podrían ser requeridos para la «experiencia consciente»—, este argumento yerra el punto crucial de que la propia utilidad de la noción de entropía depende de que nuestro universo esté enormemente lejos del equilibrio térmico, de modo que regiones de grano grueso que son mucho más pequeñas que $\mathcal{R}_{max}$ están implicadas en nuestra experiencia común. Además de esto, el hecho mismo de que la entropía sea uniformemente creciente o uniformemente decreciente depende de que la realidad de uno u otro extremo (pero no de ambos) de la curva de evolución en el espacio de fases esté limitada a una muy minúscula región de grano grueso, y esto solo ocurre para una pequeñísima fracción de las posibles historias de universo. Lo que necesita una explicación es el tamaño muy minúsculo de la región de grano grueso $\mathcal{B}$ que parece haber encontrado nuestra curva de evolución, y esta cuestión no se ve en absoluto afectada por el argumento que se ha mencionado antes.

A veces se argumenta (quizá en conjunción con lo anterior) que la presencia de una Segunda Ley es un prerrequisito esencial para la vida, de modo que seres vivos como nosotros solo podrían existir en un universo (o una época del universo) en el que es válida la Segunda Ley, siendo esta ley un ingrediente necesario de la selección natural, etc. Este es un ejemplo de «razonamiento antrópico» y volveré brevemente a esta cuestión general en §3.2 (final) y §3.3. Cualquiera que sea el valor que pueda tener este tipo de argumento en otros contextos, aquí resulta casi inútil. Una vez más, el muy dudoso aspecto de dicho razonamiento está en que no tenemos una comprensión mucho mayor de los requisitos físicos para la vida que la que tenemos para la consciencia. Pero incluso aparte de esto, e incluso suponiendo que la selección natural es un prerrequisito esencial de la vida, y que requiere la Segunda Ley, esto sigue sin ofrecer ninguna explicación al hecho de que la misma Segunda Ley que opera aquí en la Tierra parece ser válida en todas partes del universo observable hasta distancias mucho más grandes que las que son relevantes para las condiciones locales, tales como galaxias a miles de millones de años luz, y para tiempos muy anteriores a los comienzos de la vida en la Tierra.

Otro punto que hay que tener en cuenta es el siguiente. Si no *suponemos* la Segunda Ley, o que el universo se originó en un estado inicial extraordinariamente especial, o algo de la misma naturaleza, entonces no podemos utilizar la «improbabilidad» de la existencia de vida como premisa para una derivación de la Segunda Ley que opera en tiempos anteriores al presente. Por curioso y anti intuitivo que pueda parecer (si no suponemos *a priori* la Segunda Ley), ¡sería mucho *menos* probable que la creación de vida llegara por medios naturales, ya sea por selección natural o por cualquier otro proceso aparentemente «natural», que por una creación «milagrosa» simplemente a partir de colisiones aleatorias de las partículas constituyentes! Para ver por qué debe ser así, examinemos de nuevo nuestra curva de evolución en el espacio de fases $\mathcal{P}$. Si consideramos la región de grano grueso $\mathcal{L}$ que representa nuestra Tierra actual, rebosante de vida como está, y preguntamos por la forma más probable en que puede haberse llegado a esta situación, entonces encontramos de nuevo que —como sucedía en nuestra secuencia de regiones de grano grueso enormemente decrecientes ..., $\mathcal{R}_3'$, $\mathcal{R}_2'$, $\mathcal{R}_1'$, $\mathcal{R}_0$ considerada en §1.5— la forma «más probable» en que se hubiera alcanzado $\mathcal{L}$ habría sido a través de alguna secuencia correspondiente de regiones de grano grueso ..., $\mathcal{L}_3'$, $\mathcal{L}_2'$, $\mathcal{L}_1'$, $\mathcal{L}$ de volumen enormemente *decreciente*, que representan un ensamblaje de vida, teleológico y de aspecto completamente aleatorio, completamente diferente a lo que realmente sucedió, lo que está en violento *desacuerdo* con la Segunda Ley en lugar de ofrecer una demostración de la misma. Por consiguiente, la mera existencia de vida no proporciona, por sí misma, ningún argumento para la plena validez de la Segunda Ley.

Habría que abordar aquí un último punto que tiene que ver con el *futuro*. He argumentado que el hecho de que la Segunda Ley, con su consecuencia de una enorme ligadura sobre el estado inicial, sea válida en nuestro universo es una simple cuestión de observación. También es una simple cuestión de observación el que *no* parezca haber una correspondiente ligadura en el futuro muy remoto. Pero *¿realmente* sabemos que esto último sea así? En realidad no tenemos muchas pruebas directas de cómo va a ser, en detalle, el futuro *muy* remoto. (Las pruebas que tenemos se discutirán en §3.1, §3.2 y §3.4.) Ciertamente podemos decir que no tenemos ningún indicio que sugiera que la entropía pudiera eventualmente empezar a decrecer, y que en última instancia la inversa de la Segunda Ley pudiera ser válida en el futuro. Pese a todo, yo no veo que podamos descartar categóricamente algo semejante para el universo real en el que habitamos. Aunque los $\sim 1{,}4 \times 10^{10}$ años que han transcurrido desde el Big Bang puedan parecer un tiempo muy largo (véase §2.1), y no se hayan observado efectos de una Segunda Ley invertida, ¡este lapso de tiempo no es nada cuando se compara con lo que parece preverse para la duración futura del universo (como abordaré en §3.1)! En un universo obligado a tener una curva de evolución que *termina* dentro de una región minúscula $\mathcal{F}$, su evolución final debe en última instancia empezar a experimentar curiosas correlaciones entre partículas que eventualmente conducirían al tipo de comportamiento teleológico que ahora nos parecería tan extraño como el huevo autorrecompuesto descrito en §1.5.

No hay ninguna incompatibilidad con la dinámica (digamos newtoniana) en el hecho de que la curva de evolución del universo, en su espacio de fases $\mathcal{P}$, esté restringida a tener su origen en una muy minúscula región de grano grueso $\mathcal{B}$ y *también* a terminar en otra $\mathcal{F}$. Habría un número mucho menor de tales curvas que de curvas que simplemente tienen su origen en $\mathcal{B}$, pero ya debemos estar acostumbrados al hecho de que las que meramente empiezan en $\mathcal{B}$, como parece ser el caso con el universo real en que habitamos, representan una proporción extremadamente minúscula del total de las posibilidades. Las situaciones en que la curva de evolución está forzada a tener ambos extremos en regiones muy minúsculas representarían una fracción aún mucho más minúscula de todas las posibilidades, pero su estatus lógico no es muy diferente, y no podemos descartarlas sin más. Para tales evoluciones habría una Segunda Ley actuando en las etapas tempranas del universo, precisamente como parece ser el caso para el universo que conocemos, pero en las etapas muy tardías encontraríamos que es válida una Segunda Ley *invertida*, y la entropía *decrece* finalmente con el tiempo.

Personalmente no considero en absoluto plausible esta posibilidad de que la Segunda Ley pudiera invertirse finalmente, y no tendrá ningún papel importante en la propuesta que presentaré en este libro. Pero debería quedar claro que aunque nuestra experiencia no ofrece ningún indicio de tal inversión final de la Segunda Ley, esta eventualidad no es intrínsecamente absurda. Debemos mantener una mente abierta ante este tipo de posibilidades exóticas, y no debemos descartarlas sin más. En la Parte 3 de este libro haré una propuesta diferente, y también será conveniente tener una mente abierta para apreciar lo que tengo que decir. Pero las ideas se basan en algunos hechos notables acerca del universo de los que podemos estar razonablemente seguros. Así que empecemos la Parte 2 con lo que realmente sabemos acerca del Big Bang.

Parte 2

La naturaleza singularmente especial del Big Bang

2.1. Nuestro universo en expansión

El Big Bang: ¿qué creemos que sucedió realmente? ¿Hay clara evidencia observacional de que realmente tuvo lugar una explosión primordial, de la que parece haberse originado todo el universo que conocemos? Y una pregunta fundamental para las cuestiones planteadas en la Parte 1: ¿cómo un suceso tan increíblemente violento y tórrido puede representar un estado de entropía extraordinariamente *minúscula*?

Inicialmente, la razón principal para creer en un origen explosivo del universo provino de las persuasivas observaciones del astrónomo estadounidense Edwin Hubble, que mostraban que el universo se está *expandiendo*. Esto fue en 1929, aunque indicios de esta expansión ya habían sido advertidos por Vesto Slipher en 1917. Las observaciones de Hubble demostraban de forma bastante convincente que las galaxias lejanas se están alejando de nosotros a velocidades que son básicamente proporcionales a sus distancias a nosotros, de modo que si extrapolamos hacia atrás, llegamos a la conclusión de que todas las cosas habrían estado juntas más o menos al mismo tiempo. Este suceso habría constituido una tremenda explosión —que ahora llamamos «Big Bang»— en la que toda la materia parece haber tenido su origen último. Observaciones posteriores, de las que hay muchas, y experimentos específicos detallados (a algunos de los cuales llegaré en breve), han confirmado y reforzado enormemente las conclusiones iniciales de Hubble.

Las consideraciones de Hubble se basaban en la observación de un *desplazamiento hacia el rojo* de las líneas espectrales en la luz emitida por galaxias lejanas. El término «desplazamiento hacia el rojo» se refiere al hecho de que el espectro de las frecuencias emitidas por diferentes tipos de átomos en una galaxia lejana se ve, desde la Tierra, ligeramente

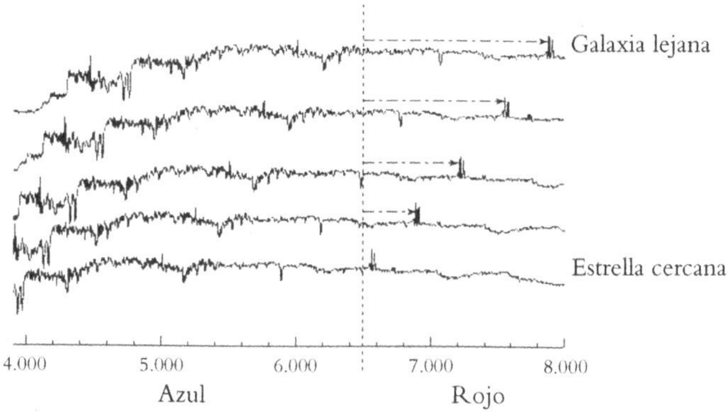

Fig. 2.1. El «desplazamiento hacia el rojo» del espectro emitido por los átomos en una galaxia lejana es compatible con una interpretación como un desplazamiento Doppler.

desplazado en la dirección del rojo (Fig. 2.1), lo que supone una reducción uniforme en la frecuencia que puede interpretarse como un *desplazamiento Doppler*,[2.1] es decir, un enrojecimiento debido a que el objeto observado se aleja de nosotros a una velocidad considerable. El desplazamiento hacia el rojo es mayor para las galaxias que parecen estar más lejanas, y la correlación con la distancia aparente resulta ser compatible con la imagen de Hubble de una expansión espacialmente uniforme del universo.

En años posteriores se han producido muchos refinamientos en las observaciones y en su interpretación, y es justo decir que no solo la sugerencia original de Hubble ha sido confirmada, en términos generales, sino que trabajos recientes han dado una visión bastante detallada de cómo ha evolucionado en el tiempo el ritmo de expansión del universo, lo que nos ofrece una imagen que es hoy día generalmente aceptada (aunque todavía hay algunas destacadas voces disidentes,[2.2] cuando se llega a algunos detalles). En particular, hay un acuerdo general en fijar una fecha de hace $1{,}37 \times 10^{10}$ años para el momento en que toda la materia del universo habría tenido que estar concentrada en su punto de partida, a lo que nos referimos como «Big Bang».[2.3]

No hay que pensar en el Big Bang como algo localizado en una región particular del espacio. La visión que adoptan los cosmólogos, de acuerdo con la perspectiva de la relatividad general de Einstein, es que en el instante que ocurrió, el Big Bang englobaba toda la extensión espacial del universo, de modo que incluía la totalidad del *espacio* físico, y no meramente el contenido material del universo. Por ello, se considera que el propio espacio era, en un sentido adecuado, muy minúsculo en dicho instante. Para entender estas cuestiones desconcertantes es necesario tener alguna idea de cómo funciona el espacio curvo en la teoría de la relatividad de Einstein. En §2.2 abordaré la teoría de Einstein de un modo bastante serio, pero por el momento nos contentaremos con una analogía que se utiliza con frecuencia, a saber, la de un globo que se hincha. El universo, como la superficie del globo, se expande con el tiempo, pero la totalidad del espacio se expande con él, sin que haya ningún punto central en el universo a partir del cual todo se expande. Por supuesto, el espacio 3-dimensional en el globo se expande si contiene un punto en su interior que es un centro para la superficie del globo, pero este punto no es *parte* de la superficie del globo, y es esta superficie la que se considera que representa la totalidad de la geometría espacial del universo.

La dependencia temporal de la expansión del universo *real*, tal como revelan las observaciones, está en sorprendente acuerdo con las ecuaciones de la teoría de la relatividad general de Einstein, pero al parecer solo si se incorporan en la teoría dos ingredientes algo inesperados, ahora comúnmente conocidos bajo los nombres (algo desafortunados)[2.4] de «materia oscura» y «energía oscura». Estos dos ingredientes tendrán una importancia considerable para el esquema de cosas que presentaré al lector a su debido tiempo (véanse §3.1 y §3.2). Ahora son parte de la imagen estándar de la cosmología moderna, pero hay que decir que ninguno de ellos es completamente aceptado por todos los expertos en el campo.[2.5] Por mi parte, no tengo problemas en aceptar la presencia de algún material invisible —la «materia oscura»— de una naturaleza esencialmente desconocida para nosotros, pese a que constituye alrededor del 70 por ciento de la sustancia material de nuestro universo, y también que las ecuaciones de Einstein de la relatividad general deben tomarse en una forma modificada que él mismo presentó en 1917 (aunque más tarde se retractó), en la que hay que incorporar una minúscula *constante cosmológica* positiva Λ (la forma más plausible de «energía oscura»).

Habría que señalar que la teoría de la relatividad general de Einstein (con o sin la minúscula Λ) está ahora extraordinariamente bien comprobada en la escala del sistema solar. Incluso los muy prácticos sistemas de posicionamiento global, que ahora son de uso común, dependen de la relatividad general para su extraordinaria precisión. Mucho más impresionante es la extraordinaria precisión de la teoría de Einstein en su modelización del comportamiento de los sistemas de púlsares binarios,[2.6] que llega a ser de una parte en 10^{14} (en el sentido de que la secuencia temporal de las señales del púlsar procedentes del sistema binario PSR-1913 + 16, durante un período de unos cuarenta años, se modeliza exactamente con una precisión del orden de 10^{-6} segundos por año).

Los modelos cosmológicos originales, basados en la teoría de Einstein, eran los propuestos por el matemático ruso Alexander Friedmann en 1922 y 1924. En la Fig. 2.2 he esbozado las historias espaciotemporales de estos modelos, que muestran las evoluciones temporales de los tres casos (tomando $\Lambda = 0$) en los que la curvatura *espacial* del universo es, respectivamente, positiva, cero y negativa.[2.7] El convenio que utilizaré en prácticamente todos mis diagramas espaciotemporales es que la dirección vertical representa la evolución *temporal* y las direcciones horizontales representan el espacio. En los tres casos se supone que la parte espacial de la geometría es completamente uniforme (lo que se

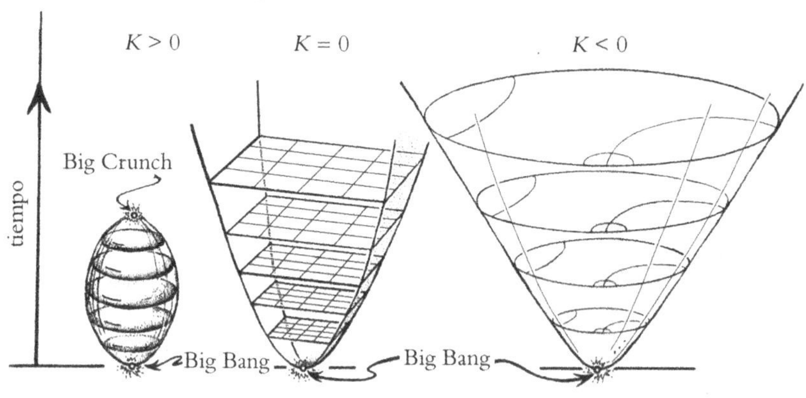

Fig. 2.2. Historias espaciotemporales para los modelos cosmológicos de Friedmann en los que la curvatura espacial del universo es positiva, cero y negativa (de izquierda a derecha).

denomina homogénea e isótropa). Los modelos cosmológicos con este tipo de simetrías se denominan modelos de *Friedmann-Lemaître-Robertson-Walker* (FLRW). Los modelos de Friedmann originales son un caso particular, en el que el tipo de materia que se está describiendo es un *fluido sin presión*, o «polvo» (véase también §2.4).

En esencia,[2.8] hay solo tres casos a considerar para la geometría espacial, a saber, el caso $K > 0$ de curvatura espacial positiva, donde la geometría espacial es el equivalente 3-dimensional a una superficie esférica (como nuestro globo, antes mencionado), el caso plano $K = 0$, donde la geometría espacial es la familiar geometría 3-dimensional de Euclides, y el caso curvado negativamente $K < 0$ de 3-geometría espacial *hiperbólica*. Es una suerte para nosotros que el artista holandés Maurits C. Escher haya ilustrado estos tres tipos diferentes de geometría de forma muy bella en términos de teselaciones de ángeles y diablos; véase la Fig. 2.3. Debemos tener presente que estas teselaciones muestran simplemente una geometría espacial *2-dimensional*, aunque también existen geometrías análogas a estos tres tipos de geometría en las 3 dimensiones espaciales.

Todos estos modelos empiezan con un estado «Big Bang» singular —donde «singular» se refiere al hecho de que la densidad de materia y la curvatura de la geometría espaciotemporal se hacen infinitas en este estado inicial—, de modo que las ecuaciones de Einstein (y la física, en general, tal como la conocemos) simplemente «se retiran» en la singularidad (aunque véase §3.2 y el apéndice B10). Se advertirá que el comportamiento temporal de estos modelos refleja bastante bien su comportamiento espacial. El caso espacialmente finito ($K > 0$; Fig. 2.3(a)) es también el caso temporalmente finito, donde no solo hay una singularidad Big Bang inicial sino que también hay una final, comúnmente conocida como un «Big Crunch». Los otros dos casos ($K \leq 0$; Fig. 2.3 (b),(c)) no solo son espacialmente infinitos,[2.9] sino también temporalmente infinitos, pues su expansión continúa indefinidamente.

A partir de 1998, sin embargo, cuando dos grupos observacionales, uno encabezado por Saul Perlmutter y el otro por Brian P. Schmidt, analizaron sus datos concernientes a explosiones de supernovas muy lejanas,[2.10] se han acumulado pruebas que indican con fuerza que la expansión del universo en sus últimas etapas no encaja realmente con

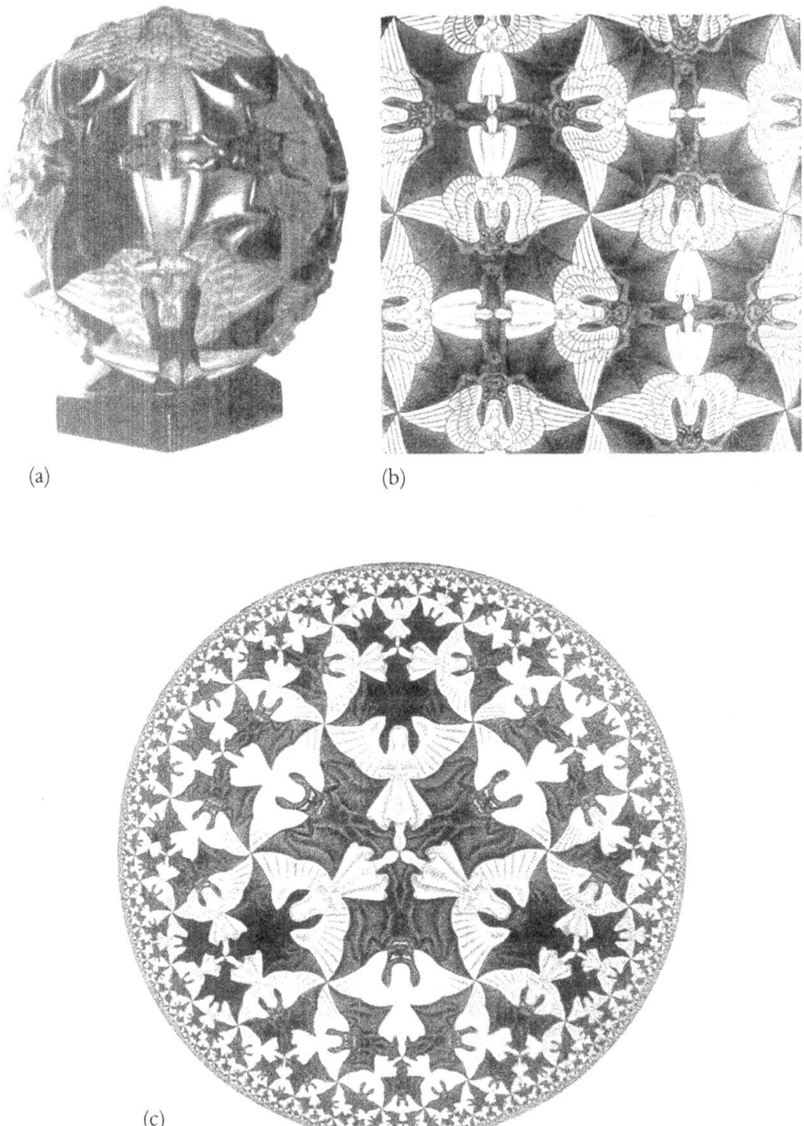

Fig. 2.3. Los tres tipos básicos de geometría plana uniforme ilustrados por Maurits C. Escher: (a) elíptica (positiva, $K > 0$); (b) euclidiana (plana, $K = 0$); hiperbólica (negativa, $K < 0$). *Copyright* M. C. Escher Company (2004).

los ritmos de evolución predichos por las cosmologías estándar de Friedmann que se ilustran en Fig. 2.2. En su lugar, parece que nuestro universo ha empezado a acelerar su expansión a un ritmo que se explicaría si incluimos en las ecuaciones de Einstein una constante cosmológica Λ, con un pequeño valor positivo. Estas observaciones, y otras posteriores de diversos tipos,[2.11] han proporcionado pruebas bastante convincentes de los comienzos de la *expansión exponencial* característica de un modelo de Friedmann con $\Lambda > 0$. Esta expansión exponencial no solo ocurre con los casos $K \leq 0$, que en cualquier caso se expanden indefinidamente en sus futuros remotos incluso cuando $\Lambda = 0$, sino también en el caso espacialmente cerrado $K > 0$, con tal de que Λ sea lo bastante grande para superar la tendencia a recolapsar que tiene el modelo de Friedmann cerrado. De hecho, las observaciones indican la presencia de una Λ suficientemente grande, de modo que el valor (signo) de K se ha hecho más o menos irrelevante para el ritmo de expansión; el valor (positivo) de Λ que realmente parece estar presente en las ecuaciones de Einstein dominaría entonces el comportamiento tardío, lo que proporciona una expansión exponencial con independencia del valor de K dentro del rango observacionalmente aceptable. Por consiguiente, parece que tenemos un universo con un ritmo de expansión que básicamente está de acuerdo con la curva que se muestra en la Fig. 2.4, y la imagen espaciotemporal parece estar de acuerdo con la Fig. 2.5.

En vista de ello, no me interesaré particularmente aquí en la diferencia entre estas tres posibilidades para la geometría espacial del uni-

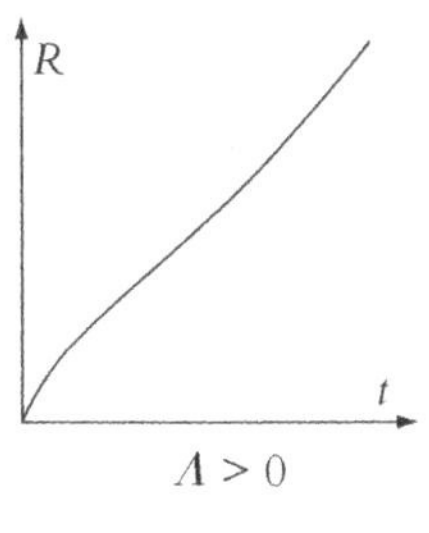

Fig. 2.4. Ritmo de expansión del universo para Λ positiva, con crecimiento exponencial final.

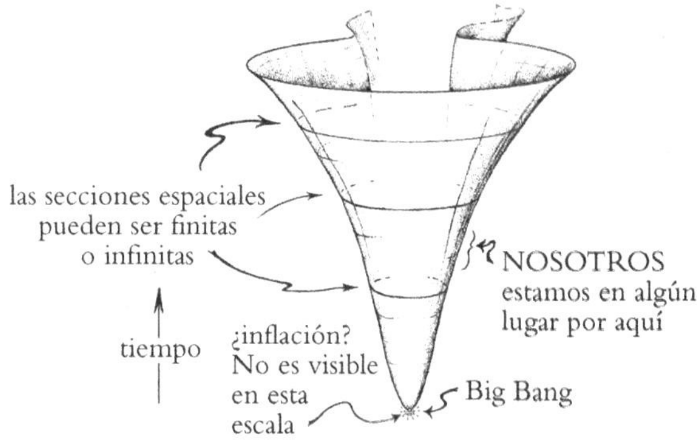

Fig. 2.5. Expansión espaciotemporal del universo. Imagen con Λ positiva (dibujada de forma que no esté sesgada con respecto al valor de K).

verso. De hecho, las observaciones actuales indican una geometría espacial global para el universo que está muy próxima al caso plano $K = 0$. En cierto sentido esto es algo desafortunado, porque nos dice que no sabemos realmente la respuesta a la pregunta de cuál es probablemente la geometría espacial global del universo —por ejemplo, si el universo es espacialmente cerrado por necesidad, o si podría ser espacialmente infinito— porque en ausencia de poderosas razones teóricas para creer lo contrario, siempre quedará una posibilidad de una pequeña curvatura global positiva o negativa.

Por otra parte, muchos cosmólogos son de la opinión de que el punto de vista que proporciona la *inflación cósmica* ofrece una razón poderosa para creer que la geometría espacial del universo debe ser (salvo desviaciones locales relativamente pequeñas) realmente *plana* ($K = 0$), y por ello se muestran satisfechos con esta proximidad observacional a la planitud. La inflación cósmica es una propuesta que afirma que, dentro de un minúsculo período temporal en algún momento entre 10^{-36} y 10^{-32} segundos después del Big Bang, el universo experimentó una expansión exponencial que incrementó su dimensión lineal en un factor enorme, de alrededor de 10^{30} o 10^{60} (o incluso 10^{100}) o así. Más adelante tendré más que decir sobre la inflación cósmica (véase §2.6), pero por el momento solo debería advertir al lector que no siento entusiasmo por esta propuesta, pese a que goza de una aceptación casi universal entre los cosmólogos actuales. En cualquier caso, la presencia de una temprana etapa inflacionaria en la historia del universo no afectaría la apariencia de las Figs. 2.2 y 2.5, puesto que los efectos de la inflación se manifestarían solo en las etapas muy tempranas, inmediatamente después del Big Bang, y no serían visibles en la escala en la que están dibujadas las Figs. 2.2 y 2.5. Por el contrario, las ideas que presentaré más adelante en este libro parecen ofrecer *alternativas* creíbles a la inflación para explicar esos fenómenos observados que *parecen* depender de ella en los esquemas cosmológicos actualmente más populares (véase §3.5).

Aparte de estas consideraciones, tengo una motivación muy diferente para presentar aquí la imagen de la Fig. 2.3(c), puesto que ilustra un punto que tendrá una importancia fundamental para nosotros más adelante. Este bello grabado de Escher se basa en una representación particular del plano hiperbólico, que es una de las varias representaciones propuestas por el muy ingenioso geómetra italiano Eugenio Beltrami[2.12] en 1868. La misma representación fue redescubierta más tarde, unos catorce años después, por el destacado matemático francés Henri Poincaré, cuyo nombre va asociado más habitualmente a ella. Para no añadir más confusión a la terminología, simplemente la llamaré representación *conforme* del plano hiperbólico, donde el término «conforme» se refiere al hecho de que en esta geometría los *ángulos* son correctamente representados en el plano euclidiano en el que se ha mostrado. Las ideas de la geometría conforme se abordarán con más detalle en §2.3.

Tenemos que considerar que todos los diablos en la geometría son mutuamente *congruentes* de acuerdo con la geometría hiperbólica que se está representando, y análogamente deben considerarse congruentes todos los ángeles. Evidentemente sus *tamaños*, según la medida euclidiana de fondo, se representan más pequeños cuanto más próximos a la frontera circular los examinamos, pero la representación de *ángulos* o *formas* infinitesimales sigue siendo válida, por muy cerca de la frontera que los examinemos. La propia frontera circular representa el *infinito* para esta geometría, y es esta *representación conforme del infinito* como una *frontera* finita suave la que estoy señalando al lector, pues desempeñará un papel central en las ideas a las que llegaré más adelante (particularmente en §2.5 y §3.2).

2.2. El ubicuo fondo de microondas

En la década de 1950 había una teoría del universo conocida como el modelo del *estado estacionario*, un modelo propuesto inicialmente por Thomas Gold y Hermann Bondi en 1948, y pronto asumido y elaborado con más detalle por Fred Hoyle;[2.13] los tres estaban entonces en la Universidad de Cambridge. La teoría requería una continua creación de materia en todo el espacio, a un ritmo extraordinariamente lento. Esta materia tendría que estar en forma de átomos de hidrógeno —cada uno de los cuales consiste en un protón y un electrón, creados a partir del vacío— y el ritmo de creación tendría el valor extremadamente minúsculo de aproximadamente un átomo por metro cúbico cada mil millones de años. Este sería el ritmo correcto para compensar la reducción de la densidad de materia debida a la expansión del universo.

En muchos aspectos, este es un modelo estéticamente agradable y filosóficamente atractivo, pues el universo no requiere un origen en el tiempo ni en el espacio, y muchas de sus propiedades pueden deducirse del requisito de que debería ser autopropagante. Fue poco después de que fuera propuesta esta teoría cuando ingresé en la Universidad de Cambridge, en 1952, como joven estudiante de grado (que investigaba en matemáticas puras, pero con un fuerte interés en física y cosmología);[2.14] más tarde, en 1956, regresé como investigador. Mientras estaba en Cambridge llegué a conocer a los tres proponentes originales de la teoría del estado estacionario, y este modelo me resultaba atractivo y sus argumentos muy convincentes. Sin embargo, hacia el final de mi estancia en Cambridge, recuentos detallados de galaxias lejanas llevados a cabo en el Radio Observatorio Mullard por (sir) Martin Ryle (también en Cambridge) estaban empezando a proporcionar evidencia observacional *en contra* del modelo del estado estacionario.[2.15]

Pero el auténtico golpe mortal fue la observación accidental por parte de los estadounidenses Arno Penzias y Robert W. Wilson, en 1964, de una radiación electromagnética de microondas procedente de todas las direcciones del espacio. De hecho, tal radiación había sido predicha a finales de la década de 1940 por George Gamow, y por Robert Dicke, sobre la base de la que entonces era la más convencional «teoría del Big Bang». La radiación que se observa actualmente suele describirse como el «destello del Big Bang», que se ha enfriado desde los 4.000 K hasta unos pocos grados por encima del cero absoluto[2.16] por un efecto de desplazamiento hacia el rojo debido a la enorme expansión del universo que ha tenido lugar desde el momento en que fue emitida la radiación. Una vez que Penzias y Wilson se convencieron de que la radiación que estaban observando (de aproximadamente 2,725 K) era auténtica, y realmente debía proceder del espacio profundo, se pusieron en contacto con Dicke, quien rápidamente les sugirió que sus enigmáticas observaciones podían ser explicadas por lo que él y Gamow habían predicho. Esta radiación ha recibido varios nombres diferentes («radiación reliquia», «fondo de 3 grados», etc.); hoy día se conoce normalmente como «CMB», iniciales de «Cosmic Microwave Background» (fondo cósmico de microondas).[2.17] En 1978, Penzias y Wilson fueron galardonados con el Premio Nobel de Física por su descubrimiento.

Sin embargo, la fuente de los fotones que realmente constituyen el CMB que «vemos» ahora no es el «Big Bang real», pues estos fotones nos llegan directamente desde lo que se denomina la «superficie de última dispersión» que se dio unos 379.000 años después del momento del Big Bang (es decir, cuando el universo tenía aproximadamente 1/36.000 de su edad actual). Antes de eso el universo era opaco a la radiación electromagnética porque habría estado habitado por grandes números de partículas cargadas —principalmente protones y electrones— que pululaban separadas unas de otras, formando lo que se conoce como un «plasma». Los fotones habrían sido dispersados muchas veces por esta materia, siendo absorbidos y creados copiosamente, y el universo estaría muy lejos de ser transparente. Esta situación «neblinosa» habría continuado hasta el momento conocido como «desacoplamiento» (cuando ocurre la «última dispersión») en que el universo se hizo transparente porque se había enfriado lo suficiente para que los electrones y protones separados pudieran aparearse, básicamente en forma de hidrógeno. (También se produjeron algunos otros átomos, principalmente un 23 por ciento de helio, cuyos núcleos, llamados «partículas α», habrían estado entre los productos de los primeros pocos minutos de existencia del universo). Los fotones pudieron entonces desacoplarse de estos átomos neutros, y luego viajar esencialmente libres de perturbaciones para convertirse en la radiación que ahora percibimos como CMB.

Desde su observación inicial en la década de1960 se han realizado muchos experimentos para obtener datos cada vez mejores concernientes a la naturaleza y distribución del CMB. La información es ahora tan detallada que la disciplina de la cosmología se ha transformado por completo: de ser algo en lo que había mucha especulación y muy pocos datos para mantenerla, ha pasado a ser una *ciencia de precisión*, en la que, aunque sigue habiendo mucha especulación, ¡hay ahora gran cantidad de datos detallados para modular esta especulación! Un experimento particularmente digno de atención fue el del satélite COBE (Cosmic Background Explorer), lanzado por la NASA en noviembre de 1989. Sus notables observaciones les valieron a George Smoot y John Mather el Premio Nobel de Física de 2006.

Hay dos características muy importantes y sorprendentes del CMB que quedaron particularmente de manifiesto gracias a COBE, y voy a centrarme en ellas. La primera es la extraordinaria precisión con que el espectro de frecuencias observado encaja con el espectro explicado por Max Planck en 1900 para dar cuenta de la naturaleza de lo que se denomina «radiación de cuerpo negro» (que marcó el punto de partida de la mecánica cuántica). La segunda es la naturaleza extremadamente uniforme del CMB en todo el cielo. Cada uno de estos dos hechos nos estará diciendo algo muy fundamental sobre la naturaleza del Big Bang y su curiosa relación con la Segunda Ley. De esto ha salido buena parte de la cosmología moderna, que ahora está más interesada en las ligeras y sutiles *desviaciones* respecto de la uniformidad que también se ven en el CMB. Más tarde (véase §3.6) hablaré de estas, pero por el momento tendré que abordar de uno en uno estos dos hechos más destacables, pues encontraremos que ambos tienen una gran importancia para nosotros.

La Fig. 2.6 muestra el espectro de frecuencias del CMB, esencialmente tal como fue medido por COBE, aunque con una mayor precisión que se ha obtenido ahora gracias a observaciones posteriores. El eje vertical mide la *intensidad* de la radiación, en función de las diferentes frecuencias, marcadas a lo largo del eje horizontal con la frecuencia aumentando hacia la derecha. La línea continua es la «curva de cuerpo negro» de Planck, que viene dada por una fórmula específica,[2.18] y es la que la mecánica cuántica nos dice que corresponde al espectro de radiación de *equilibrio térmico* para una temperatura particular T. Las pequeñas barras verticales son *barras de error*, que nos dicen el rango aproximado dentro del que yacen las intensidades observadas. Habría que señalar, no obstante, que estas barras de error están exageradas en un factor 500, de modo que los puntos de las observaciones reales yacen mucho más cerca de la curva de Planck de lo que podría parecer; tan cerca, de hecho, que incluso las observaciones en el extremo derecho, donde el error es más grande, ¡se superponen a simple vis-

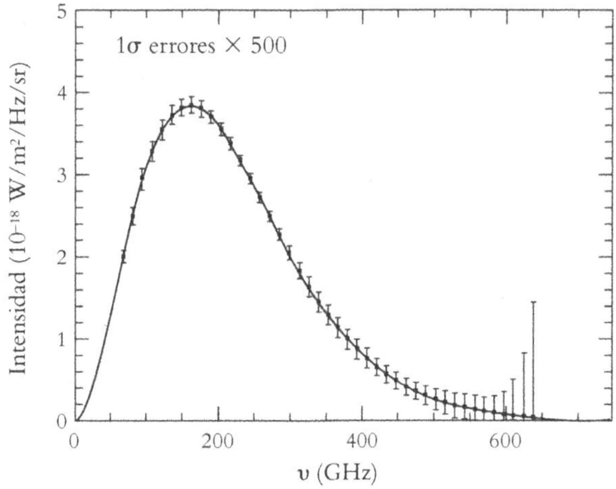

Fig. 2.6. Espectro de frecuencias del CMB, tal como fue observado inicialmente por COBE, pero complementado por observaciones posteriores más precisas. Nótese que las «barras de error» están exageradas en un factor de 500. Esto muestra un acuerdo muy preciso con el espectro de Planck.

ta con la curva de Planck, dentro del grosor de la línea de tinta! De hecho, el CMB nos ofrece el acuerdo más preciso entre un espectro observado y la curva teórica de cuerpo negro de Planck que se conoce en la ciencia observacional.

¿Qué nos dice esto? Parece decirnos que lo que estamos mirando procede de un estado que debe estar efectivamente en equilibrio térmico. Pero ¿qué significa realmente «equilibrio térmico»? Remito al lector a la Fig. 1.15, donde encontramos las palabras «equilibrio térmico» etiquetando la región de grano grueso del espacio de fases que es (con mucho) la mayor de todas. En otras palabras, esta es la región que representa la *máxima* entropía. Pero debemos recordar la fuerza de los argumentos que se han dado en §1.6. Esos argumentos nos decían que la base general de la Segunda Ley debe explicarse por el hecho de que el estado inicial del universo —que evidentemente debemos considerar que es el Big Bang— debe ser un estado (macroscópico) de entropía extraordinariamente *minúscula*. Lo que parece que hemos encontrado es, en esencia, todo lo contrario: ¡un estado (macroscópico) de *máxima* entropía!

Hay que abordar aquí un punto, a saber, el hecho de que el universo se está *expandiendo*, de modo que lo que estamos examinando difícilmente puede ser un estado de «equilibrio» real. Sin embargo, lo que claramente está sucediendo es una expansión *adiabática*, donde «adiabática» se refiere a un cambio «reversible» en el que la entropía permanece constante. El hecho de que este tipo de «estado térmico» se conserva realmente en la expansión del universo primitivo fue señalado por R. C. Tolman en 1934.[2.19] Veremos algo más de las contribuciones de Tolman a la cosmología en §3.3. En términos del espacio de fases, la imagen de la Fig. 1.15 debe sustituirse por la de la Fig. 2.7, donde se describe la expansión como una sucesión de regiones de grano grueso maximales de volumen esencialmente igual. En este sentido, la expansión aún puede verse como un tipo de equilibrio térmico.

Así pues, parece que seguimos viendo *máxima* entropía. Al parecer, hay algo seriamente equivocado en este argumento. No se trata simplemente de que las observaciones del universo nos hayan dado una sorpresa. En absoluto: en cierto sentido, las observaciones están en estrecho acuerdo con lo que cabía esperar. Dado que realmente *hubo* un

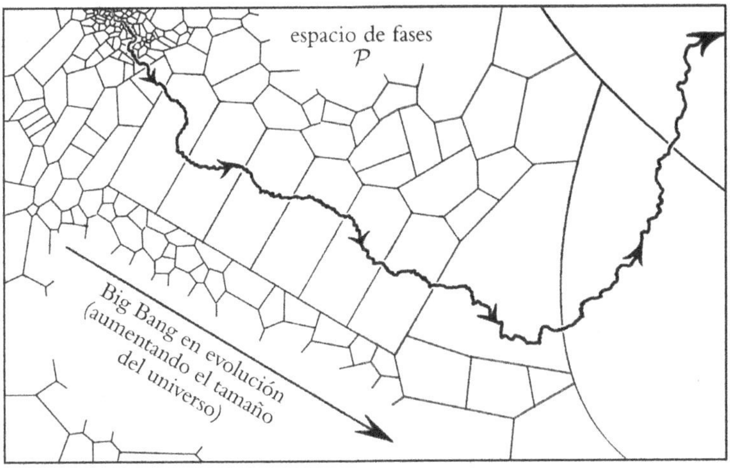

Fig. 2.7. Expansión adiabática del universo mostrada como una sucesión de regiones de grano grueso maximales de igual volumen.

Big Bang, y que dicho estado inicial tiene que describirse de acuerdo con la imagen estándar que presenta la cosmología de la relatividad general, un estado térmico inicial muy caliente y uniforme *es* lo que cabría esperar. Entonces, ¿dónde está la solución a este enigma? Quizá, de forma bastante sorprendente, la cuestión tenga que ver con la *hipótesis* de que el universo está realmente en acuerdo con la imagen estándar de la cosmología relativista. Tendremos que examinar esta hipótesis con mucho cuidado, para ver qué se nos ha pasado por alto.

En primer lugar, tenemos que recordarnos de qué trata la teoría de la relatividad general de Einstein. Es, después de todo, una teoría de la *gravedad* extraordinariamente precisa, en donde el campo gravitatorio se describe en términos de una curvatura del espacio-tiempo. Tendré mucho que decir sobre esta teoría a su debido tiempo, pero por el momento pensemos en términos de la más vieja —y todavía extraordinariamente precisa— teoría gravitatoria *newtoniana*, y tratemos de entender, en términos muy generales, cómo encaja con la Segunda Ley. (Me refiero, por supuesto, a la Segunda Ley de la *termodinámica*, y no a la segunda ley *de Newton*.)

A menudo, las consideraciones de la Segunda Ley podrían discutirse en términos de un gas obligado a estar dentro de una caja cerrada.

De acuerdo con estas discusiones, imaginemos que hay un pequeño compartimento en una esquina de la caja, y que el gas está inicialmente confinado dentro de dicho compartimento. Cuando se abre la puerta del compartimento y se permite que el gas se mueva libremente por la caja, esperamos que se difunda con rapidez de manera uniforme dentro de la caja, proceso en que la entropía aumentará de acuerdo con la Segunda Ley. La entropía es entonces mucho más alta para el estado macroscópico en que el gas está distribuido uniformemente que lo era cuando todo el gas estaba en el compartimento. Véase la Fig. 2.8(a). Pero consideremos ahora una situación en apariencia similar aunque con una caja imaginaria de tamaño galáctico, y en donde las moléculas de gas individuales se reemplazan por estrellas individuales que se mueven dentro de esta caja. La diferencia entre esta situación y la del gas no es solo una cuestión de escala, y consideraré que el tamaño es irrelevante para nuestros objetivos presentes. Lo que es relevante es el hecho de que las estrellas se *atraen* mutuamente por la implacable fuerza de la gravedad. Podríamos imaginar que la distribución de estrellas es *inicial-*

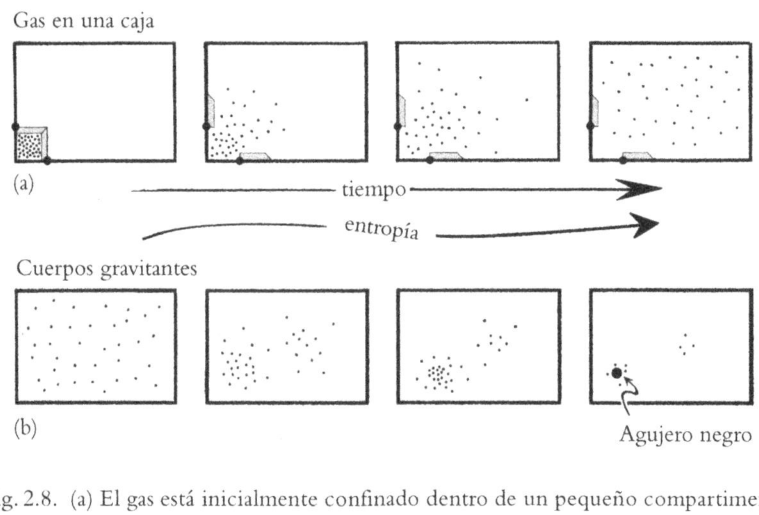

Fig. 2.8. (a) El gas está inicialmente confinado dentro de un pequeño compartimento en la esquina de una caja antes de ser liberado y difundirse uniformemente por toda la caja. (b) En una caja de tamaño galáctico, las estrellas están inicialmente distribuidas de manera uniforme pero con el tiempo de juntan en grumos: en este caso, una distribución uniforme no es la que tiene entropía más alta.

mente bastante uniforme sobre nuestra caja de tamaño galáctico. Pero ahora, conforme avanza el tiempo, encontramos una tendencia de las estrellas a juntarse en grumos (y, en general, a moverse más rápidamente cuando lo hacen). Ahora la distribución uniforme *no* es la de entropía más alta, y el incremento de entropía se acompaña de un aumento en el carácter grumoso de la distribución. Véase la Fig. 2.8(b).

Podemos preguntar: ¿cuál es ahora el estado análogo al equilibrio térmico, donde la entropía ha alcanzado su máximo? Resulta que esta pregunta no puede ser adecuadamente abordada dentro de los confines de la teoría newtoniana. Si consideramos un sistema que consiste en partículas puntuales masivas que se atraen mutuamente según la ley de Newton de la inversa del cuadrado, entonces podemos concebir estados en los que algunas de las partículas se acercan cada vez más unas a otras, moviéndose cada vez más rápidas, de modo que no hay límite al grado de aglomeración y rapidez de movimiento, y el estado de «equilibrio térmico» propuesto simplemente no existe. La situación resulta ser mucho más satisfactoria en la teoría de Einstein, porque la «grumosidad» puede *saturarse* cuando la materia se conglomera en un *agujero negro*.

Llegaré a los agujeros negros con más detalle en §2.4, donde aprenderemos que la formación del agujero negro representa un enorme aumento en la entropía. De hecho, en la época actual de la evolución del universo, la mayor contribución a la entropía, con mucho, la aportan grandes agujeros negros, como el que hay en el centro de nuestra propia Vía Láctea, con una masa de unos 4.000.000 de veces la masa del Sol. Frente a la entropía total en tales objetos, la entropía del CMB, que previamente se había pensado que representaba la contribución dominante a la entropía del universo, resulta casi despreciable. Así, la entropía ha aumentado enormemente por condensación gravitatoria respecto a la que era cuando se creó el CMB.

Esto guarda relación con la *segunda* característica del CMB que se ha mencionado antes, a saber, su temperatura prácticamente uniforme sobre todo el cielo. ¿Hasta que punto es uniforme? Hay una ligera variación de temperatura que se entiende como un efecto Doppler, debida al hecho de que la Tierra no está exactamente en reposo con respecto a la distribución de masa del universo en conjunto. El movimiento de la Tierra se compone de varias contribuciones, tales como su movimiento en torno al Sol, el movimiento del Sol en la Vía Láctea, y el movimiento de la galaxia debido a influencias gravitatorias locales de otras distribuciones de masas relativamente próximas. Todo se combina para dar lo que se conoce como «movimiento propio» de la Tierra. Eso lleva a un aumento muy ligero en la temperatura aparente del CMB en la dirección del cielo hacia el que nos acercamos,[2.20] y una muy ligera disminución en la dirección del cielo del que nos alejamos, con una pauta fácilmente calculable. Una vez hechas las oportunas correcciones, encontramos un CMB con una temperatura extraordinariamente uniforme sobre el cielo, con desviaciones de tan solo unas pocas partes en 10^5.

Esto nos dice que, al menos sobre la superficie de la última dispersión, el universo era extraordinariamente uniforme, como la imagen de la *derecha* en la Fig. 2.8(a) y también como la imagen de la *izquierda* en la Fig. 2.8(b). Por consiguiente, es razonable suponer que mientras podamos ignorar la influencia de la gravedad, el contenido *material* del universo (en la última dispersión) tenía una entropía tan alta como podía alcanzar por sí solo. Después de todo, las influencias gravitatorias serían pequeñas *debido a* la uniformidad, pero era esta misma uniformidad en la distribución de materia la que ofrecía el *potencial* para los enormes aumentos de entropía posteriores cuando las influencias gravitatorias entraran en juego. Nuestra imagen de la entropía del Big Bang cambia así por completo una vez que consideramos la introducción de los grados de libertad gravitatorios. Es la *hipótesis* de que nuestro universo, en conjunto, está en muy estrecho acuerdo con la homogeneidad y la isotropía espacial —lo que se suele llamar «principio cosmológico»,[2.21] básico para la cosmología FLRW y, en particular, para los modelos de Friedmann discutidos en §2.1— la que implica la enorme supresión de grados de libertad gravitatorios en el estado inicial. Esta primitiva uniformidad espacial representa la entropía inicial extraordinariamente baja del universo.

Una pregunta natural que hay que plantear es: ¿qué demonios tiene que ver esta uniformidad cosmológica con nuestra familiar Segunda Ley, que parece impregnar gran parte del comportamiento físico detallado en el mundo que conocemos? Hay multitud de ejemplos comunes de la Segunda Ley que no parecen guardar ninguna relación con el hecho de que los grados gravitatorios estuvieran suprimidos en el universo primitivo. Pero la conexión existe, y realmente no es difícil remitir estos ejemplos comunes de la Segunda Ley a la uniformidad del universo primitivo.

Consideremos, a modo de ejemplo, el huevo de §1.1 colocado al borde de una mesa, a punto de caer y aplastarse contra el suelo (véase la Fig. 1.1). El proceso de aumento de entropía del huevo que rueda por la mesa y se aplasta está enormemente favorecido, desde el punto de vista probabilista, siempre que estemos dispuestos a suponer que el huevo empezó en el estado de muy baja entropía en que estaba colocado, intacto, en el borde de la mesa. El enigma de la Segunda Ley no es el aumento de la entropía que sigue a este suceso; el enigma está en el propio suceso, es decir, la pregunta de cómo el huevo llegó a encontrarse antes de nada en ese estado de entropía extremadamente baja. La Segunda Ley nos dice que debe haber llegado a ese estado muy improbable a través de una secuencia de otros estados previos que habían sido aún más improbables, y se hacían todavía más improbables cuanto más atrás nos remontamos en el tiempo para examinar el sistema.

Básicamente hay dos cosas que explicar. Una es la cuestión de cómo llegó a estar el huevo sobre la mesa, y la otra es cómo se produjo la estructura de baja entropía de ese mismo huevo. De hecho, el material de un huevo (que suponemos un huevo de gallina) está soberbiamente organizado como un perfecto paquete alimenticio adecuado para un pretendido polluelo. Pero empecemos con lo que puede parecer que es la parte más fácil del problema, a saber, cómo llegó a encontrarse el huevo encima de la mesa. La respuesta probable sería que alguien lo puso allí, quizá de forma descuidada, pero la intervención humana fue la causa probable. Evidentemente hay mucha estructura altamente organizada en un ser humano, lo que sugiere una baja entropía, y la colocación del huevo sobre la mesa solo habría tomado un poco del gran reservorio de baja entropía en el sistema relevante, consistente en una persona razonablemente bien alimentada y una atmósfera ambiente cargada de oxígeno. La situación con el propio huevo es similar, en cuanto que la estructura altamente organizada del huevo, soberbiamente engranada para apoyar la vida emergente de un embrión dentro de ella, es buena parte del gran esquema de cosas que mantiene la vida en este planeta. Todo el tejido de la vida en la Tierra requiere el mantenimiento de una organización profunda y sutil, lo que indudablemente implica que la entropía se mantenga en un bajo nivel. En detalle, hay una estructura enormemente intrincada e interconectada que ha evolucionado de la mano del principio biológico fundamental de la selección natural y de muchas cuestiones detalladas de química.

¿Qué tienen que ver, podría el lector preguntar, estas cuestiones de biología y de química con la uniformidad del universo primitivo? La complejidad biológica no permite que el sistema en conjunto viole leyes generales de la física, tal como la ley de conservación de la energía; además, no puede proporcionar un escape de las ligaduras impuestas por la Segunda Ley. La estructura de la vida en este planeta se degradaría rápidamente si no hubiera una poderosa fuente de baja entropía de la que depende casi toda la vida en la Tierra, a saber: el *Sol*.[2.22] Se tiende a pensar que el Sol suministra a la Tierra una fuente externa de *energía*, pero esto no es del todo correcto, pues ¡la energía que recibe la Tierra cada día del Sol es esencialmente igual a la que devuelve la Tierra a la oscuridad del espacio![2.23] Si no fuera así, entonces la Tierra sencillamente se calentaría hasta alcanzar un equilibrio. De lo que depende la vida es del hecho de que el Sol está mucho más caliente que la oscuridad del espacio, y en consecuencia los fotones procedentes del Sol tienen una frecuencia considerablemente más alta (a saber, la de la luz amarilla) que la de los fotones infrarrojos que la Tierra devuelve al espacio. La fórmula de Planck $E = h\nu$ (véase §2.3) nos dice entonces que, en promedio, la energía que lleva cada fotón individual procedente del Sol es considerablemente mayor que la energía que lleva cada fotón devuelto al espacio. Por consiguiente, el número de fotones que se llevan energía de la Tierra es mucho mayor que el número de fotones que traen esa misma energía procedentes del Sol. Véase la Fig. 2.9. Más fotones implican más grados de libertad, y en consecuencia un volumen mayor en el espacio de fases. Así pues, la fórmula $S = k \log V$ de Boltzmann (véase §1.3) nos dice que la energía que entra procedente del Sol transporta una entropía considerablemente más baja que la que vuelve al espacio.

Fig. 2.9. Los fotones que llegan a la superficie de la Tierra procedentes del Sol tienen una energía más alta (longitud de onda más corta) que los que la Tierra devuelve al espacio. Dado un balance de energía global (la Tierra no se calienta más con el paso del tiempo), debe haber más fotones que llegan que fotones que dejan la Tierra, es decir, la energía que llega tiene una entropía menor que la energía que sale.

Ahora bien, en la Tierra las plantas verdes han encontrado, en el proceso de fotosíntesis, una manera de convertir los fotones de frecuencia relativamente alta procedentes del Sol en fotones de frecuencia menor, utilizando esta ganancia en baja entropía para construir su sustancia extrayendo carbono del CO_2 en el aire y devolviendo O_2. Cuando los animales comen las plantas (o comen a otros animales que comen plantas), utilizan esta fuente de baja entropía, y el O_2, para reducir su propia entropía.[2.24] Esto se aplica a los seres humanos, por supuesto, y también a los pollos, ¡y suministra la fuente de baja entropía necesaria para la construcción de nuestro huevo intacto y para colocarlo en la mesa!

Así que lo que el Sol hace por nosotros no es simplemente suministrarnos energía, sino proporcionarnos esta energía en una forma de baja entropía; de modo que si podemos reducir nuestra entropía (mediante las plantas verdes) es debido a que el Sol es *un punto caliente en un cielo por lo demás oscuro*. Si el cielo entero hubiera tenido la misma temperatura que el Sol, entonces su energía no habría sido utilizable para la vida en la Tierra. Esto se aplica también a la capacidad del Sol para elevar el agua de los océanos hasta las nubes, que una vez más depende crucialmente de esa diferencia de temperatura.

¿Por qué el Sol es un punto caliente en el cielo oscuro? Bueno, hay todo tipo de procesos complicados que ocurren en el interior del Sol, y las reacciones termonucleares que dan como resultado que el hidrógeno se convierta en helio desempeñan un papel importante en ello. Sin embargo, la cuestión clave es que el Sol está allí, y esto ha sido el resultado de la influencia gravitatoria que mantiene al Sol. Sin reacciones termonucleares el Sol seguiría brillando, pero se contraería y haría más caliente, y tendría una vida mucho más corta. En la Tierra sacamos partido evidentemente de dichas reacciones termonucleares, pero estas ni siquiera podrían tener lugar si no fuera por la aglomeración gravitatoria que dio lugar al Sol en primer lugar. Por consiguiente, hay un potencial para formar estrellas (aunque por vía de procesos algo complicados en regiones adecuadas en el espacio), mediante incesantes procesos aglomeración gravitatoria con aumento de entropía, a partir de un material inicial que partió de un estado gravitatoriamente muy uniforme de baja entropía.

Todo esto es el resultado, en última instancia, del hecho de que se nos ha presentado un Big Bang de una naturaleza muy especial, donde la (relativamente) extrema *pequeñez* de la entropía se manifiesta en el hecho de que sus grados de libertad gravitatorios no estaban inicialmente activados. Esta es una situación curiosamente sesgada, y para entenderla mejor trataré de profundizar un poco más, en las tres próximas secciones, en la bella descripción de la gravedad como espacio-tiempo curvo. Luego, en §2.6 y §3.1, volveré a la cuestión de la naturaleza de esta extraordinaria especialidad que realmente se muestra en nuestro Big Bang.

2.3. Espacio-tiempo, conos nulos, métrica, geometría conforme

Cuando, en 1908, el distinguido matemático Hermann Minkowski —quien casualmente había sido uno de los profesores de Einstein en el Politécnico de Zurich— demostró que podía compendiar las ideas básicas de la relatividad especial en términos de un tipo inusual de geometría 4-dimensional, Einstein no expresó mucho entusiasmo por la idea. Pero más tarde comprendió la importancia crucial de la noción geométrica del *espacio-tiempo* de Minkowski. De hecho, Einstein generalizó la propuesta de Minkowski para obtener el espacio-tiempo curvo, que era la base de su teoría de la relatividad *general*.

El 4-espacio de Minkowski añadía a las tres dimensiones ordinarias del espacio una cuarta dimensión para describir el paso del tiempo. Por ello, es frecuente llamar *sucesos* a los puntos de este 4-espacio, puesto que cualquiera de estos puntos tiene una especificación temporal tanto como espacial. No hay realmente nada muy revolucionario si nos quedamos en esto. Pero el punto clave de la idea de Minkowski —que sí *era* revolucionario— es que la geometría de su 4-espacio no se divide de forma natural en una dimensión temporal y (más importante) una familia de 3-espacios euclidianos ordinarios, uno por cada instante de tiempo dado. En su lugar, el espacio-tiempo de Minkowski tiene otro tipo de estructura geométrica, que da un curioso giro a la antigua idea de geometría de Euclides. Proporciona una geometría *global* para el espacio-tiempo, que hace de este un todo indivisible y codifica por completo la estructura de la relatividad especial de Einstein.

Así, en la 4-geometría de Minkowski *no* tenemos que considerar que el espacio-tiempo está construido simplemente a base de una sucesión de 3-espacios, cada uno de los cuales representa lo que consideramos como «espacio» en varios instantes diferentes (Fig. 2.10). En esta interpretación, cada una de estas 3-superficies describiría una familia de sucesos, todos los cuales serían *simultáneos*. Por el contrario, en la relatividad especial la noción de «simultáneos» para sucesos espacialmente separados no tiene un significado absoluto. En su lugar, la «simultaneidad» dependerá de la velocidad de un observador arbitrariamente escogido.

Esto, por supuesto, está en contradicción con la experiencia común, pues parece que nosotros *sí* que tenemos una noción de simultaneidad para sucesos distintos que es independiente de nuestra velocidad. Pero (según la relatividad especial de Einstein) si llegáramos a movernos a una velocidad comparable a la de la luz, entonces sucesos que a nosotros nos parecen simultáneos no serían en general simultáneos para otro observador que se moviera con una velocidad diferente. Más aún, las velocidades ni siquiera tendrían que ser muy grandes si tratamos con sucesos muy distantes. Consideremos, por ejemplo, el suceso que constituye el cruce de dos personas que marchan en direcciones opuestas a lo largo de una trayectoria; entonces es probable que sucesos en la galaxia Andrómeda que cada uno de ellas individualmente consideraría simultáneos con ese cruce, ¡difirieran en varias semanas![2.25] (véase la Fig. 2.11).

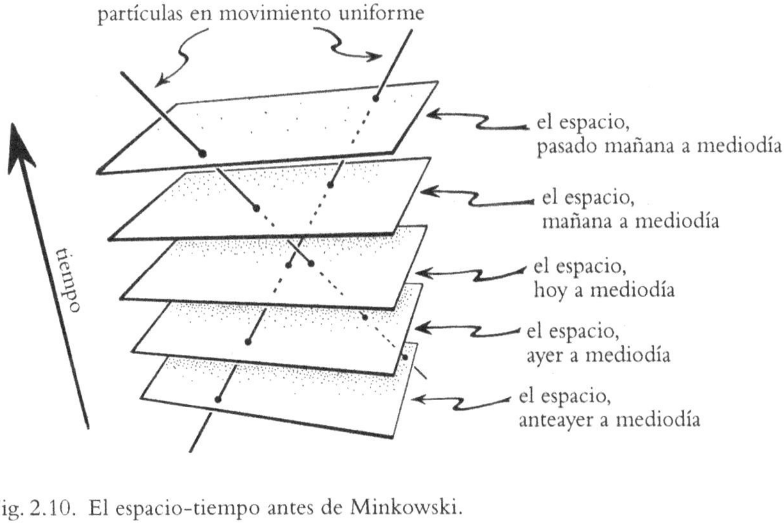

Fig. 2.10. El espacio-tiempo antes de Minkowski.

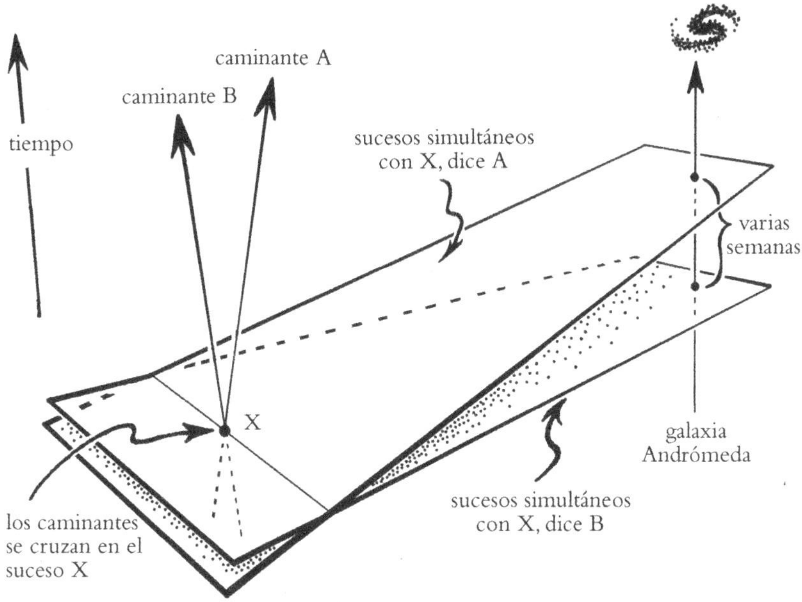

Fig. 2.11. Dos caminantes se cruzan, pero sucesos en Andrómeda que cada uno de ellos juzga simultáneos con el suceso X de su cruce difieren en varias semanas.

Según la relatividad, la noción de «simultáneos», para sucesos distantes, no es absoluta sino que depende de que se especifique la velocidad de un observador, de modo que el rebanado del espacio-tiempo en una familia de 3-espacios simultáneos es *subjetivo* en el sentido en que para una velocidad del observador diferente se obtendría un rebanado diferente. Lo que consigue el espacio-tiempo de Minkowski es *proporcionar* una geometría objetiva, que no depende de la visión del mundo de un observador arbitrario y que no hay cambiar cuando un observador es reemplazado por otro. En cierto sentido, lo que hizo Minkowski era sacar la «relatividad» de la teoría de la relatividad especial y ofrecernos una imagen *absoluta* de la actividad espaciotemporal.

Pero para que esto nos dé una imagen firme necesitamos un tipo de *estructura* para el 4-espacio que reemplace a la idea de una sucesión temporal de 3-espacios. ¿Qué estructura es esta? Utilizaré la letra $\mathbb{M}$ para denotar el 4-espacio de Minkowski. La estructura geométrica más básica que atribuyó Minkowski a $\mathbb{M}$ es la noción de un *cono nulo*,[2.26] que describe cómo se propaga la luz en cualquier suceso particular p en $\mathbb{M}$. El cono nulo —que es un cono *doble*, con un vértice común en p— nos dice cuál es la «velocidad de la luz» en cualquier dirección, en el suceso p (véase la Fig. 2.12(a)). La imagen intuitiva de un cono nulo la ofrece un destello de luz, que inicialmente se focaliza hacia dentro precisamente hacia el suceso p (cono nulo pasado), e inmediatamente después se dispersa desde p (cono nulo futuro), como el destello de una explosión en p, de modo que la descripción espacial (Fig. 2.12(b)) que sigue a la explosión se convierte en una sucesión de esferas concéntricas en expansión. En mis diagramas dibujaré normalmente conos nulos con sus superficies inclinadas aproximadamente 45° respecto a la vertical, que es lo que obtenemos si escogemos *unidades* de espacio y de tiempo de modo que la velocidad de la luz sea $c = 1$. Así, si escogemos *segundos* para nuestra escala de tiempo, escogemos un *segundo-luz* (= 299.792.458 metros) como nuestra unidad de distancia; si escogemos años para nuestra escala de tiempo, entonces escogemos un año-luz ($\cong 9{,}46 \times 10^{12}$ kilómetros) como nuestra unidad de distancia, etc.[2.27]

La teoría de Einstein nos dice que la velocidad de cualquier partícula masiva debe ser siempre menor que la de la luz. En términos de

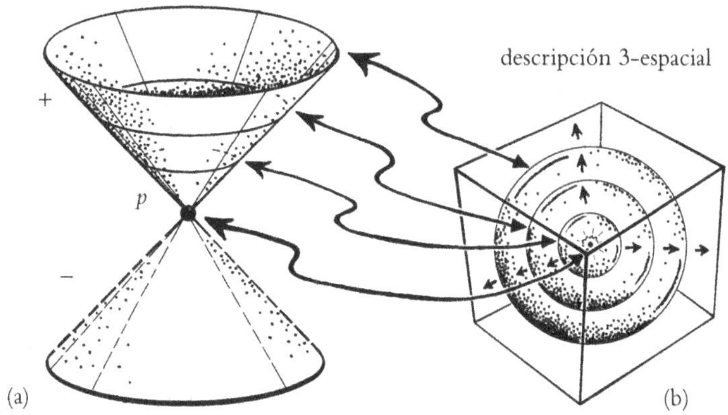

Fig. 2.12. (a) Cono nulo en p en el 4-espacio de Minkowski; (b) descripción 3-espacial del cono futuro como una sucesión de esferas concéntricas en expansión que se originan en p.

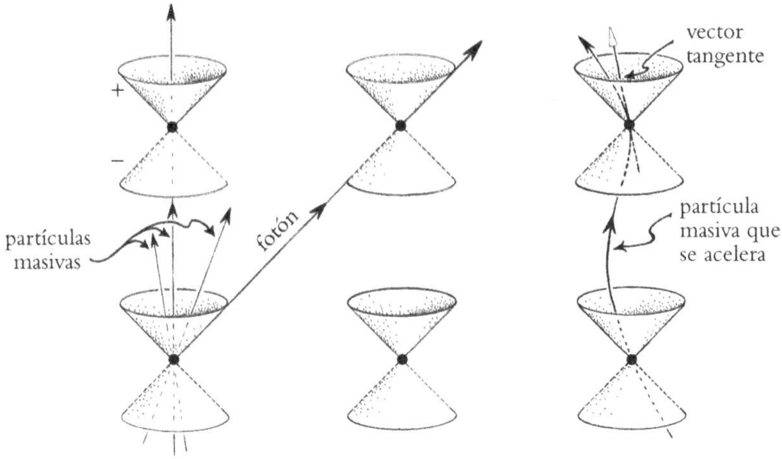

Fig 2.13. Conos nulos en $\mathbb{M}$, uniformemente dispuestos. Las líneas de universo de partículas masivas están dirigida dentro de los conos, y las de partículas sin masa lo están a lo largo de los conos.

espacio-tiempo, esto significa que la *línea de universo* de dicha partícula —el lugar geométrico de todos los sucesos que constituyen la historia de la partícula— debe estar dirigida *dentro* del cono de luz en cada uno de sus sucesos. Véase la Fig. 2.13. Una partícula puede tener un movimiento que es *acelerado* en algunos lugares a lo largo de su línea de universo, por lo que su línea de universo no tiene por qué ser recta, pues la aceleración se expresa, en términos espaciotemporales, como una *curvatura* de la línea de universo. Donde la línea de universo se curva, es el *vector tangente* a la línea de universo el que debe yacer dentro del cono nulo. Si la partícula *no* tiene masa,[2.28] como es el caso de un fotón, entonces su línea de universo debe yacer *a lo largo* del cono nulo en cada uno de sus puntos, puesto que se considera que su velocidad en cada uno de sus sucesos es la velocidad de la luz.

Los conos nulos nos hablan también de *causalidad*, que es la cuestión de determinar qué sucesos van a considerarse capaces de influir en qué otros sucesos. Uno de los postulados de la relatividad (especial) es que no está permitido que las señales se propaguen más rápidas que la luz. Por consiguiente, en términos de la geometría de $\mathbb{M}$, decimos que un suceso p podría tener una influencia causal sobre el suceso q si hay una línea de universo que conecta p con q, es decir, una trayectoria (suave) de p a q que yace a lo largo o dentro de los conos nulos. Para ello tenemos que especificar una *orientación* para la trayectoria (indicada asociando una «flecha» a la trayectoria), que procede uniformemente de pasado a futuro. Esto requiere que se asigne a la geometría de $\mathbb{M}$ una *orientación temporal*, que equivale a una asignación independiente, continua y consistente, de «pasado» y «futuro» a los dos componentes de cada cono nulo. Etiqueto a cada componente pasado con un signo «–» y a cada componente futuro con un signo «+». Todo esto se ilustra en la Fig. 2.13(a), donde el cono nulo pasado se distingue en mis dibujos por el uso de líneas de trazos. La terminología normal de «causación» considera que las influencias causales proceden en la dirección pasado a futuro, es decir, a lo largo de líneas de universo cuyos vectores tangentes orientados apuntan a lo largo o dentro de los conos nulos *futuros*.[2.29]

La geometría de $\mathbb{M}$ es completamente uniforme; cada suceso está en pie de igualdad con cualquier otro. Pero cuando pasamos a la teoría de la relatividad *general* de Einstein, esta uniformidad se pierde. De todas maneras, tenemos de nuevo una asignación continua de conos nulos orientados en el tiempo, y de nuevo es cierto que cualquier partícula masiva tiene una línea de universo cuyos vectores tangentes (orientados al futuro) yacen dentro de dichos conos nulos futuros. Y, como antes, una partícula sin masa (un fotón) tiene una línea de universo cuyos vectores tangentes yacen a lo largo de conos nulos. En la Fig. 2.14 he representado el tipo de situación que se da en la relatividad general, donde los conos nulos no están ahora dispuestos de un modo uniforme.

Tenemos que tratar de imaginar estos conos dibujados en una especie de «lámina elástica» ideal con los conos nulos impresos en ella. Podemos moverla y distorsionarla como queramos, siempre que la deformación se haga suavemente, y los conos nulos se mueven con la lámina elástica. Nuestros conos nulos determinan la «estructura de causalidad» entre sucesos, y esta no se altera por tal deformación con tal de que los conos se consideren arrastrados con la lámina.

Una situación parecida es la que ofrece la representación de Escher del plano hiperbólico que se muestra en la Fig. 2.3(c), en §2.1, donde

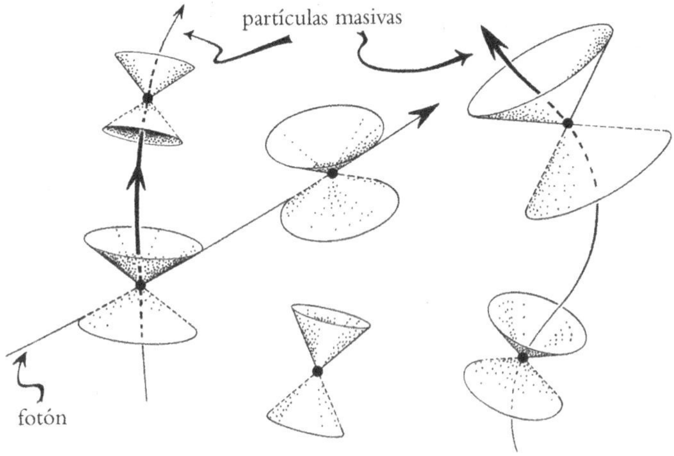

Fig. 2.14. Conos nulos no uniformes en relatividad general.

podemos imaginar que la imagen de Escher está impresa en una lámina elástica ideal. Podríamos escoger uno de los diablos que parece estar próximo a la frontera y moverlo, mediante una deformación suave de la lámina, de modo que llegue a la localización previamente ocupada por otro diablo cerca del centro. Es posible hacer que este movimiento lleve todos los diablos a localizaciones previamente ocupadas por otros diablos, y dicho movimiento describiría una simetría de la geometría hiperbólica subyacente ilustrada por la imagen de Escher. En relatividad general pueden darse simetrías de este tipo (como en los modelos de Friedmann descritos en §2.1), aunque esto es bastante excepcional. Sin embargo, la posibilidad de realizar semejantes deformaciones de «lámina elástica» es buena parte de la teoría general, y se conocen como «difeomorfismos» (o «transformaciones de coordenadas generales»). La idea es que tales deformaciones no alteran en absoluto la situación física. El principio de «covariancia general», que es una piedra angular de la relatividad general de Einstein, consiste en formular la ley física de manera que tales «deformaciones de lámina elástica» (difeomorfismos) no alteren las propiedades físicamente significativas del espacio y sus contenidos.

Esto no quiere decir que se pierda toda la estructura geométrica, y que el único tipo de geometría que queda para nuestro espacio podría ser simplemente algo de su naturaleza *topológica* (a veces conocida como «geometría de lámina elástica», en la que la superficie de una taza de té se identificaría con la de un anillo, etc.). Pero debemos tener cuidado en especificar qué estructura es necesaria. Con frecuencia se utiliza el término *variedad* para dicho espacio, con un número finito definido de dimensiones (y podemos llamar *n*-variedad a una variedad de *n* dimensiones); una variedad es *suave* pero no tiene asignada necesariamente ninguna otra estructura más allá de su suavidad y su topología. En el caso de la geometría hiperbólica hay realmente una noción de *métrica* asignada a la variedad —una cantidad «tensorial» matemática (véase también §2.6), normalmente denotada por la letra **g**— que puede considerarse que asigna una *longitud*[2.30] a cualquier curva suave finita en el espacio. Cualquier deformación de la «lámina elástica» que constituya esta variedad llevaría con ella cualquier curva C que conecta un par de puntos p, q (donde p y q también son arrastrados con la deformación) y se estima que la longitud asignada por **g** al segmento C que une p y q no queda afectada por esta deformación (y, en este sentido, **g** también es «arrastrada» por la deformación).

La noción de longitud implica asimismo una noción de *línea recta*, conocida como una *geodésica*, que es una línea l caracterizada por el hecho de que para dos puntos cualesquiera p y q en l, no demasiado apar-

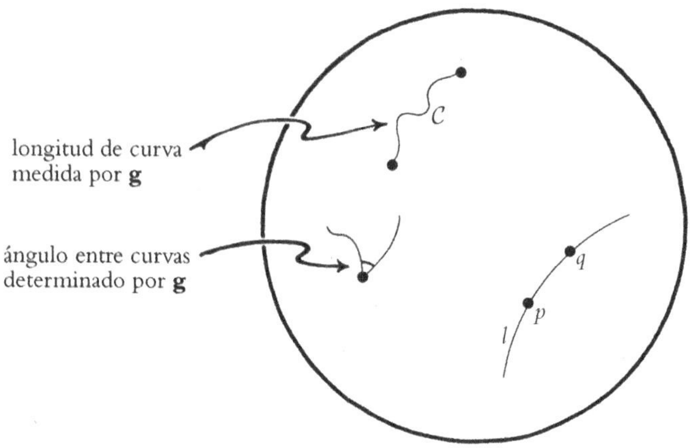

Fig. 2.15. La métrica **g** asigna longitudes a curvas y a ángulos entre ellas. Una geodésica proporciona la «ruta más corta entre p y q» en la métrica **g**.

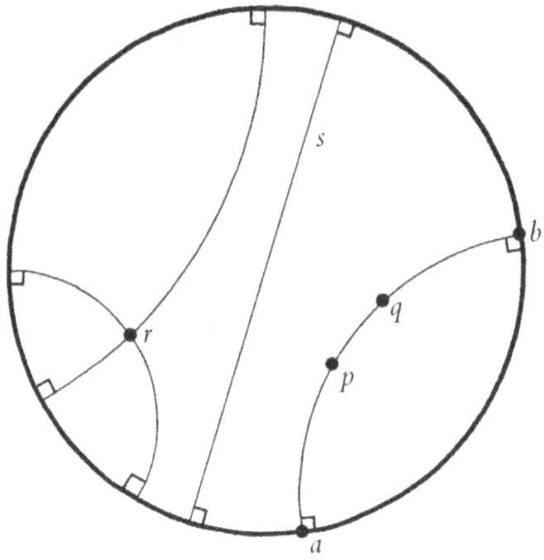

Fig 2.16. La «líneas rectas» (geodésicas) en la representación conforme de la geometría hiperbólica son arcos de circunferencia que cortan al círculo frontera a ángulos rectos.

tados, la *curva más corta* (en el sentido de longitud que proporciona **g**) de p a q es en efecto la porción pq de l. Véase la Fig. 2.15. (En este sentido, una geodésica proporciona la «ruta más corta entre dos puntos».) También podemos definir *ángulos* entre dos curvas suaves (igualmente determinados una vez que se da **g**), de modo que las nociones ordinarias de geometría están disponibles para nosotros una vez que se ha asignado **g**. Sin embargo, esta geometría diferiría normalmente de la familiar geometría euclidiana.

La geometría hiperbólica de la imagen de Escher (Fig. 2.3(c), representación conforme de Beltrami-Poincaré) tiene también sus líneas rectas (geodésicas). Estas pueden entenderse en términos de la geometría euclidiana de fondo en la que se representa esta figura, como arcos circulares que cortan al círculo frontera a ángulos rectos (véase la Fig. 2.16). Tomando a y b como los puntos extremos del arco que pasa por dos puntos dados p y q, la **g**-*distancia* hiperbólica entre p y q resulta ser

$$C \log \frac{|qa|\,|pb|}{|qb|\,|pa|},$$

donde el «log» utilizado aquí es un logaritmo *natural* (2,302 585... veces el «$\log_{10}$» de §1.2), «$|qa|$», etc., son las distancias euclidianas ordinarias en el espacio de fondo, y C es una constante positiva llamada el *pseudorradio* del espacio hiperbólico.

Pero más que especificar la estructura proporcionada por tal **g**, se podría asignar en su lugar otro tipo de geometría. El tipo que más nos interesará aquí es la geometría conocida como geometría *conforme*. Esta es la estructura que proporciona una medida para el *ángulo* entre dos curvas suaves, en cualquier punto donde se cortan, pero *no* especifica una noción de «distancia» o «longitud». Como se ha mencionado, el concepto de ángulo está realmente determinado por **g**, pero la propia **g** no está fijada por la noción de ángulo. Aunque la estructura conforme no fija la medida de longitud, sí fija las *razones* de las medidas de longitud en diferentes direcciones en cualquier punto, de modo que determina las *formas* infinitesimales. Podemos reescalar al alza o a la baja esta medida de longitud en diferentes puntos sin afectar a la estructura conforme (véase la Fig. 2.17). Expresamos este reescalado como

$$\mathbf{g} \mapsto \Omega^2 \mathbf{g},$$

donde Ω es un número real positivo definido en cada punto, que varía suavemente sobre el espacio. Así **g** y Ω^2**g** nos dan la misma estructura

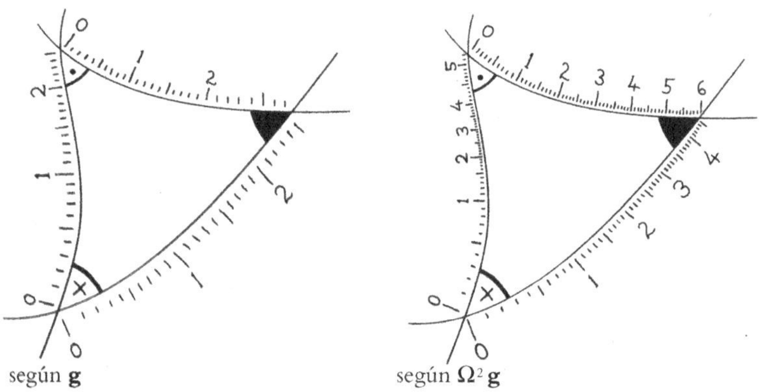

Fig. 2.17. La estructura conforme no fija la medida de longitud, pero sí fija ángulos mediante la razón de las medidas de longitud en diferentes direcciones en cualquier punto. La medida de longitud puede ser reescalada al alza o a la baja en diferentes puntos sin afectar a la estructura conforme.

conforme cualquiera que sea el Ω positivo que escojamos, pero **g** y Ω^2**g** nos dan diferentes estructuras métricas (si $\Omega \neq 1$), donde Ω es el factor de cambio de escala. (La razón por la que Ω aparece elevado al cuadrado en la expresión «Ω^2**g**» es que las expresiones para las medidas directas de separación espacial, o temporal, que proporciona **g**, salen de tomar una raíz cuadrada (véase la nota 2.30).) Volviendo a la Fig. 2.3(c) de Escher, encontramos que la estructura conforme del plano hiperbólico (aunque *no* su estructura métrica) es realmente idéntica a la del espacio euclidiano interior al círculo frontera, pero difiere de la estructura conforme del plano euclidiano *entero*.

Cuando llegamos a la geometría *espaciotemporal*, estas ideas siguen siendo válidas, aunque hay algunas diferencias significativas, debido al «giro» que introdujo Minkowski en las ideas de la geometría euclidiana. Este giro es lo que los matemáticos llaman un cambio de la *signatura* de la métrica. En términos algebraicos, esto se refiere a que algunos signos + se cambian por signos –, y básicamente nos dice cuántas de un conjunto de *n* direcciones mutuamente ortogonales, en el caso de un espacio *n*-dimensional, van a considerarse «de tipo tiempo» (dentro del cono nulo) y cuántas «de tipo espacio» (fuera del cono nulo). En geometría euclidiana, y su versión curva conocida como geometría *riemanniana*, consideramos que todas las direcciones son de tipo espacio. La idea habitual de «espacio-tiempo» implica que solo

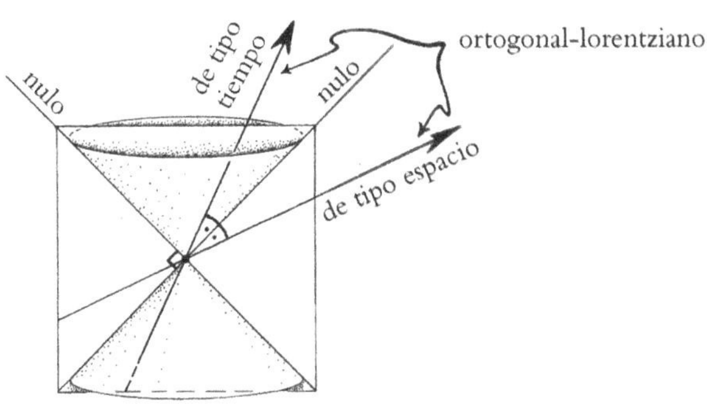

Fig. 2.18. «Ortogonalidad» entre direcciones de tipo espacio y de tipo tiempo en un espacio-tiempo lorentziano, representada en una imagen euclidiana para la que el cono nulo abarca un ángulo recto.

una de las direcciones, en tal conjunto ortogonal, es de tipo tiempo y el resto son de tipo espacio. Le llamamos *minkowskiano* si es plano y *lorentziano* si es curvo. En el tipo ordinario (lorentziano) de espacio-tiempo que estamos considerando aquí, $n = 4$, y la signatura es «1 + 3», que divide nuestras 4 direcciones mutuamente ortogonales en una dirección de tipo tiempo y 3 de tipo espacio. «Ortogonalidad» entre direcciones de tipo espacio (y entre direcciones de tipo tiempo, si hubiéramos tenido más de una de ellas) significa simplemente «a ángulos rectos», mientras que la ortogonalidad entre una dirección de tipo espacio y una de tipo tiempo es más parecida geométricamente a la situación representada en la Fig. 2.18, al estar las direcciones ortogonales simétricamente relacionadas con la dirección nula entre ellas. *Físicamente*, un observador cuya línea de universo está en la dirección de tipo tiempo considera que los sucesos en una dirección ortogonal de tipo espacio son *simultáneos*.

En la geometría ordinaria (euclidiana o riemanniana), solemos considerar las longitudes en términos de separación espacial, que es algo que quizá podríamos medir con una *regla*. Pero ¿qué es una regla, en términos de espacio-tiempo (minkowskiano o lorentziano)? Es una *cinta*, que no parece en un primer momento que sea el artilugio más obvio para medir la separación espacial entre dos sucesos p y q.Véase la Fig. 2.19. Podemos poner p en un extremo de la cinta y q en el otro. También podemos suponer que la regla es estrecha y no está acelerada, de modo que no son importantes los efectos de curvatura espaciotemporal de la relatividad general (lorentziana) de Einstein y sería adecuado un tratamiento de acuerdo con la relatividad especial. Pero, según la teoría de la relatividad especial, para que la medida de distancia que proporciona la regla dé la separación espaciotemporal correcta entre p y q, exigimos que estos sucesos sean *simultáneos* en el sistema de reposo de la regla. ¿Cómo podemos asegurar que estos sucesos son realmente simultáneos en el sistema de reposo de la regla? Podemos utilizar para esto el tipo de argumento original de Einstein, aunque, más que en una regla, él estaba pensando en un *tren* en movimiento uniforme; así que parafrasearemos también las cosas de esa manera.

Llamemos extremo *frontal* al extremo del tren (regla) que contiene al suceso p, y extremo *trasero* al extremo que contiene a q. Imaginemos

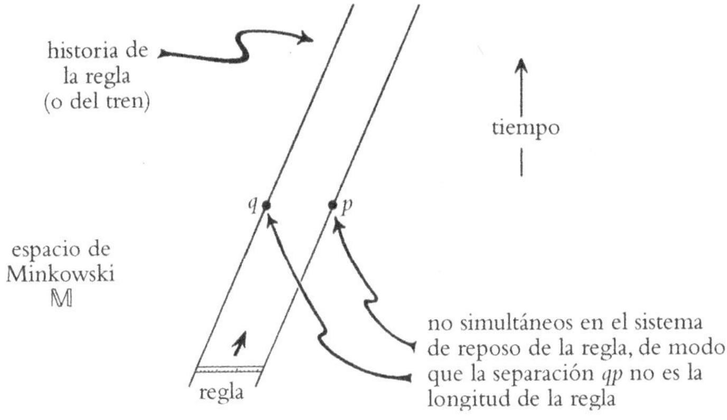

Fig. 2.19. Una separación de tipo espacio entre puntos *p* y *q* en $\mathbb{M}$ no es medida directamente por una regla que es una cinta 2-dimensional.

un observador situado en el extremo frontal, que envía una señal luminosa desde un suceso *r* al extremo trasero del tren, temporizada de modo que llegue allí precisamente en el suceso *q*, donde la señal es reflejada de inmediato hacia el extremo frontal para ser recibida por el observador en el suceso *s*. Véase la Fig. 2.20. Entonces el observador juzga que *q* es simultáneo con *p*, en el sistema de reposo del tren, si *p* ocurre a mitad de camino entre la emisión y la recepción final de la señal, es decir, si el intervalo de tiempo de *r* a *p* es exactamente el mismo que de *p* a *s*. La longitud del tren (esto es, de la regla) coincidiría entonces (y solo entonces) con el intervalo espacial entre *p* y *q*.

Advertimos que esto no solo es algo más complicado que «tender una regla» para medir la separación espacial entre sucesos, sino que lo que mide realmente el observador serían los intervalos *temporales rp* y *ps*. Estos intervalos temporales (iguales) proporcionan *directamente* la medida del intervalo espacial *pq* que se está determinando (en unidades donde la velocidad de la luz *c* se toma como la unidad). Esto ilustra el hecho clave sobre la métrica del espacio-tiempo, a saber, que es realmente algo que tiene mucho más que ver directamente con la medida del *tiempo* que con la distancia. En lugar de proporcionar una medida de *longitud* para curvas, nos proporciona directamente una medida de *tiempo*. Además, no es a *todas* las curvas a las que se les asigna una medida de

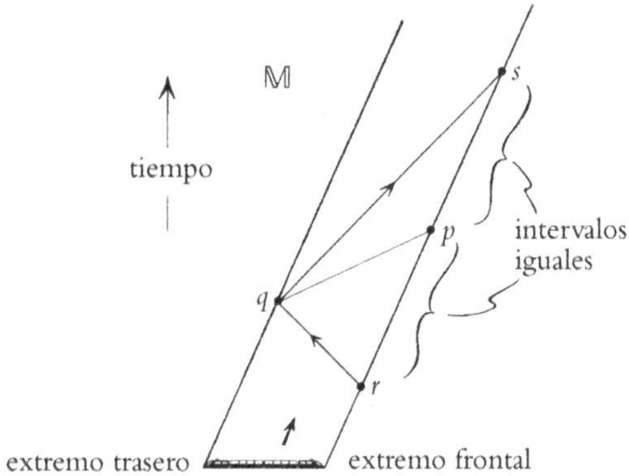

Fig. 2.20. La regla (o el tren) mide la separación *pq* solo cuando son simultáneos, de modo que en su lugar se necesitan señales luminosas y relojes.

tiempo: es a las curvas que se conocen como *causales*, que podrían ser líneas de universo de partículas; curvas que en todo lugar son o bien *de tipo tiempo* (con vectores tangentes dentro de los conos de luz, propias de partículas masivas) o *nulas* (con vectores tangentes a lo largo de los conos nulos, propias de partículas sin masa). Lo que hace la métrica del espacio-tiempo **g** es asignar una medida de tiempo a cualquier segmento finito de una curva causal (siendo cero la contribución a la medida de tiempo para cualquier porción de la curva que sea nula). En este sentido, la «geometría» que posee la métrica del espacio-tiempo debería en realidad llamarse «cronometría», como ha sugerido el distinguido teórico de la relatividad irlandés John L. Synge.[2.31]

Es importante para la base física de la teoría de la relatividad general que realmente existan en la Naturaleza, en un nivel fundamental, relojes extremadamente precisos, puesto que toda la teoría depende de una métrica **g** definida de manera natural.[2.32] De hecho, esta medida de tiempo es algo muy central para la física, pues hay un sentido claro en el que cualquier partícula masiva (estable) individual desempeña un papel como reloj prácticamente perfecto. Si m es la masa de la partícula (supuesta constante), entonces encontramos que tiene una *energía en reposo*[2.33] E dada por la famosa fórmula de Einstein

$$E = mc^2,$$

que es fundamental para la teoría de la relatividad. La otra fórmula, casi igualmente famosa —fundamental para la teoría *cuántica*— es la de Max Planck

$$E = h\nu$$

(siendo h la constante de Planck), que nos dice que la energía en reposo de esta partícula define para ella una frecuencia concreta ν de oscilación cuántica (véase la Fig. 2.21). En otras palabras, cualquier partícula masiva estable se comporta como un *reloj* cuántico muy preciso, que marca «tics» con la frecuencia específica

$$\nu = m\left(\frac{c^2}{h}\right),$$

exactamente proporcional a su masa, con una constante de proporcionalidad (fundamental) c^2/h.

De hecho, la frecuencia cuántica de una única partícula es extremadamente alta, y no puede ser directamente aprovechada para hacer un reloj utilizable. Para un reloj que pueda ser utilizado en la práctica necesitamos un sistema que contenga muchas partículas, combinadas y actuando de manera adecuada en concierto. Pero el punto clave sigue siendo que para construir un reloj necesitamos *masa*. Las partículas sin masa (por ejemplo, fotones) solas no pueden ser utilizadas para

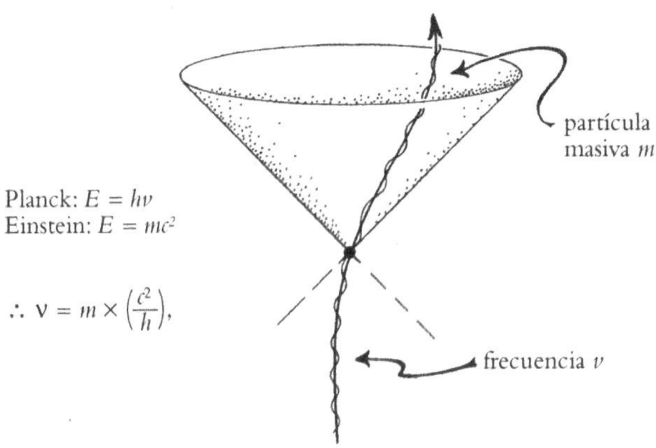

Fig. 2.21. Cualquier partícula masiva estable se comporta como un reloj cuántico muy preciso.

hacer un reloj, porque sus frecuencias tendrían que ser *cero*; ¡pasaría una *eternidad* antes de que el «reloj» interno de un fotón marcase su primer «tic»! Este hecho será de gran importancia para nosotros más adelante.

Todo esto está de acuerdo con la Fig. 2.22, donde vemos diferentes relojes idénticos, todos los cuales tienen su origen en el mismo suceso *p*, pero moviéndose con velocidades diferentes que pueden ser comparables con (aunque menores que) la velocidad de la luz. Las 3-superficies en forma de cuenco (*hiperboloides*, en la geometría ordinaria) marcan los sucesivos «tics» de los relojes idénticos. (Estas 3-superficies son las equivalentes a *esferas* para la geometría de Minkowski, pues son superficies a «distancia» constante de un punto fijo.) Notemos que una partícula sin masa, que tiene una línea de universo *a lo largo* del cono de luz, nunca llega siquiera a la primera de las superficies con forma de cuenco, en acuerdo con lo que se ha dicho antes.

Finalmente, la noción de una *geodésica*, para una curva de tipo tiempo, tiene una interpretación física como la línea de universo de una partícula masiva en *movimiento libre bajo gravedad*. Desde el punto de vista matemático, una línea geodésica de tipo tiempo *l* está caracterizada por el hecho de que para dos puntos cualesquiera *p* y *q* en *l*, no demasiado apartados, la *curva más larga* (en el sentido de longitud de

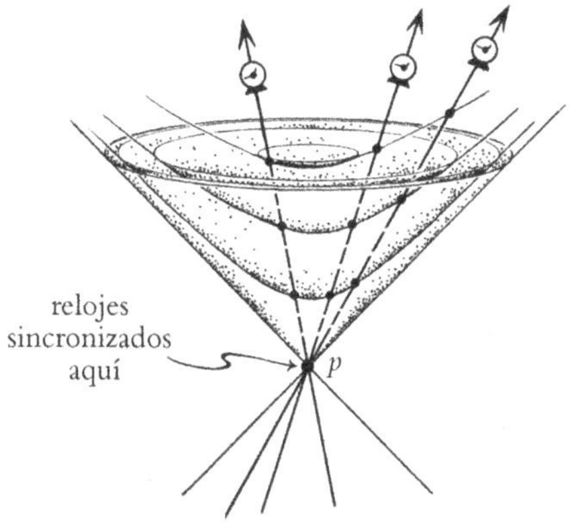

Fig. 2.22. Las 3-superficies en forma de cuenco marcan los «tics» sucesivos de relojes idénticos.

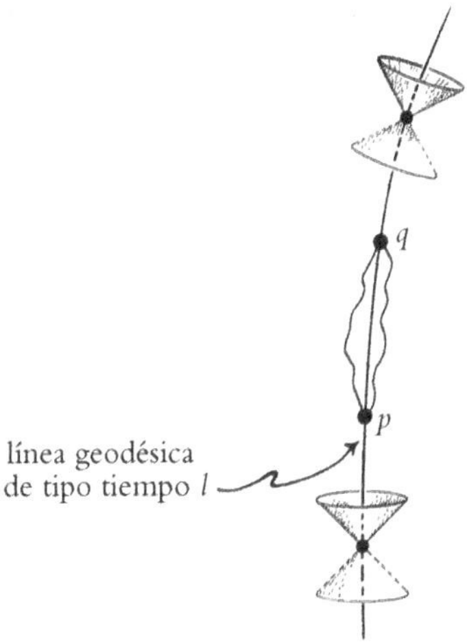

Fig. 2.23. Una línea geodésica de tipo tiempo *l* se caracteriza por el hecho de que para dos puntos cualesquiera *p* y *q* en *l*, no demasiado apartados, la curva más larga de *p* a *q* es de hecho una porción de *l*.

tiempo proporcionada por **g**) desde *p* a *q* es de hecho una porción de *l*. Véase la Fig. 2.23: esta es una curiosa inversión de la propiedad de *minimización* de longitud de las geodésicas en espacios euclidianos o riemannianos. La noción de geodésica se aplica también a las *geodésicas nulas*, cuya «longitud» es cero, y la estructura de conos nulos del espacio-tiempo es suficiente por sí sola para determinarlas. Esta estructura de conos nulos es realmente equivalente a la estructura *conforme* del espacio-tiempo, un hecho que tendrá gran importancia para nosotros más adelante.

2.4. Agujeros negros y singularidades espaciotemporales

En muchas situaciones físicas, donde los efectos de la gravedad son relativamente pequeños, los conos nulos se desvían solo ligeramente de sus localizaciones en el espacio de Minkowski $\mathbb{M}$. Sin embargo, en el caso de un *agujero negro* encontramos una situación muy diferente, como he intentado señalar en la Fig. 2.24. Esta imagen del espaciotiempo representa el colapso de una estrella supermasiva (quizá con 10 o más veces la masa del Sol) que, tras haber agotado sus fuentes de energía (nuclear) interna, colapsa de manera imparable hacia dentro. En una cierta etapa (que puede identificarse como el momento en que la velocidad de escape[2.34] de la superficie de la estrella alcanza la velocidad de la luz), la inclinación hacia dentro de los conos nulos se hace tan extrema que la parte más exterior del cono futuro se hace vertical en el diagrama. Trazando la envolvente de estos conos concretos localizamos la 3-superficie conocida como *horizonte de sucesos*, dentro del que se encuentra en caída el cuerpo de la estrella. (Por supuesto, al dibujar esta figura he tenido que suprimir una de las dimensiones espaciales, de modo que el horizonte aparece como una 2-superficie ordinaria, pero esto no debería confundir al lector.)

Debido a esta inclinación en los conos nulos, encontramos que la línea de universo de cualquier partícula o señal luminosa que tiene su origen dentro del horizonte de sucesos no podrá escapar al exterior, pues para cruzar el horizonte tendría que violar los requisitos de §2.3. Además, si seguimos hacia atrás (en el tiempo) un rayo de luz que entra en el ojo de un observador externo situado a una distancia segura del agujero, mirando hacia este, encontramos que este rayo no puede cruzar hacia atrás el horizonte de sucesos y pasar a su interior, sino que

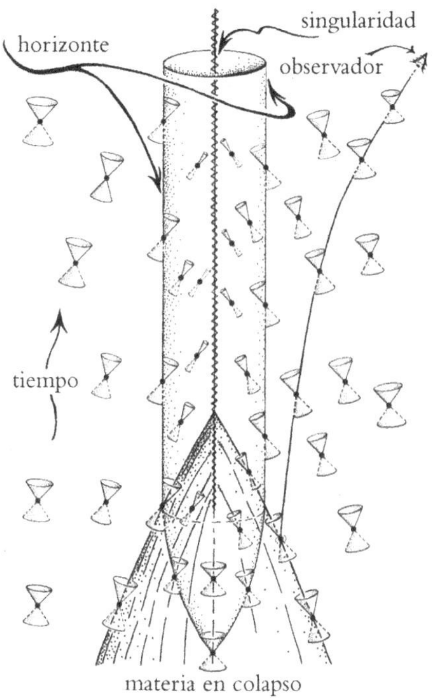

Fig. 2.24. Colapso de una estrella supermasiva para dar un agujero negro. Cuando la inclinación hacia dentro del cono de luz futuro se hace vertical, la luz procedente de la estrella ya no puede escapar de su gravedad. La envolvente de estos conos es el horizonte de sucesos.

se queda suspendido precisamente sobre la superficie, para encontrar el cuerpo de la estrella tan solo un instante antes de que este se sumerja por debajo del horizonte. Tal sería el caso en teoría, con independencia de cuánto espere el observador externo (es decir, independientemente de cuán alto en la figura colocamos el ojo del observador), pero en la práctica la imagen percibida por el observador se desplazaría fuertemente hacia el rojo y desaparecería de la vista tanto más rápido cuanto más tarde en el tiempo esté situado el obervador, de modo que en poco tiempo la imagen de la estrella se volvería oscura, de acuerdo con la terminología «agujero negro».

Una pregunta natural que hay que plantear es: ¿cuál es el destino de esta materia de la estrella que cae hacia dentro una vez que ha cruzado el horizonte? ¿Sería posible que disfrute de una complicada actividad posterior, quizá arremolinándose, cuando se acerca al centro, y que esto la lleve a rebotar hacia fuera? El modelo original para tal colapso, como el de la Fig. 2.24, fue propuesto por J. Robert Oppenheimer y su discípulo Hartland Snyder en 1939, y fue presentado como una solución exacta de las ecuaciones de Einstein. Sin embargo, ellos tuvieron que hacer varias hipótesis simplificadoras para poder representar su solución de una manera explícita. La más importante (y más restrictiva) de esas hipótesis era suponer que había *simetría esférica* exacta, lo que excluía un «arremolinamiento» asimétrico. Ellos suponían también que la naturaleza del material de la estrella podía aproximarse razonablemente bien como un *fluido sin presión*, lo que los teóricos de la relatividad conocen como «polvo» (véase también §2.1). Lo que encontraron Oppenheimer y Snyder, bajo estas hipótesis, es que el colapso hacia dentro simplemente continúa hasta que la densidad del material se hace *infinita* en un punto en el centro, y en consecuencia la curvatura espaciotemporal correspondiente también se hace infinita. Por ello, este punto central, en su solución —representada por la línea ondulada vertical en el centro de la Fig. 2.24— se conoce como una *singularidad espaciotemporal*, donde la teoría de Einstein «se retira» y la física estándar no nos ofrece ninguna manera de desarrollar más la solución.

La presencia de tales singularidades espaciotemporales ha planteado a los físicos un enigma fundamental, a menudo visto como el problema inverso al del Big Bang origen del universo. Mientras que el Big Bang se ve como el comienzo del tiempo, las singularidades en agujeros negros se presentan como una representación del *fin* del tiempo, al menos en lo que concierne al destino de ese material que, en alguna etapa, ha caído dentro del agujero. En este sentido podemos considerar el problema que presentan las singularidades de agujero negro como el *inverso temporal* del que presenta el Big Bang.

Es cierto que, en la imagen de colapso de agujero negro de la Fig. 2.24, toda curva causal que tiene su origen dentro del horizonte debe terminar en la singularidad central cuando se extiende al futuro todo lo posible. Análogamente, en cualquiera de los modelos de Friedmann mencionados en §2.1, toda curva causal (en el modelo entero), si se extiende hacia el pasado, debe terminar (en realidad originarse) en la singularidad del Big Bang. Por consiguiente, podría parecer (aparte de que el caso del agujero negro es más local) que las dos situaciones son, en efecto, la inversa temporal una de otra. Pese a ello, nuestras consideraciones de la Segunda Ley podrían muy bien sugerirnos que no puede ser así. El Big Bang debe ser algo de entropía extraordinariamente baja en comparación con la que encontramos en un agujero negro. Y la diferencia entre una y la inversa temporal de la otra debe ser una cuestión clave para nuestras consideraciones.

Antes de que lleguemos (en §2.6) a la naturaleza de esta diferencia, hay que afrontar una importante cuestión preliminar. Debemos abordar la cuestión de si, o en qué medida, tenemos razones para confiar en los modelos: el de Oppenheimer y Snyder, por un lado, y los modelos cosmológicos altamente simétricos tales como el de Friedmann, por otro. Debemos señalar dos de las importantes hipótesis subyacentes a la imagen de Oppenheimer-Snyder del colapso gravitatorio. Estas son la *simetría esférica* y la idealización particular del material que constituye el cuerpo colapsante que se considera totalmente *libre de presión*. Estas dos hipótesis se aplican también a los modelos cosmológicos de Friedmann (la simetría esférica se aplica a *todos* los modelos FLRW), de modo que quizá tengamos motivos para dudar de que estos modelos representen necesariamente el comportamiento inevitable de la materia que colapsa (o que explota) en situaciones tan extremas, según la relatividad general de Einstein.

De hecho, ambas cuestiones eran materias que me interesaban cuando empecé a pensar seriamente sobre el colapso gravitatorio en el otoño de 1964. Este interés había sido estimulado por las conversaciones que mantuve con el profundamente intuitivo físico estadounidense John A. Wheeler, tras el descubrimiento por Maarten Schmidt de un sorprendente objeto[2.35] cuyos extraordinarios brillo y variabilidad indicaban que en ello podría estar implicado algo que se acercaba a lo que ahora llamamos un «agujero negro». En esa época era creencia común, basada en un detallado trabajo teórico realizado por dos físicos rusos, Evgeni Mijáilovich Lifshitz e Isaak Markovich Jalatnikov, que en la situación *general*, en ausencia de condiciones de simetría, *no* aparecerían singularidades espaciotemporales en un colapso gravitatorio general. Siendo solo vagamente conocedor del trabajo ruso, pero teniendo dudas de que el tipo de análisis matemático que ellos habían utilizado pudiera llevar a una conclusión definitiva sobre esta materia, empecé a pensar en el problema a mi propia manera más geométrica. Para ello tenía que tratar de entender varios aspectos globales acerca de cómo se propagan los rayos de luz, cómo podrían ser concentrados por la curvatura espaciotemporal, y qué tipo de superficies singulares podrían aparecer cuando empiezan a retorcerse y cruzarse unos con otros.

Yo ya había pensando en estos términos a propósito del modelo de estado estacionario del universo, mencionado al principio de §2.2. Me gustaba mucho ese modelo, aunque no tanto como me había gustado la relatividad general de Einstein —con su grandiosa unificación de nociones geométricas básicas del espacio-tiempo con principios físicos fundamentales—, así que me preguntaba si habría alguna posibilidad de que ambos pudieran hacerse compatibles. Si uno se atiene al puro modelo de estado estacionario suavizado, se ve forzado enseguida a concluir que esta compatibilidad no puede conseguirse sin la introducción de *densidades de energía negativas*, que tienen el efecto, en la teoría de Einstein, de poder separar rayos de luz para contrarrestar el implacable efecto de curvatura hacia dentro de la densidad de energía positiva de la materia normal (véase §2.6). En general, la presencia de energía negativa en sistemas físicos es una «mala noticia», pues es probable que lleve a inestabilidades incontrolables. Por ello me preguntaba si las desviaciones de la simetría permitirían evitar estas conclusiones desagradables. Sin embargo, los argumentos globales que pueden utilizarse para abordar el comportamiento topológico de tales superficies de rayos luminosos resultan ser tan potentes, si se toman con el debido cuidado, que frecuentemente pueden aplicarse en situaciones muy generales para deducir conclusiones del mismo tipo a las que se llega cuando *sí* se supone esta alta simetría. El resultado era (aunque nunca publiqué estas conclusiones) que desviaciones razonables de la simetría no sirven de ayuda, y por eso el modelo de estado estacionario, incluso cuando se admiten desviaciones considerables del modelo suavizado simétrico, no puede dejar de ser incompatible con la relatividad general a menos que estén presentes energías negativas.

Yo también había utilizado algunos argumentos del mismo tipo para investigar las diferentes posibilidades que pueden surgir cuando se considera el futuro remoto de sistemas gravitatorios. Las técnicas a las que me vi llevado, que incluían las ideas de geometría espaciotemporal conforme (mencionadas ya en §2.3, y que desempeñarán papeles importantes en la Parte 3), también me llevaron a considerar las propiedades de focalización de sistemas de rayos luminosos[2.36] en situaciones generales, así que empecé a pensar que me sentía muy cómodo con esas cosas y dirigí mi atención a la cuestión del colapso gravitatorio. La principal dificultad adicional era que se necesitaba algún tipo de criterio para caracterizar situaciones en las que el colapso había rebasado un «punto de no retorno», pues hay muchas situaciones en las que el colapso de un cuerpo puede volverse del revés porque las fuerzas de presión se hacen suficientemente grandes para invertir un colapso, de modo que el material «rebota». Este punto de no retorno aparece cuando se forma el horizonte, puesto que entonces la gravitación se ha hecho tan intensa que ha superado a cualquier otra cosa. Sin embargo, la presencia y localización del horizonte resulta algo difícil de especificar matemáticamente, pues su definición precisa requiere que el comportamiento sea examinado en todo su recorrido hasta el infinito. Por consiguiente, fue una suerte para mí que me viniera a la cabeza una idea[2.37] —la de una «superficie atrapada»— de un carácter más local,[2.38] cuya presencia en un espacio-tiempo puede tomarse como condición de que ha tenido lugar un colapso gravitatorio imparable.

Mediante el uso de un argumento del tipo «rayo luminoso/topología» que había estado desarrollando fui entonces capaz de establecer un teorema[2.39] según el cual, cuando quiera que ha tenido lugar un colapso gravitatorio, no pueden evitarse las singularidades, con tal de que el espacio-tiempo satisfaga un par de condiciones «razonables». Una de ellas es que la focalización de los rayos luminosos nunca puede ser negativa; en términos más físicos esto significa que si se aceptan las ecuaciones de Einstein (con o sin la presencia de una constante cosmológica Λ), el *flujo de energía* a través de un rayo de luz nunca es negativo. Una segunda condición es que el sistema completo debe poder evolucionar a partir de una 3-superficie abierta (es decir, lo que se denomina «no compacta») de tipo espacio Σ. Esta es una condición muy habitual cuando se considera una situación razonablemente localizada (es decir, no cosmológica) que evoluciona físicamente. Desde el punto

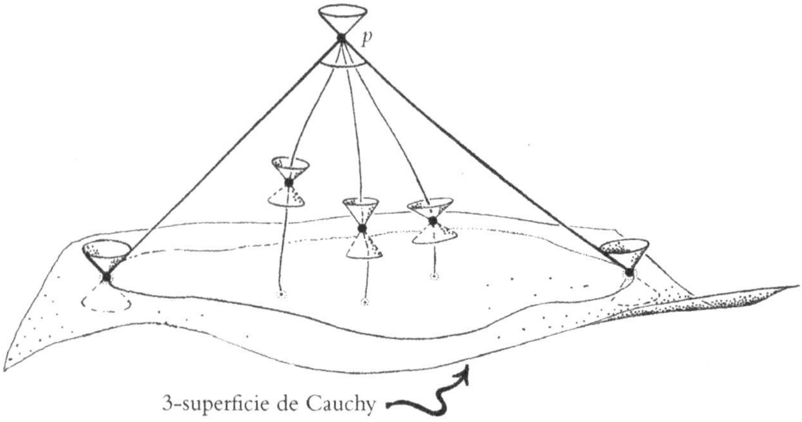

Fig. 2.25. Una «superficie de Cauchy» inicial; cualquier punto p en su futuro tiene la propiedad de que toda curva causal que termina en p, cuando se extiende hacia atrás hasta un pasado suficientemente lejano, debe cortar a la superficie.

de vista geométrico, todo lo que demandamos es que cualquier curva causal, dirigida hacia el futuro de Σ, en el espacio-tiempo en consideración, debe cortar a Σ cuando se prolonga hacia atrás (en el tiempo) todo lo posible (véase la Fig. 2.25). El único requisito adicional (aparte de la supuesta existencia de una superficie atrapada) concierne a lo que realmente va a entenderse por una «singularidad» en este contexto. Básicamente, una singularidad representa simplemente un obstáculo a continuar el espacio-tiempo suave e indefinidamente hacia el futuro,[2.40] lo que es consistente con la hipótesis que se acaba de hacer.

La fuerza de este resultado reside en su generalidad. No solo no se requiere ninguna hipótesis de simetría, ni ninguna otra condición simplificadora que pudiera hacer las ecuaciones más fáciles de resolver, sino que la única restricción impuesta a la naturaleza de la fuente material del campo gravitatorio es que sea «físicamente razonable» de acuerdo con el requisito físico de que el flujo de energía de este material a través de cualquier rayo luminoso nunca debe ser negativo, una condición conocida como la «condición de energía débil». Esta condición es ciertamente satisfecha por el polvo libre de presión supuesto por Oppenheimer y Snyder, y también por Friedmann. Pero es mucho más general que esto, e incluye todo tipo de material clásico físicamente realista que consideran los teóricos de la relatividad.

No obstante, frente a esta fuerza, la debilidad de este resultado reside en que no nos dice casi nada sobre la naturaleza detallada del problema al que se enfrenta nuestra estrella en colapso. No da ninguna clave sobre la forma geométrica de la singularidad. Ni siquiera nos dice que la materia alcanzará una densidad infinita o que la curvatura del espacio-tiempo se hará infinita en cualquier otro modo. Más aún, ni siquiera nos dice nada sobre dónde empezará a manifestarse el comportamiento singular.

Para abordar tales cuestiones se necesita algo mucho más en la línea del análisis detallado de los físicos rusos Lifshitz y Jalatnikov antes mencionado. ¡Pero el teorema que yo había encontrado en los últimos meses de 1964 parecía estar en conflicto directo con lo que ellos habían afirmado previamente! De hecho era así, y en los meses siguientes hubo mucha consternación y confusión. Sin embargo, todo quedó resuelto cuando los rusos, con la ayuda de un joven colega, Vladimir A. Belinski, fueron capaces de localizar y luego corregir un error en su trabajo anterior. Mientras que originalmente había parecido que las soluciones singulares de las ecuaciones de Einstein eran casos muy especiales, el trabajo corregido coincidía con el resultado que yo había obtenido, lo que demostraba que el comportamiento singular era realmente el caso general. Además, el trabajo de Belinski-Jalatnikov-Lifshitz proporcionaba un argumento plausible a favor de un tipo de actividad caótica extraordinariamente complicada para la aproximación a una singularidad, ahora conocido como la *conjetura BKL*. Tal comportamiento ya había sido anticipado a partir de consideraciones del teórico relativista estadounidense Charles W. Misner —conocidas como el universo *mezclador*— y creo que es muy probable que, al menos en una amplia clase de situaciones posibles, esta actividad «mezcladora» incontrolada y caótica sea el caso general.

Más adelante (en §2.6) tendré más cosas que decir sobre esta materia, pero por ahora debemos abordar otra cuestión, a saber, si es realmente probable que algo parecido a una superficie atrapada aparezca en cualquier situación plausible. La razón original para anticipar que estrellas supermasivas puedan colapsar realmente de forma catastrófica en una etapa tardía de su evolución surgió del trabajo de Subrahmanyan Chandrasekhar, en 1931, cuando estudió las estrellas muy pequeñas y enormemente densas conocidas como *enanas blancas* (de las que el primer ejemplo conocido era la misteriosa compañera oscura de la estrella brillante Sirio), de masa comparable a la del Sol pero de un radio aproximadamente igual al de la Tierra. Las enanas blancas se sostienen por la *presión de degeneración electrónica*, un principio mecanocuántico que impide que los electrones se amontonen unos sobre otros. Chandrasekhar demostró que cuando se incorporan los efectos de la relatividad (especial), hay un límite a la masa que se puede sostener frente a la gravedad de esta manera, y él dirigió la atención al profundo enigma que esto plantea para masas frías *mayores* que este «límite de Chandrasekhar». Este límite es de aproximadamente 1,4 $M_\odot$ (donde $M_\odot$ denota la masa del Sol).

La evolución de una estrella ordinaria (de la «secuencia principal») como nuestro Sol incluye una etapa tardía donde sus capas externas se hinchan, de modo que se convierte en una enorme *gigante roja*, acompañada por un núcleo de electrones degenerados. Este núcleo acumula cada vez más material de la estrella, y si esta acumulación no supera el límite de Chandrasekhar, la estrella entera puede terminar como una enana blanca, que finalmente se enfría hasta terminar su existencia como una enana negra. Este es de hecho el destino que espera a nuestro propio Sol. Pero para estrellas mucho más grandes, el núcleo de enana blanca podría *colapsar* en alguna etapa, debido a que se ha superado el límite de Chandrasekhar, y el material que cae en la estrella lleva a una explosión de *supernova* en extremo violenta (que probablemente supera en brillo, durante algunos días, a la galaxia entera en la que reside). Durante este proceso podría ser expulsado material suficiente para que el núcleo resultante pueda sostenerse a una densidad incluso mucho mayor (con, digamos, 1,5 $M_\odot$ comprimidas en una región de aproximadamente 10 km de diámetro), formando una *estrella de neutrones*, que se sostiene por *presión de degeneración neutrónica*.

Las propias estrellas de neutrones se manifiestan a veces como *púlsares* (véase §2.1 y la nota 2.6) y muchos han sido observados ahora en nuestra galaxia. Pero de nuevo hay un límite para la masa posible de una estrella semejante, que es de unas 1,5 $M_\odot$ (a veces llamado *límite de*

Landau). Si la estrella original hubiera sido suficientemente masiva (digamos más de 10 $M_\odot$), es muy probable que en la explosión no se expulsara un material suficiente, y el núcleo sería incapaz de sostenerse como una estrella de neutrones. Entonces no queda nada que pueda detener su colapso, y con toda probabilidad se alcanzaría una etapa en la que aparece una superficie atrapada.

Por supuesto, esta no es una conclusión definitiva, y muy bien se podría argumentar que no se conoce lo suficiente sobre la física de estados tan extraordinariamente condensados como los que alcanzaría el material antes de que se alcance el régimen de superficie atrapada (aunque solo sea en un factor de aproximadamente 3 en el radio, por debajo del de una estrella de neutrones). Sin embargo, el argumento para la aparición de agujeros negros es considerablemente más fuerte si consideramos concentraciones de masa en la escala mucho mayor de conjuntos de muchas estrellas cerca de los centros galácticos. Esto es una simple cuestión de cómo escalan las cosas. Para sistemas cada vez mayores, las superficies atrapadas aparecerían a densidades cada vez menores. Por ejemplo, en una región de 10^6 kilómetros de diámetro hay lugar suficiente para un millón de estrellas enanas blancas, sin que ninguna de ellas tenga que estar en contacto con otra, y esto sería suficientemente pequeño para que a su alrededor aparezca una superficie atrapada. La cuestión de la «física desconocida» a densidades extremadamente altas no es en realidad la cuestión relevante cuando se trata de la formación de agujeros negros.

Hay otra cuestión teórica que he pasado por alto hasta ahora. He estado suponiendo tácitamente que la existencia de una superficie atrapada implica que se formará un agujero negro. Sin embargo, esta deducción depende de lo que se conoce como «censura cósmica» que, aunque la creencia general la da por cierta, hoy por hoy sigue siendo una conjetura no probada.[2.41] Junto con la conjetura BKL, es probablemente la mayor cuestión no resuelta en relatividad general clásica. Lo que afirma la censura cósmica es que no ocurren singularidades espaciotemporales *desnudas* en colapsos gravitatorios genéricos, donde «desnudas» significa que curvas causales que tienen su origen en la singularidad pueden escapar hasta llegar a un observador externo distante (de modo que la singularidad no está protegida de la observación externa por un horizonte de sucesos). Volveré a esta cuestión de la censura cósmica en §2.6.

En cualquier caso, la situación *observacional* en el momento actual está a favor de la presencia de agujeros negros. Las pruebas a favor de que algunos sistemas de estrellas binarias contienen agujeros negros de unas pocas masas solares son bastante impresionantes, aunque son de carácter «negativo»: la presencia de una componente invisible se deja notar por movimientos dinámicos en el sistema, y la masa de dicha componente invisible es considerablemente mayor que la que podría tener cualquier objeto compacto, según la teoría estándar. Las pruebas más impresionantes de este tipo se dan cuando se observan los movimientos orbitales muy rápidos de estrellas alrededor de un ente invisible pero enormemente masivo y compacto en el centro de nuestra Vía Láctea. La velocidad de estos movimientos es tal que esta entidad ¡debe tener una masa de unos 4.000.000 $M_\odot$! Es difícil imaginar que esto pueda ser otra cosa que un agujero negro. Además de las pruebas de este tipo «negativo», se observan también entidades de esta naturaleza que están atrayendo material circundante, sin que haya evidencia de que dicho material excite una «superficie» en la entidad. La falta de una superficie ponderable es una prueba clara y directa de un agujero negro.[2.42]

2.5. Diagramas conformes y fronteras conformes

Hay una forma conveniente de representar modelos espaciotemporales en su totalidad, especialmente en el caso de modelos que poseen simetría esférica, como sucede en el caso de los espacio-tiempos de Oppenheimer-Snyder y de Friedmann. Es mediante el uso de *diagramas conformes*. Distinguiré aquí dos tipos de diagramas conformes: los diagramas conformes *estrictos* y los *esquemáticos.*[2.43] Veamos la utilidad de cada uno.

Empecemos con los diagramas conformes estrictos, que pueden utilizarse para representar espacio-tiempos (aquí denotados por $\mathcal{M}$) con simetría esférica exacta. El diagrama sería una región $\mathcal{D}$ del plano, y cada punto en el interior de $\mathcal{D}$ representaría el equivalente a una superficie esférica completa (es decir, un equivalente a S^2) de puntos de $\mathcal{M}$. Para hacernos una imagen de lo que sucede, podemos perder una dimensión espacial e imaginar que *rotamos* la región $\mathcal{D}$ respecto a una línea vertical a la izquierda (véase la Fig. 2.26), que se conoce como un *eje* de rotación. Entonces cada punto en $\mathcal{D}$ describirá un *círculo* (S^1). Esto es suficientemente bueno para nuestra imaginación visual. Pero para la plena imagen 4-dimensional de nuestro espacio-tiempo $\mathcal{M}$, necesitaríamos una rotación 2-*dimensional*, de modo que cada punto interior de $\mathcal{D}$ tiene que describir una superficie esférica (S^2) en $\mathcal{M}$.

A menudo, en nuestros diagramas conformes estrictos encontramos que tenemos un eje de rotación que es parte de la *frontera* para la región $\mathcal{D}$. Entonces, cada uno de esos puntos frontera en el eje —representados en el diagrama como una línea *de trazos*— representaría un único *punto* (y no un S^2) en el espacio-tiempo 4-dimensional, de modo que toda la línea de trazos también representaría una única lí-

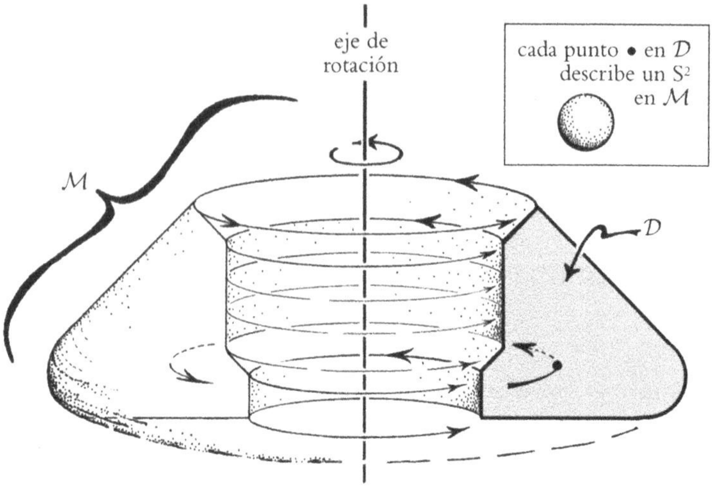

Fig. 2.26. Diagrama conforme estricto $\mathcal{D}$ utilizado para representar espacio-tiempos (aquí denotados por $\mathcal{M}$) con simetría esférica exacta. La región 2-dimensional $\mathcal{D}$ está rotada (a través de una esfera 2-dimensional S^2) para formar el 4-espacio $\mathcal{M}$.

nea en $\mathcal{M}$. La Fig. 2.27 nos da una idea de cómo está constituido el espacio-tiempo entero $\mathcal{M}$ como una familia de espacios 2-dimensionales idénticos a $\mathcal{D}$ en rotación alrededor del eje que es ahora la línea de trazos.

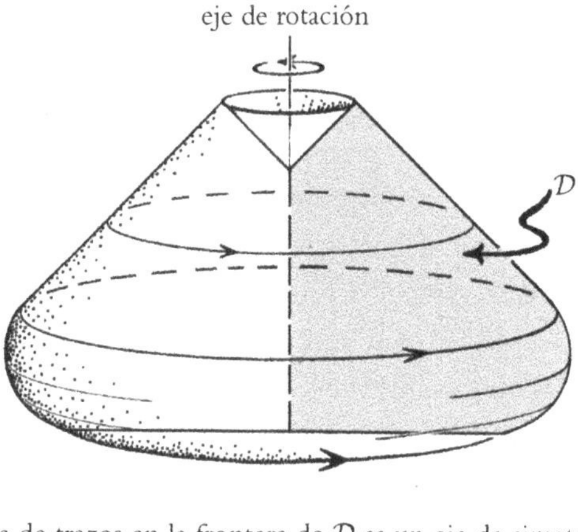

Fig. 2.27. La línea de trazos en la frontera de $\mathcal{D}$ es un eje de simetría; cada punto del eje representa un único punto del espacio-tiempo, y no un S^2.

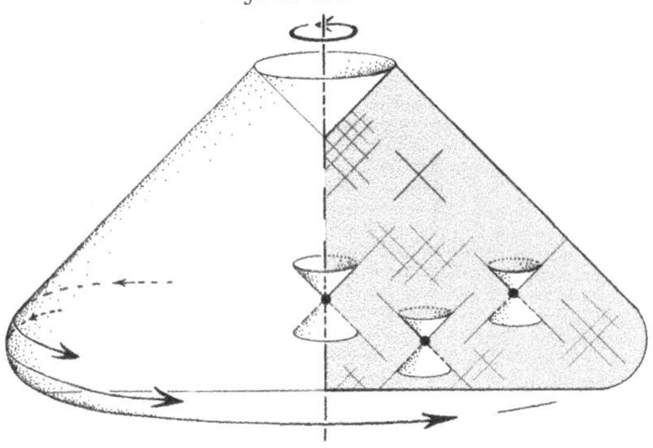

Fig. 2.28. Los «conos nulos» en $\mathcal{D}$, a un ángulo de 45° respecto a la vertical, son las intersecciones de los conos en $\mathcal{M}$ con un $\mathcal{D}$ insertado.

Vamos a considerar $\mathcal{M}$ como un espacio-tiempo *conforme*, sin preocuparnos demasiado por el escalado particular que da a $\mathcal{M}$ su métrica completa **g**. Entonces, de acuerdo con la frase que cerraba §2.3, $\mathcal{M}$ está dotado de una familia completa de conos nulos (orientados en el tiempo). De acuerdo con esto, el propio $\mathcal{D}$, al ser un subespacio 2-dimensional de $\mathcal{M}$, hereda de este una estructura espaciotemporal conforme 2-dimensional, y tiene sus propios «conos nulos orientados en el tiempo». Estos consisten simplemente en un par de direcciones «nulas» distintas en cada punto de $\mathcal{D}$ que se estiman orientadas hacia el futuro. (Son simplemente las intersecciones de los planos que definen las copias de $\mathcal{D}$ con los conos nulos futuros de $\mathcal{M}$; véase la Fig. 2.28.)

En un diagrama conforme estricto nos proponemos disponer todas estas direcciones nulas futuras en $\mathcal{D}$ para que estén orientadas a 45° respecto a la vertical. Para ilustrar la situación, he dibujado, en la Fig. 2.29, un diagrama conforme para el espacio-tiempo de Minkowski entero $\mathbb{M}$, con las líneas nulas radiales dibujadas a 45° respecto a la vertical. En la Fig. 2.30 he tratado de indicar cómo se consigue esta aplicación. Vemos que la Fig. 2.29 muestra una importante propiedad de los diagramas conformes: la imagen es meramente un triángulo (rectángulo) *finito*, pese a que todo el espacio-tiempo infinito $\mathbb{M}$ está englobado en el diagrama. Una propiedad característica de los diagramas confor-

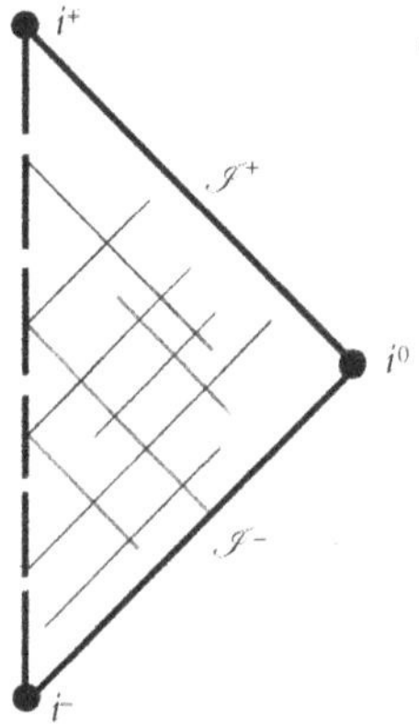

Fig. 2.29. Diagrama conforme estricto del espacio de Minkowski $\mathbb{M}$.

mes es que hacen posible que regiones infinitas del espacio-tiempo sean «comprimidas» de modo que quedan englobadas en una imagen finita. El propio infinito está también representado en el diagrama. Las dos líneas frontera inclinadas representan el infinito nulo pasado $\mathscr{I}^-$ y el infinito nulo futuro $\mathscr{I}^+$, donde cada geodésica nula (línea recta nula) en $\mathbb{M}$ adquiere un punto extremo pasado en $\mathscr{I}^-$ y un punto extremo

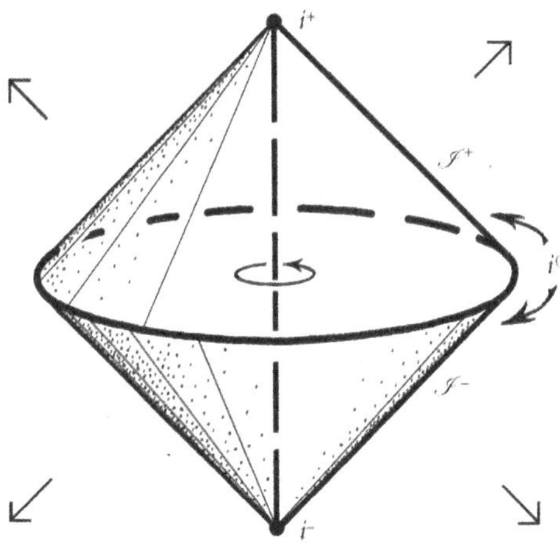

Fig. 2.30. Para obtener la imagen normal de $\mathbb{M}$, imaginamos las fronteras (cónicas) inclinadas desplazadas hacia el infinito.

futuro en $\mathscr{I}^+$. (Es habitual pronunciar la letra $\mathscr{I}$ como «scri» —que significa «script I».)[2.44] Hay también tres puntos i^-, i^0 e i^+ en la frontera que representan, respectivamente, el infinito de tipo tiempo pasado, el infinito de tipo espacio, y el infinito de tipo tiempo futuro; cada geodésica de tipo tiempo en $\mathbb{M}$ adquiere el punto extremo pasado i^- y el punto extremo futuro i^+, y cada geodésica de tipo espacio se cierra en un lazo vía el punto i^0. (Pronto veremos por qué i^0 debe ser considerado como un único punto.)

En esta coyuntura puede ser útil recordar el grabado de Escher en la Fig. 2.3(c) que proporciona una imagen conforme del plano hiperbólico entero. El círculo que lo limita representa su *infinito*, de un modo conformemente finito, de una manera esencialmente similar a la manera en que $\mathscr{I}^+$, $\mathscr{I}^-$, i^-, i^0 e i^+ juntos representan el infinito para $\mathbb{M}$. De hecho, igual que podemos *extender* el plano hiperbólico, como una variedad conforme suave, más allá de su frontera conforme al plano euclidiano dentro del que está representado (Fig. 2.31), también podemos extender $\mathbb{M}$, suavemente, más allá de su frontera a una variedad conforme más grande. De hecho, $\mathbb{M}$ es conformemente idéntico a una porción del modelo del espacio-tiempo conocido como *universo de*

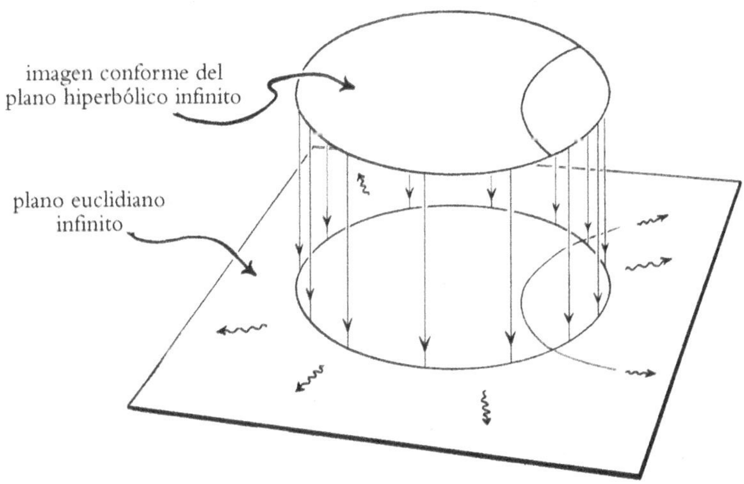

Fig. 2.31. Extendiendo el plano hiperbólico, como una variedad conforme suave, más allá de su frontera conforme al plano euclidiano dentro del que está representado.

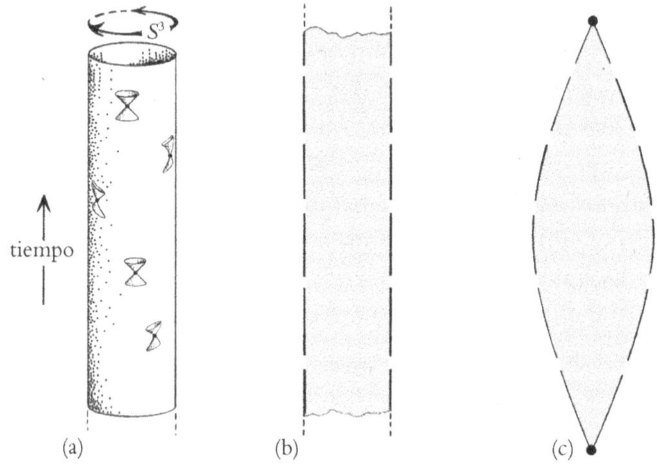

Fig. 2.32. (a) Imagen intuitiva del universo de Einstein $\mathcal{E}$ («cilindro de Einstein»); (b), (c) diagramas conformes estrictos del mismo objeto.

Einstein $\mathcal{E}$ (o el «cilindro de Einstein»). Este es un modelo cosmológico que es espacialmente una 3-esfera (S^3) y completamente estático. La Fig. 2.32(a) da una imagen intuitiva de este modelo (el que Einstein obtuvo con la introducción original, en 1917, de su constante cosmológica Λ; véase §2.1), y la Fig. 2.32(b) proporciona un diagrama conforme estricto que lo representa. Nótese que en este diagrama hay dos «ejes de rotación» independientes, representados por las dos líneas de trazos verticales. Esto es del todo consistente; simplemente consideramos que el radio de la S^2, que representa cada punto en el interior del diagrama, se contrae hasta cero cuando nos acercamos a la línea de trazos. Esto sirve también para explicar el hecho bastante curioso de que el infinito espacial para $\mathbb{M}$ es conformemente solo el *punto único* i^0, pues el radio de la S^2 que parecería haber representado se ha contraído hasta cero. Las secciones transversales espaciales S^3 del espacio-tiempo $\mathcal{E}$ surgen de este procedimiento. La Fig. 2.33(a) muestra cómo aparece $\mathbb{M}$ como una subregión conforme de $\mathcal{E}$, y de hecho cómo podemos considerar la variedad entera $\mathcal{E}$ formada, conformemente, por una sucesión infinita de espacios $\mathbb{M}$, donde el $\mathscr{I}^+$ de cada uno de ellos se ha unido al $\mathscr{I}^-$ del siguiente, y la Fig. 2.33(b) muestra cómo se hace esto

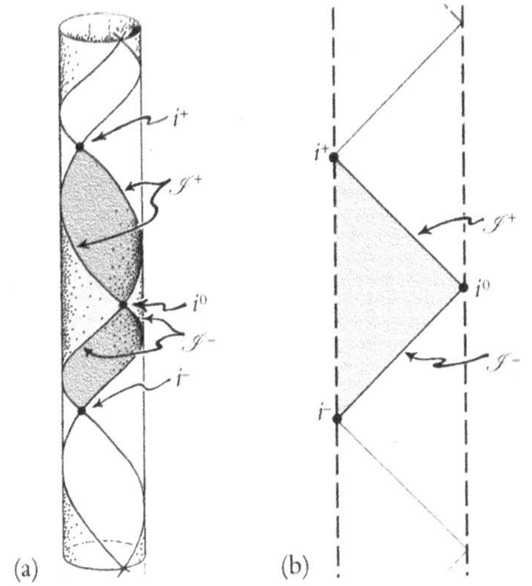

Fig. 2.33. Para ver por qué i^0 es un único punto. (a) $\mathbb{M}$ aparece como una subregión conforme de $\mathcal{E}$. La variedad entera $\mathcal{E}$ puede considerarse formada, conformemente, de una infinita sucesión de espacios $\mathbb{M}$; (b) muestra cómo se hace esto en términos de diagramas conformes estrictos.

en términos de diagramas conformes estrictos. Valdrá la pena tener esta imagen en mente cuando lleguemos a considerar el modelo propuesto en la Parte 3.

Consideremos ahora las cosmologías de Friedmann introducidas en §2.1. Los diferentes casos $K > 0$, $K = 0$, $K < 0$, para $\Lambda = 0$, se ilustran en la Fig. 2.34(a), (b), (c), respectivamente. Las singularidades se representan aquí como líneas onduladas. Aquí he introducido una notación en la que un punto blanco «∘» en la frontera representa toda una superficie esférica S^2, mientras que los puntos negros «•» (que ya teníamos en el caso de $\mathbb{M}$) representan puntos únicos. Estos puntos blancos representan realmente las esferas frontera del espacio hiperbólico, en la representación conforme que utilizaba Escher en el caso 2-dimensional. Los casos correspondientes para constante cosmológica positiva ($\Lambda > 0$, donde en el caso $K > 0$ suponemos que la curvatura espacial no es suficientemente grande para superar a Λ y producir un recolapso final) se ilustran en la Fig. 2.35(a),(b),(c). Puede señalarse una propiedad importante de estos diagramas. El infinito futuro $\mathscr{I}^+$ de todos

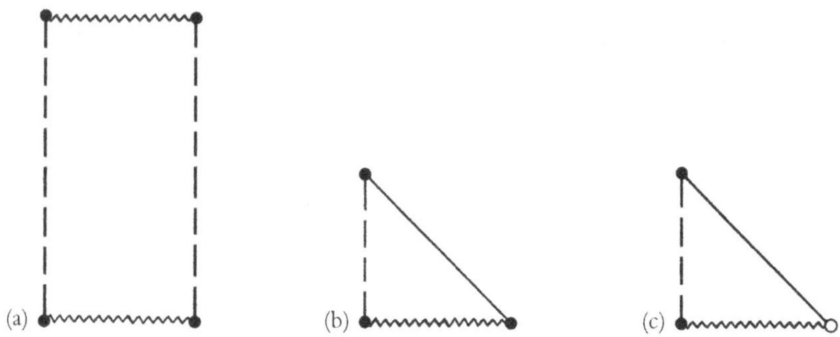

Fig. 2.34. Diagramas conformes estrictos para los tres casos diferentes, $K > 0$, $K = 0$, $K < 0$ para $\Lambda = 0$, de las cosmologías de Friedmann.

estos modelos es *de tipo espacio*, como se indica en el hecho de que la línea frontera final está siempre a menos de 45° de la horizontal, en contraste con el infinito futuro que ocurre cuando $\Lambda = 0$ (en los casos ilustrados en la Fig. 2.34(a), (b), (c) y la Fig. 2.29), donde la frontera está a 45°, de modo que $\mathscr{I}^+$ es entonces una hipersuperficie *nula*. Esta es una propiedad general de la relación entre la naturaleza geométrica de $\mathscr{I}^+$ y el valor de la constante cosmológica Λ, y tendrá una importancia clave para nosotros en la Parte 3.

Todos estos modelos de Friedmann con $\Lambda > 0$ tienen un comportamiento en su futuro remoto (es decir, cerca de $\mathscr{I}^+$) que se aproxima mucho al espacio-tiempo de *De Sitter* $\mathbb{D}$, un universo modelo que está completamente vacío de materia y es extremadamente simétrico (sien-

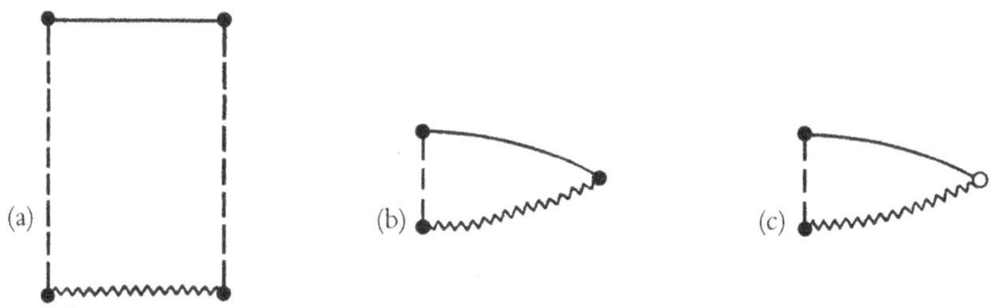

Fig. 2.35. Diagramas conformes estrictos para modelos de Friedmann con $\Lambda > 0$. (a) $K > 0$; (b) $K = 0$; (c) $K < 0$.

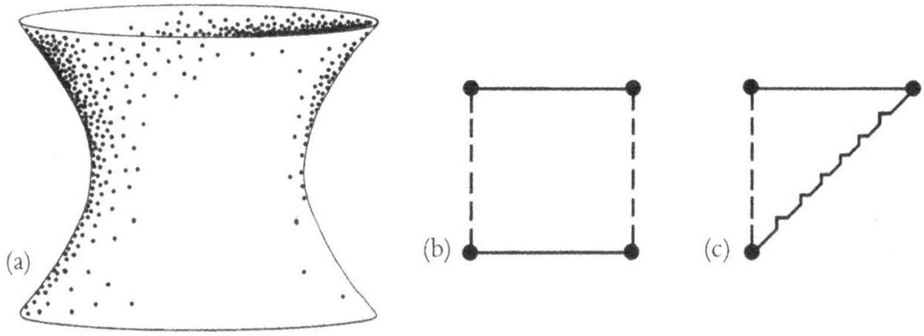

Fig. 2.36. Espacio-tiempo de De Sitter: (a) representado (con 2 dimensiones espaciales suprimidas) en el 3-espacio de Minkowski; (b) su diagrama conforme estricto; (c) cortado por la mitad, obtenemos un diagrama conforme estricto para el modelo de estado estacionario.

do un equivalente minkowskiano a una esfera 4-dimensional). En la Fig. 2.36(a) he esbozado una versión 2-dimensional de $\mathbb{D}$, con solo una dimensión espacial representada (donde el 4-espacio de De Sitter completo sería una hipersuperficie en un 5-espacio de Minkowski), y he dado un diagrama conforme estricto para el mismo en la Fig. 2.36(b). El *modelo de estado estacionario*, mencionado en §2.2, es solo una mitad de $\mathbb{D}$, como se muestra en la Fig. 2.36(b). Debido al «corte» a través de $\mathbb{D}$ que se requiere (frontera quebrada), el modelo de estado estacionario es en realidad lo que se denomina «incompleto», en direcciones pasadas. Hay geodésicas de tipo tiempo ordinarias —que podrían representar movimientos libres de partículas masivas— cuyas medidas temporales no se extienden a valores anteriores a cierto valor finito. Esto podría haberse considerado un fallo preocupante en el modelo si se hubiera aplicado a direcciones futuras, puesto que podría aplicarse al futuro de una partícula o un viajero espacial,[2.45] pero aquí podemos decir simplemente que tales movimientos de partículas nunca se presentan.

Cualquiera que sea la idea que se pudiera asumir sobre la física de la materia, he indicado este tipo de incompletitud por una línea ligeramente irregular en el diagrama conforme estricto. El tipo restante de línea que estoy utilizando en mis diagramas conformes estrictos es una línea de puntos interna, para indicar el horizonte de sucesos de un agujero negro. En mis diagramas conformes estrictos utilizo consistentemente estos cinco tipos de líneas (de trazos para ejes de simetría, gruesas para el infinito, onduladas para una singularidad, ligeramente quebradas para incompletitud, y de puntos para un horizonte de agujero negro) y dos tipos de puntos (negros que representan un único punto en el 4-espacio, blancos que describen un S^2), como se da en la clave en la Fig. 2.37.

Un diagrama conforme estricto pata el colapso de Oppenheimer-Snyder hacia un agujero negro se da en la Fig. 2.38(a). Este resulta al «pegar» una porción de un modelo de Friedmann en colapso y una porción de la extensión de Eddington-Finkelstein de la solución original de Schwarzschild, como se muestra en los diagramas conformes estrictos de la Fig. 2.38(b), (c); véase también la Fig. 2.39. Schwarzschild encontró su solución de las ecuaciones de Einstein en 1916, poco después de que este publicara las ecuaciones de su teoría de la relatividad general. Esta solución describe el campo gravitatorio externo de un cuerpo esféricamente simétrico y estático (tal como una estrella), y puede extenderse hacia dentro, como un espacio-tiempo estático, hasta su *radio de Schwarzschild*

$$\frac{2MG}{c^2}$$

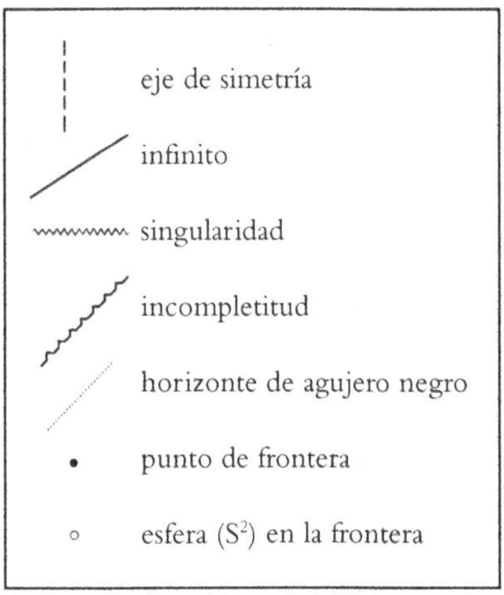

Fig. 2.37. Clave para diagramas conformes estrictos.

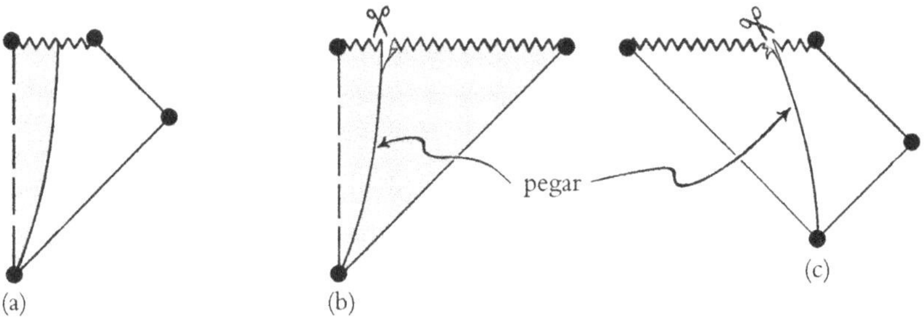

Fig. 2.38. El modelo de Oppenheimer-Snyder de colapso a un agujero negro: (a) diagrama conforme estricto construido pegando; (b) parte izquierda de un modelo de Friedmann invertido en el tiempo (Fig. 2.34(b)), y (c) parte derecha del modelo de Eddington-Finkelstein (Fig. 239(b)). (En modelos locales, tales como estos, se ignora Λ, de modo que $\mathscr{I}$ se considera nulo.)

donde *M* es la masa del cuerpo y *G* es la constante gravitatoria de Newton. Para la Tierra este radio sería de unos 9 mm, para el Sol sería de unos 3 km, pero en estos casos el radio estaría dentro del cuerpo y no habría distancias teóricas de relevancia inmediata para la geometría del espacio-tiempo, pues esta métrica de Schwarzschild solo es válida para la región externa. Véase el diagrama conforme estricto en la Fig. 2.39(a).

Sin embargo, en el caso de un agujero negro el radio de Schwarzschild estaría en el horizonte. En este radio, la forma de Schwarzschild de la métrica se hace singular, por lo que originalmente se pensó que

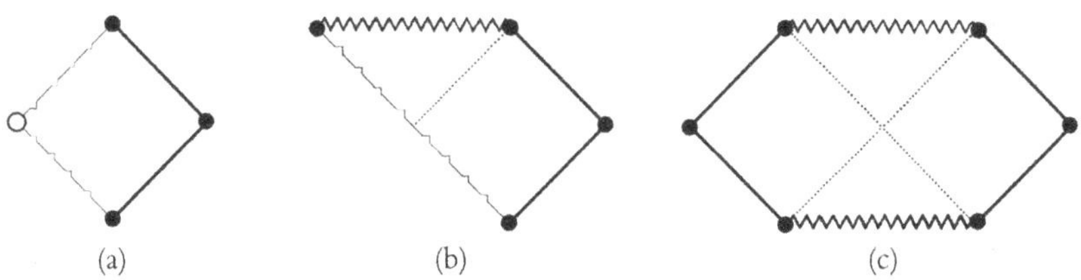

Fig. 2.39. Diagramas conformes estrictos de un vacío (Λ = 0) esféricamente simétrico: (a) solución original de Schwarzschild, externa al radio de Schwarzschild; (b) extensión a la métrica de colapso de Eddington-Finkelstein, y (c) extensión completa a la forma de Kruskal/Synge/Szekeres/Fronsdal.

el radio de Schwarzschild era una singularidad real en el espacio-tiempo. Sin embargo, Georges Lemaître encontró, en 1927, que si abandonamos el requisito de que el espacio-tiempo permanezca estático, es posible extenderlo de una manera perfectamente suave. Una descripción más simple de esta extensión fue hallada por Arthur Eddington en 1930 (aunque él omitió señalar lo que se había conseguido), descripción que fue redescubierta, y sus implicaciones claramente enunciadas, por David Finkelstein en 1958; véase el diagrama conforme estricto de esto en la Fig. 2.39(b). Lo que se conoce como la «extensión maximal de la solución de Schwarzschild» (a veces llamada extensión de Kruskal-Szekeres, aunque una descripción equivalente pero más complicada fue encontrada mucho antes por J. L. Synge)[2.46] se da en el diagrama conforme estricto de la Fig. 2.39(c).

En §3.4 llegaremos a otra propiedad de los agujeros negros que, aunque actualmente tiene un efecto extremadamente minúsculo, tendrá en definitiva una importancia crucial para nosotros. Mientras que según la física clásica de la relatividad general de Einstein un agujero negro debería ser completamente negro, un análisis realizado por Stephen Hawking en 1974 mostró que cuando se introducen en la imagen los efectos de la teoría cuántica de campos en fondos espacio-temporales curvos, un agujero negro debería tener una temperatura pequeñísima T, que es inversamente proporcional a la masa del agujero negro. Para un agujero negro de $10M_\odot$, por ejemplo, esta temperatura sería extraordinariamente minúscula, unos 6×10^{-9} K, que es del mismo orden que la temperatura más baja obtenida en un laboratorio (al menos hasta 2006). Esta es aproximadamente la temperatura que podrían tener los agujeros negros que puedan existir hoy. Los agujeros negros más grandes serían aún más fríos, y la temperatura del agujero negro de unas $\sim$ 4.000.000 $M_\odot$ en el centro de nuestra galaxia sería de unos $1{,}5 \times 10^{-14}$ K. Si consideramos que la temperatura ambiente de nuestro universo en el momento actual es la del CMB, encontramos que esta tiene el valor inmensamente más caliente de $\sim$ 2,7 K.

Pese a todo, si adoptamos una visión a *muy*, muy largo lazo, y tenemos en mente que la expansión exponencial de nuestro universo, si continúa indefinidamente, llevará a un enorme enfriamiento del CMB, cabría esperar que su temperatura se reduzca incluso hasta la temperatura de los agujeros negros más grandes que hayan existido nunca. Después de eso, el agujero negro empezará a irradiar su energía al espacio circundante, y al perder energía debe perder también masa (por la $E = mc^2$ de Einstein). A medida que pierda masa, se hará más caliente, y poco a poco, al cabo de un período de tiempo increíble (quizá de hasta 10^{100} —es decir, un «gugol»— de años, en el caso de los mayores agujeros negros actuales), se contraerá por completo hasta desaparecer finalmente con un «pop», pues esta explosión final difícilmente merece el nombre de «bang», ya que probablemente tendría solo la energía de una pequeña granada de artillería ¡lo que tiene algo de anticlímax después de tan larga espera!

Por supuesto, esto supone una enorme extrapolación de nuestro conocimiento físico actual. Pero el análisis de Hawking está en buen acuerdo con principios generales aceptados, y parece que estos principios no nos dejan escapar de esta conclusión global. Por consiguiente, la estoy aceptando como una explicación plausible del destino final de un agujero negro. De hecho, esta expectativa será un ingrediente importante en el esquema que presentaré en la Parte 3 de este libro. En cualquier caso, es relevante presentar un esbozo de este proceso en la Fig. 2.40, junto con su diagrama conforme estricto, en la Fig. 2.41.

Por supuesto, muchos espacio-tiempos no poseen simetría esférica, y una descripción en términos de un diagrama conforme estricto no puede dar siquiera una aproximación razonable. Sin embargo, la noción de un diagrama conforme *esquemático* puede ser con frecuencia de gran valor para clarificar ideas. Los diagramas conformes esquemáticos no tienen las reglas precisas que gobiernan los diagramas estrictos, y a veces es necesario imaginar que el diagrama se presenta en 3 (o incluso 4) dimensiones para que sus implicaciones sean plenamente apreciadas. La idea básica consiste en hacer uso de dos de los ingredientes de las representaciones *conformes* de los espacio-tiempos que hacen finitas las magnitudes infinitas. Estos son, por una parte, la introducción en nuestra comprensión finita de las regiones *infinitas* del espacio y el tiempo que hemos visto en nuestros diagramas conformes estrictos, que se han mostrado por fronteras de líneas gruesas; y por otra, el despliegue de las regiones que son infinitas en un sentido diferente, a saber, las *singularidades espaciotemporales* que en nuestros diagramas estric-

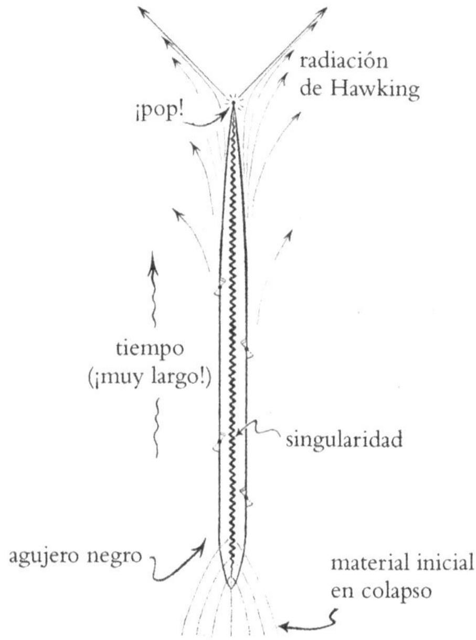

Fig. 2.40. Agujero negro en evaporación de Hawking.

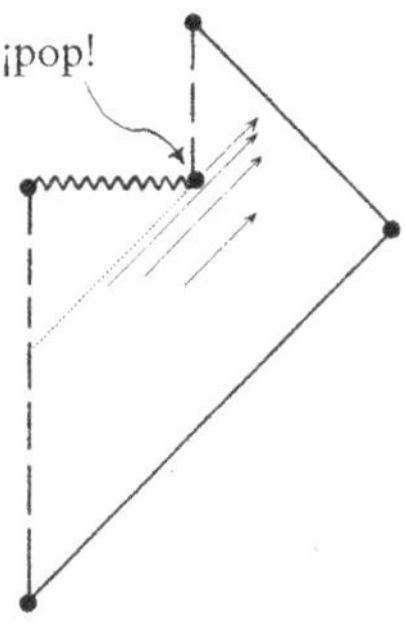

Fig. 2.41. Diagrama conforme estricto del agujero negro en evaporación de Hawking.

tos se denotaban por fronteras de líneas onduladas. Lo primero se ha conseguido por un factor conforme (el $\mathbf{\Omega}$ de $\mathbf{g} \mapsto \Omega^2\mathbf{g}$ en §2.3) al que se ha permitido tender suavemente a *cero*, de modo que las regiones infinitas se «comprimen» a algo finito. Lo segundo se ha conseguido por un factor conforme al que se ha permitido hacerse *infinito*, de modo que las regiones singulares se han hecho finitas y suaves al «estirar» las regiones singulares. Por supuesto, no se nos garantiza que tales procedimientos funcionarán realmente en cualquier caso concreto. Sin embargo, encontraremos que ambos procedimientos desempeñan papeles importantes en las ideas a las que llegaremos, y la combinación de los dos será fundamental para lo que propondré en la Parte 3.

Para terminar esta sección, será útil presentar un contexto en el que estos dos procedimientos pueden ser particularmente ilustrativos, y es la cuestión de los horizontes *cosmológicos*. De hecho, hay dos nociones distintas que, en el contexto cosmológico, se conocen como «horizontes».[2.48] Una de ellas es la que se conoce como horizonte de *sucesos*; la otra es un horizonte de *partículas*.

Consideremos primero la noción de un horizonte de sucesos cosmológico. Está íntimamente relacionada con la de horizonte de sucesos de un agujero negro, aunque la última tiene un carácter más «absoluto» en el sentido de que es menos dependiente de la perspectiva de un observador. Los horizontes de sucesos cosmológicos ocurren cuando el modelo posee un $\mathscr{I}^+$ que es *de tipo espacio*, como sucede con todos los modelos de Friedmann $\Lambda > 0$ que se muestran en los diagramas conformes estrictos de la Fig. 2.35 y en el modelo $\mathbb{D}$ de De Sitter de la Fig. 2.36(b), pero la idea se aplica también en situaciones de un $\mathscr{I}^+$ de tipo espacio donde no se supone simetría (que es una propiedad general de $\Lambda > 0$). En los diagramas conformes esquemáticos de la Fig. 2.42(a),(b) he indicado (para 2 o 3 dimensiones espaciotemporales, respectivamente) la región del espacio-tiempo que es en principio observable para un observador O (¡considerado inmortal!) con línea de universo l que termina en un punto o^+ en $\mathscr{I}^+$. Este *horizonte de sucesos* $\mathcal{C}^-(o^+)$ del observador es el cono de luz pasado de o^+.[2.49] Cualquier suceso que ocurre fuera de $\mathcal{C}^-(o^+)$ permanecerá inobservable para siempre para O. Véase la Fig. 2.43. Nótese, sin embargo, que la localización exacta del horizonte de sucesos depende mucho del punto terminal concreto o^+.

Por el contrario, los horizontes de partículas aparecen cuando la frontera *pasada* —que normalmente se considera una singularidad y no el infinito— es de tipo espacio. De hecho, como puede apreciarse de

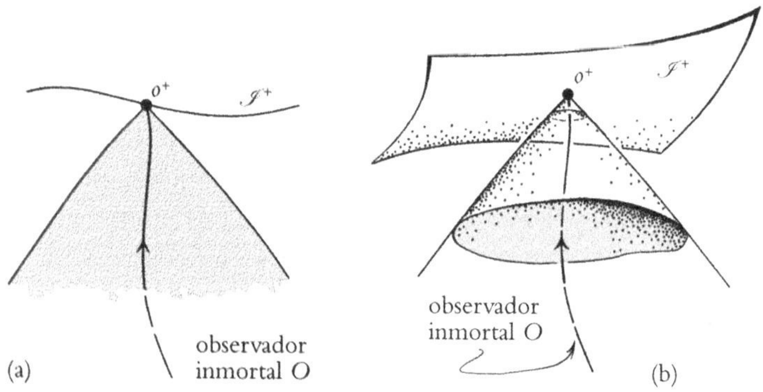

Fig. 2.42. Diagramas conformes esquemáticos de horizontes de sucesos cosmológicos que ocurren cuando $K > 1$: (a) 2-dimensional; (b) 3-dimensional.

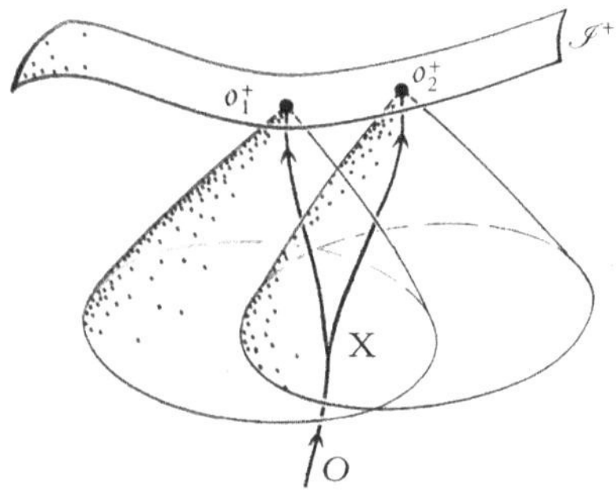

Fig. 2.43. El horizonte de sucesos del observador inmortal O representa una frontera absoluta para los sucesos que son siempre observables para O; este horizonte depende de la elección de la historia de O. Un cambio de opinión en X puede dar como resultado un horizonte de sucesos diferente.

los diagramas conformes estrictos mostrados aquí en los que aparecen singularidades, un carácter de tipo espacio es la norma para las singularidades espaciotemporales. Esto está íntimamente relacionado con la cuestión de la «censura cósmica fuerte» que abordaré en la próxima sección. Llamemos $\mathscr{B}^-$ a esta frontera singular inicial. Si el suceso o es la localización espaciotemporal de un observador O, entonces podemos considerar el cono de luz pasado $\mathscr{C}^-(o)$ de o, y ver dónde corta a $\mathscr{B}^-$. Cualquier partícula que se origina en $\mathscr{B}^-$ fuera de esta intersec-

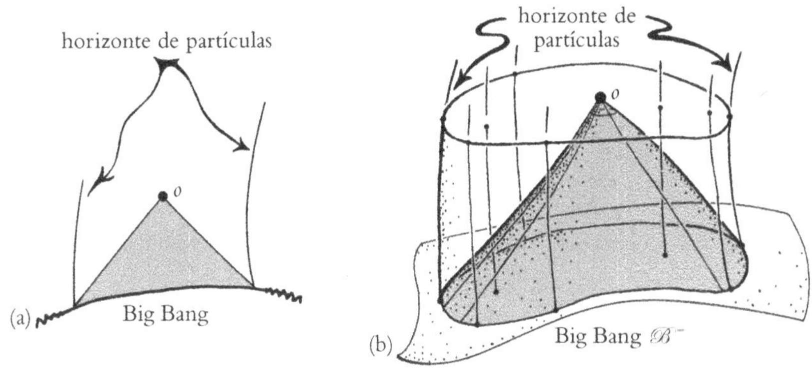

Fig. 2.44. Diagramas conformes esquemáticos de horizontes de partículas en (a) 2 dimensiones, (b) 3 dimensiones.

ción nunca entrará en la región visible para el observador en el suceso *o*, aunque si se permite que la línea de universo de *O* se extienda al futuro, entonces cada vez más partículas entrarán en su campo de visión. Es habitual considerar el *horizonte de partículas* real del suceso *o* como el lugar geométrico descrito por líneas de universo de galaxias idealizadas, que tienen origen en la intersección de $^{-}(o)$ con $\mathscr{B}^{-}$. Véase la Fig. 2.44.

2.6. Para comprender en qué modo era especial el Big Bang

Volvamos a la cuestión básica que he estado tratando de abordar en esta parte, a saber, la cuestión de cómo nuestro universo fue resultado de un Big Bang tan extraordinariamente especial; y especial en cuanto que parece que surgió de un modo muy peculiar en que, con respecto a la *gravedad*, su entropía era enormemente baja en comparación con lo que podría haber sido, pero en cualquier otro aspecto la entropía estaba próxima a un máximo. Sin embargo, en muchas consideraciones cosmológicas modernas esta cuestión suele estar enturbiada por la idea muy divulgada de que en las etapas muy tempranas de la existencia del universo, este sufrió una expansión exponencial, conocida como *inflación* cósmica, durante una fase que duró un período de tiempo minúsculo en algún momento comprendido entre 10^{-36} y 10^{-32} segundos después del Big Bang, lo que aumentó las dimensiones lineales del universo en un factor enorme de un valor entre 10^{20} y 10^{60}, o quizá incluso 10^{100}. Esta enorme expansión explicaría (entre otras cosas) la uniformidad del universo primitivo, pues se considera que prácticamente todas las irregularidades iniciales quedaron alisadas simplemente por la expansión. Sin embargo, estas consideraciones apenas parecen abordar la cuestión fundamental en la que me he interesado en la Parte 1, a saber, el origen de la extraordinariamente manifiesta especialidad del Big Bang, que *debe* haber estado presente inicialmente para que haya una segunda ley de la termodinámica. En mi opinión, esta idea que subyace en la inflación —que la uniformidad en el universo que ahora observamos debería ser el resultado de procesos físicos (inflacionarios) que actuaban durante su evolución temprana— está básicamente equivocada.

¿Por qué digo que está equivocada? Examinemos esta cuestión mediante algunas consideraciones generales. La dinámica que subyace en la inflación se considera gobernada de la misma forma general que lo están otros procesos físicos, para los que existen leyes dinámicas *simétricas respecto al tiempo*. Se considera que un campo físico particular conocido como «campo inflatón» es responsable de la inflación, aunque la naturaleza precisa de las ecuaciones que gobiernan el campo inflatón diferirá en general de una versión de la inflación a otra. Como parte del proceso inflacionario habría tenido lugar una especie de «transición de fase», que presenta ciertas analogías con la transición entre los estados sólido y líquido que ocurre en la congelación o la fusión, etc. Tales transiciones procederían de acuerdo con la Segunda Ley, y normalmente irían acompañadas de un aumento de la entropía. Por consiguiente, la inclusión de un campo inflatón en la dinámica del universo no afecta a los argumentos esenciales que se han presentado en la Parte 1. Seguimos necesitando entender la extraordinariamente baja entropía de salida del universo y, según los argumentos de §2.2, este bajo valor de la entropía se debe en esencia al hecho de que no estaban excitados los grados de libertad gravitatorios, al menos no hasta el extremo en que estaban implicados todos los demás grados de libertad.

Será ciertamente útil tratar de entender cómo sería un estado inicial de *alta* entropía cuando se toman en consideración los grados de libertad gravitatorios. Podemos hacernos una idea si imaginamos el contexto invertido en el tiempo de un universo *en colapso*, puesto que este colapso, si se toma de acuerdo con la Segunda Ley, debería llevarnos a un estado singular de entropía verdaderamente alta. Debería quedar claro que nuestra mera *consideración* de un universo en colapso no tiene nada que ver con que nuestro universo real vaya a recolapsar o no, como el modelo cerrado de Friedmann $\Lambda = 0$ de la Fig. 2.2. Ahora el colapso se está tomando simplemente como una situación hipotética, y está de acuerdo con las ecuaciones de Einstein. En una situación de colapso general, como los colapsos generales a un agujero negro que se han considerado en §2.4, cabe esperar que surjan irregularidades de todo tipo, pero cuando regiones locales de material se hacen suficientemente concentradas, es probable que resulten superficies atrapadas y cabe esperar que aparezcan singularidades espaciotemporales.[2.50] Cualesquiera irregularidades en la densidad que hubiera inicialmente se intensificarían enormemente, y cabría esperar que la singularidad final fuera la que resulta de un extraordinario amasijo de agujeros negros coalescentes. Aquí es donde muy bien podrían entrar en juego las consideraciones de Belinski, Jalatnikov y Lifshitz. Y si la conjetura BKL es correcta (véase §2.4), es de esperar una estructura de singularidad extremadamente complicada.

Volveré enseguida a esta cuestión de la estructura de la singularidad, pero por el momento consideremos la relevancia de la física inflacionaria. Centremos la atención en el estado del universo en, por ejemplo, el instante de desacoplamiento, cuando se produjo la radiación que vemos ahora como CMB (véase §2.2) En nuestro universo en expansión *real* hubo una uniformidad muy grande en la distribución de materia en ese instante. Evidentemente esto se considera un enigma, ¡pues de lo contrario no tendría sentido introducir la inflación para explicarlo! Puesto que se acepta que hay algo que explicar, debemos considerar que, en su lugar, *podría* haber habido enormes irregularidades en ese instante. Los inflacionistas tendrían que afirmar que la presencia de un campo inflación hace tales irregularidades altamente improbables. Pero ¿realmente es así?

En absoluto, pues podemos imaginar esta situación de una distribución de materia altamente aglomerada en el instante de desacoplamiento, pero con el tiempo invertido, de modo que esta imagen representa un universo en *colapso* muy irregular.[2.51] Cuando nuestro universo imaginado colapsa hacia dentro, las irregularidades se amplificarán, y las desviaciones respecto a la simetría FLRW (véase §2.1) se harán cada vez más exageradas. Entonces, la situación estará tan lejos de la homogeneidad e isotropía FLRW que las capacidades inflacionarias del campo inflatón no encontrarán ningún papel, y la inflación (con el tiempo invertido) simplemente no tendrá lugar, puesto que depende crucialmente de tener un fondo FLRW (al menos en lo que concierne a cálculos que se han llevado a cabo realmente).

Por consiguiente, nos vemos llevados a la implicación clara de que nuestro modelo de colapso irregular colapsará en verdad a un estado que incluye un tremendo amasijo de agujeros negros coalescentes, lo que lleva a una singularidad muy complicada y de entropía enormemente alta, muy posiblemente de tipo BKL, que es muy diferente de la singularidad altamente uniforme y de baja entropía de forma FLRW muy aproximada que parece haber habido en nuestro Big Bang real. Esto habría sucedido independientemente de si está o no presente un campo inflatón en los procesos físicos admitidos. Así pues, si invertimos de nuevo en el tiempo nuestro imaginado universo aglomerado en colapso para obtener una imagen posible de un universo en expansión, encontramos que empieza con una singularidad de alta entropía que, así parece, *podría* haber sido un estado inicial para nuestro universo real que, en verdad, sería un estado inicial mucho más probable (es decir, de mucha mayor entropía) que el Big Bang que ocurrió realmente. Los agujeros negros que se fusionan en las etapas finales de nuestro colapso ideado nos proporcionarían, cuando se invierte el tiempo en un universo en expansión, la imagen de una singularidad inicial que consiste en *agujeros blancos* que se bifurcan múltiplemente.[2.52] Un agujero blanco es el inverso en el tiempo de un agujero negro, y en la Fig. 2.45

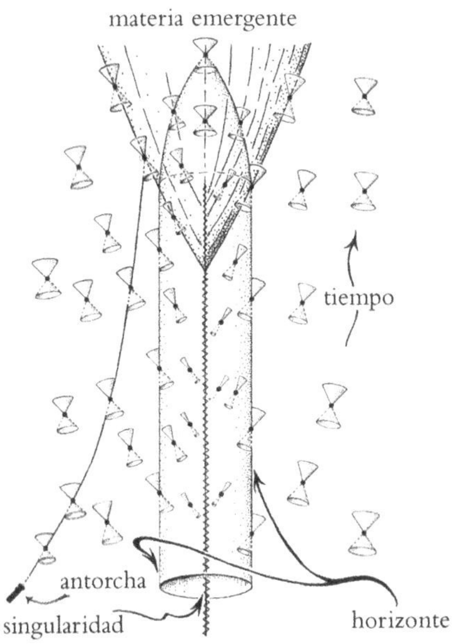

Fig. 2.45. Un hipotético «agujero blanco», que es el inverso en el tiempo de un agujero negro, tal como se muestra en la Fig. 2.24. Desobedece violentamente la Segunda Ley. La luz no puede cruzar el horizonte, de modo que la luz de la antorcha en la parte inferior izquierda entra solamente cuando el agujero explota.

he indicado el tipo de situación que esto nos presenta. Es la total *ausencia* de tales singularidades de agujero blanco lo que discrimina nuestro Big Bang como algo extraordinariamente especial.

En términos de volumen del espacio de fases, las singularidades iniciales de esta naturaleza (con agujeros blancos múltiplemente bifurcantes) ocuparían una región inmensamente mayor que las similares a la singularidad que dio lugar a nuestro Big Bang real. Ciertamente, la mera presencia potencial de un campo inflatón no puede proporcionar la capacidad de alisar las irregularidades de tal conglomerado de singularidades de agujero blanco. Puede decirse esto con fiabilidad al margen de cualesquiera consideraciones detalladas de la naturaleza del campo inflatón. Se trata simplemente de tener ecuaciones que puedan evolucionar por igual en cualquier dirección en el tiempo, hasta que se alcanza un estado singular.

Pero ciertamente podemos decir más sobre la enormidad real del volumen del espacio de fases si tenemos en cuenta los valores de la entropía, y por consiguiente los volúmenes de espacio de fases, que se asignan realmente a los agujeros negros, según la bien aceptada fórmula de Bekenstein-Hawking para el valor de la entropía de un agujero negro. Para un agujero negro no rotatorio de masa M, esta entropía es

$$S_{BH} = \frac{8kG\pi^2}{ch} M^2,$$

mientras que si el agujero negro está rotando, su entropía está entre este valor y la mitad del mismo, dependiendo de la cantidad de rotación. La fracción que precede a «M^2» es simplemente una *constante*, donde k, G y h son las constantes de Boltzmann, Newton y Planck, respectivamente, y c es la velocidad de la luz. De hecho, podemos reescribir esta fórmula para la entropía en una forma más general

$$S_{BH} = \frac{Rc^3A}{4G\hbar}$$

donde A es el área de la superficie del horizonte, y esta fórmula es aplicable ya esté el agujero rotando o no. En las unidades de Planck introducidas al final de §3.2, tenemos

$$S_{BH} = A/4$$

Aunque, en mi opinión, no hay todavía una explicación completamente satisfactoria de esta entropía en términos del recuento de estados de agujero negro internos,[2.53] este valor de la entropía es de todas formas un ingrediente esencial para el mantenimiento de una Segunda Ley consistente en un mundo físico-cuántico externo al agujero negro. Como ya se ha mencionado en §2.2, la mayor contribución a la entropía del universo actual procede de grandes agujeros negros en los centros galácticos. Si una masa total similar a la que se encuentra dentro de nuestro universo observable actual (que se encuentra dentro de nuestro horizonte de partículas actual; véase §2.5) fuera a formar un agujero negro, este alcanzaría una entropía del orden de 10^{124}, y podemos considerar que esto proporciona una cota inferior aproximada para la entropía que podría alcanzar nuestro modelo de universo en colapso que incluye la misma cantidad de materia. El volumen del espacio de fases correspondiente a esto sería entonces algo como[2.54]

$$10^{10^{124}}$$

(debido al logaritmo en la fórmula de la entropía de Boltzmann, dada en §1.3), mientras que la región del espacio de fases correspondiente al estado del universo observado real en el instante de desacoplamiento, para la misma cantidad de materia, a saber, la del CMB observado, tenía un volumen no mayor que

$$10^{10^{89}}$$

La probabilidad de que nos encontremos en un universo de un carácter tan especial, si se hubiera producido por azar,[2.55] tiene el valor absurdamente minúsculo de $1/10^{10^{124}}$ con independencia de la inflación. ¡Este es el tipo de cifra que necesita una explicación teórica de un tipo completamente diferente!

Hay, sin embargo, otra cuestión que puede tener importancia aquí. Es la cuestión de si una singularidad inicial de una estructura tan complicada de tipo agujero blanco podría razonablemente calificarse como un «suceso instantáneo». Se trata básicamente de si tal singularidad, cuando se ve como un tipo de «frontera conforme» pasada para el espacio-tiempo, puede considerarse apropiadamente como «de tipo espacio». Tal singularidad inicial de tipo espacio podría representar el cero

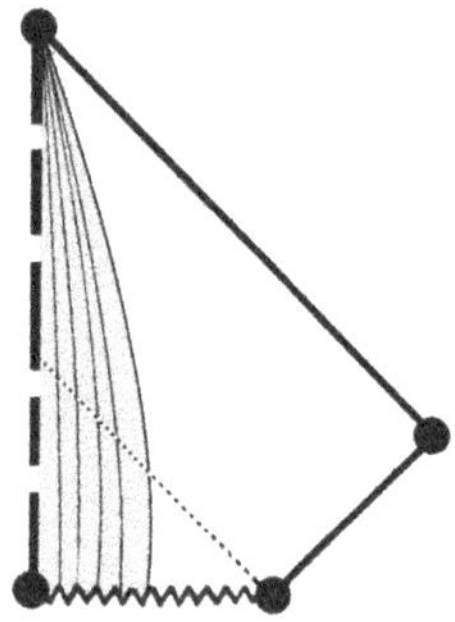

Fig. 2.46. Diagrama conforme estricto del agujero blanco en la Fig. 2.45.

de una coordenada temporal cósmica y considerarse como el «momento» de dicho big bang altamente irregular.

De hecho, el inverso en el tiempo de un colapso de Oppenheimer-Snyder tiene una singularidad inicial de tipo espacio, como es evidente de su diagrama conforme estricto en la Fig. 2.46, que es el inverso en el tiempo de la Fig. 2.38(a). Además, una propiedad de las singularidades BKL generales es que parecen tener este carácter de tipo espacio. Con más generalidad aún, una naturaleza de tipo espacio es de esperar para singularidades genéricas (admitiendo que sean posiblemente nulas en algunos lugares) sobre la base de la *censura cósmica fuerte*,[2.56] una conjetura aún no probada para soluciones de las ecuaciones de Einstein (ya mencionada en §2.4) que nos dice que no se producen «singularidades desnudas» en un colapso gravitatorio genérico, y las singularidades que resultan están siempre ocultas a la observación directa, como por un horizonte de sucesos de agujero negro. La censura cósmica fuerte nos dice que dichas singularidades deberían ser de tipo espacio, al menos en general. De acuerdo con esta expectativa, me parece perfectamente razonable calificar tal singularidad inicial de agujero blanco como un suceso instantáneo.

Surge ahora una pregunta importante: ¿qué criterio geométrico distingue el tipo de singularidad «suave», que parece ser lo que caracteriza a la singularidad de muy baja entropía de nuestro Big Bang, del tipo más general de singularidad de alta entropía que aparece en los recién considerados colapsos de agujeros blancos invertidos en el tiempo? Necesitamos un modo preciso de decir que «los grados de libertad gravitatorios no estaban activados». Pero para esto necesitamos identificar la magnitud matemática que realmente mide los «grados de libertad gravitatorios».

Una buena analogía para el campo gravitatorio es el campo electromagnético, que se le parece en muchos aspectos, aunque hay, no obstante, algunas diferencias importantes. En la física relativista el campo electromagnético se describe mediante una magnitud tensorial **F** conocida como *campo tensorial de Maxwell*, por el gran científico escocés James Clerk Maxwell, quien fue el primero en encontrar, en 1861, las ecuaciones que satisfacen el campo electromagnético y demostró que estas explicaban la propagación de la luz. Recordemos que en §2.3 encontramos otra magnitud tensorial, a saber, el *tensor métrico* **g**. Los tensores son esenciales para la teoría de la relatividad general, pues proporcionan descripciones matemáticas de entidades geométricas o físicas en formas que no se ven afectadas (o «arrastradas») por las deformaciones de «lámina elástica» (difeomorfismos) que se han considerado en §2.3. El tensor **F** está determinado por 6 números independientes por cada punto (3 para las componentes del campo eléctrico en dicho punto y otros 3 para el campo magnético). El tensor métrico **g** tiene 10 componentes independientes por punto. En notación tensorial estándar es habitual denotar el conjunto de componentes de la métrica por g_{ab}, o algo similar, con dos subíndices (y tiene una simetría $g_{ab} = g_{ba}$). En el caso del tensor de Maxwell **F**, el conjunto de componentes se denotará por F_{ab} (con la antisimetría $F_{ab} = -F_{ba}$). Cada uno de estos tensores tiene una *valencia* $\left[{0 \atop 2}\right]$, que se refiere al hecho de que solo hay dos subíndices. Pero también pueden darse tensores con superíndices, y un $\left[{p \atop q}\right]$-tensor se describe por un conjunto de componentes denotado por una entidad con p superíndices y q subíndices. Hay un procedimiento algebraico conocido como *contracción* (o transvección) que nos permite conectar un subíndice con un superíndice (un poco al modo de un enlace químico), lo que elimina estos dos índices de la expresión final —pero no es mi objetivo aquí entrar en las operaciones algebraicas del cálculo tensorial.

Los grados de libertad en el campo electromagnético son medidos por el tensor de Maxwell **F**, pero en la teoría de Maxwell hay también una *fuente* para el campo electromagnético, conocida como vector *carga-corriente* **J**. Este puede considerarse como un $[{}^{1}_{0}]$-tensor, cuyas 4 componentes por punto describen la 1 componente de la densidad de carga eléctrica junto con las 3 componentes de la corriente eléctrica. En una situación estacionaria, la densidad de carga actúa como la fuente de campo eléctrico y la densidad de corriente como la fuente de campo magnético, pero las cosas se complican cuando la situación no es estacionaria.

Ahora preguntamos por las magnitudes que desempeñan papeles análogos a los de **F** y **J** en el caso del campo *gravitatorio*, tal como es descrito por la teoría de la relatividad general de Einstein. En esta teoría hay una *curvatura* para el espacio-tiempo (que puede calcularse una vez que se sabe cómo varía la métrica **g** a lo largo del espacio-tiempo), descrita por un $[{}^{0}_{4}]$-tensor **R**, llamado tensor de *Riemann(-Christoffel)*, con simetrías algo complicadas que dan como resultado que **R** tiene 20 componentes independientes por punto. Estas componentes pueden separarse en dos partes, que constituyen un $[{}^{0}_{4}]$-tensor **C**, con 10 componentes independientes, llamado *tensor conforme de Weyl*, y un $[{}^{0}_{2}]$-tensor simétrico **E**, también con 10 componentes independientes, llamado *tensor de Einstein* (que es equivalente a un $[{}^{0}_{2}]$-tensor ligeramente diferente conocido como *tensor de Ricci*[2.57]). Según las ecuaciones de campo de Einstein, es **E** el que proporciona la *fuente* para el campo gravitatorio. Esto se expresa normalmente[2.58] en la forma

$$\mathbf{E} = \frac{8\pi G}{c^4}\mathbf{T} + \Lambda\mathbf{g},$$

o, en unidades de Planck de §3.2, simplemente

$$\mathbf{E} = 8\pi\mathbf{T} + \Lambda\mathbf{g},$$

donde Λ es la constante cosmológica, y donde el $[{}^{0}_{2}]$-tensor de energía **T** representa la densidad de masa-energía y otras cantidades relacionadas con ella por vía de requisitos de relatividad; en otras palabras, **E** (o equivalentemente, el tensor energía **T**) es el análogo gravitatorio a **J**. El tensor de Weyl **C** es entonces el análogo gravitatorio al tensor **F** de Maxwell.

Podemos preguntar qué efectos directamente observables podrían tener **C** y **E**, algo similar a cómo los campos magnéticos se manifiestan por las figuras de limaduras de hierro o por la orientación de una brújula, y cómo los campos eléctricos se revelan por su efecto sobre bolas de médula, etc. De hecho, en un sentido casi literal, podemos *ver* realmente los efectos de **E** y más particularmente **C**, puesto que estos tensores tienen un efecto directo y característico sobre los rayos de luz; y a este respecto **E** y **T** son *completamente* equivalentes, puesto que $\Lambda\mathbf{g}$ no tiene ningún efecto sobre los rayos de luz. Puede decirse que la primera prueba clara en apoyo de la relatividad general fue precisamente dicha observación directa, que fue el resultado de la expedición de (sir) Arthur Eddington a la isla del Príncipe para ver, durante el eclipse solar de 1919, el aparente desplazamiento de las localizaciones de las estrellas debido al campo gravitatorio del Sol.

Básicamente, **E** actúa como una lente de aumento, mientras que **C** actúa como una lente puramente astigmática. Estos efectos se describen bien si imaginamos cómo son afectados los rayos de luz cuando pasan cerca o a través de un cuerpo masivo, tal como el Sol. Por supuesto, la luz ordinaria no se propagará realmente a través del Sol (o de la Luna interpuesta durante el eclipse), de modo que no observamos directamente estos rayos concretos. Pero podemos imaginar que si realmente pudiéramos ver el campo estelar a través del Sol, entonces dicho campo estaría ligeramente ampliado, debido a la presencia de **E**, allí donde reside el material gravitatorio del cuerpo real del Sol. El puro efecto de **E** sería simplemente *ampliar* la «vista» de lo que hay detrás, sin distorsionarlo.[2.59] Sin embargo, cuando se trata de la imagen del campo estelar lejano *fuera* del disco aparente del Sol (y esto es lo que se observa *realmente*) encontramos una reducción gradual del desplazamiento hacia fuera cuanto más lejos miramos, y esto lleva a una *distorsión* astigmática del campo estelar lejano. Esos efectos se ilustran en la Fig. 2.47. La distorsión del campo fuera del borde del Sol hace que una pequeña figura circular en el campo estelar lejano aparezca elíptica, y esta elipticidad es una medida de la cantidad de *curvatura de Weyl* **C** interceptada por la línea visual.

De hecho, este efecto de lente gravitatoria, originalmente predicho por Einstein, se ha convertido en una herramienta en extremo importante en la astronomía y la cosmología modernas, puesto que proporciona un medio de medir distribuciones de masa que de otro modo

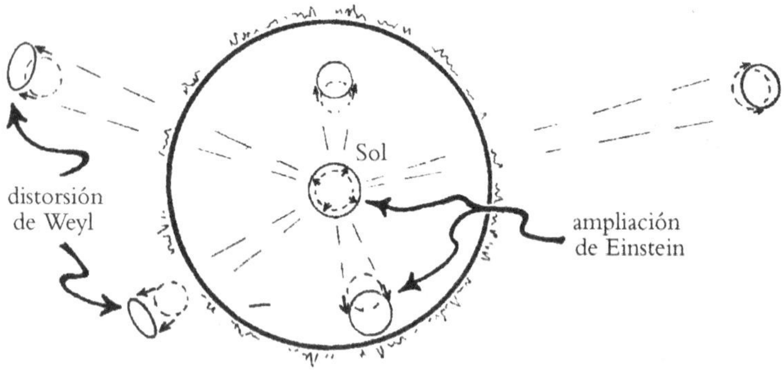

Fig. 2.47. La presencia de la curvatura de Weyl alrededor de un cuerpo gravitante (aquí el Sol) puede verse en el efecto distorsionador (no conforme) que tiene en el campo de fondo.

podría ser incluso completamente invisible. En la mayoría de estos casos el campo de fondo lejano consiste en un gran número de galaxias muy lejanas. El objetivo es determinar si se ha introducido elipticidad significativa en la apariencia de este campo de fondo, y utilizar esto para estimar la distribución de la masa real interpuesta cuyo campo gravitatorio ha provocado la pauta de elipticidades. Sin embargo, una pega es que las propias galaxias suelen ser elípticas, de modo que habitualmente no se puede decir si la imagen de una galaxia individual ha sido o no distorsionada. No obstante, con grandes números de galaxias en el campo de fondo se puede recurrir a la estadística, y con frecuencia pueden obtenerse de este modo muy buenas estimaciones de las distribuciones de masa. En ocasiones es posible incluso juzgar estas cosas a simple vista, y algunos ejemplos impresionantes se dan en la Fig. 2.48, donde las pautas de elipticidad dejan particularmente clara la presencia de fuentes de lentes gravitatorias. Una aplicación importante de esta técnica está en la cartografía de distribuciones de *materia oscura* (véase §2.1), puesto que estas son de otro modo invisibles.[2.60]

El hecho de que **C** introduce elipticidad en las imágenes a lo largo de los rayos de luz es indicativo de su papel como la magnitud que describe la *curvatura conforme*. Al final de §2.3 se ha comentado que la estructura conforme del espacio-tiempo es de hecho su estructura de conos nulos. La curvatura conforme del espacio tiempo, a saber **C**,

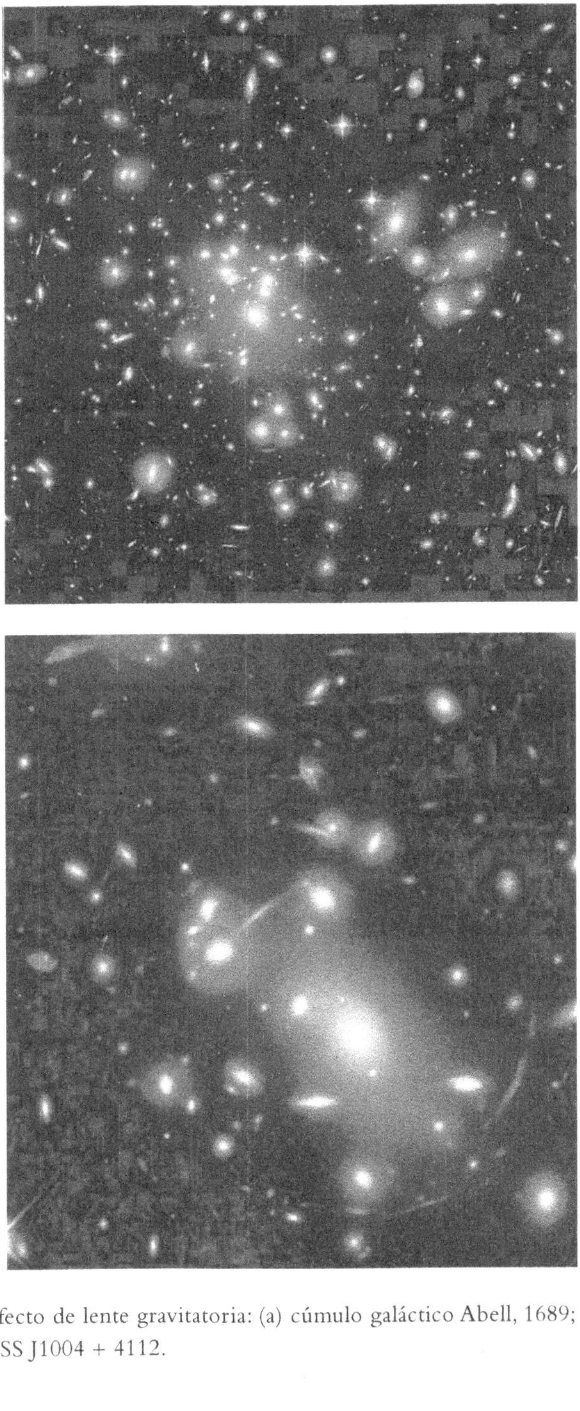
(a)
(b)

Fig. 2.48. Efecto de lente gravitatoria: (a) cúmulo galáctico Abell, 1689; (b) cúmulo galáctico SDSS J1004 + 4112.

mide por ello la desviación de esta estructura de conos nulos respecto de la del espacio de Minkowski $\mathbb{M}$. Vemos que la naturaleza de esta desviación consiste en que introduce elipticidad en haces de rayos luminosos.

Llegamos ahora a la condición que requerimos para caracterizar la estructura muy especial del Big Bang. Básicamente requerimos una afirmación de que los grados de libertad gravitatorios no estaban excitados en el Big Bang, lo que significa decir algo como «la curvatura de Weyl **C** se anulaba allí». Durante muchos años he estado proponiendo que alguna condición de este tipo «**C** = 0» es válida en singularidades iniciales, frente a lo que evidentemente sucede en las singularidades «finales» que se dan en agujeros negros para las que **C** probablemente se hace infinita, como lo hace la singularidad en el colapso Oppenheimer-Snyder, y que quizá divergen de forma incontrolada, como en las singularidades BKL.[2.61] En términos generales, esta condición de la anulación de **C** en singularidades iniciales —a la que he llamado *hipótesis de curvatura de Weyl* (o HCW)— parece apropiada, pero resulta algo incómodo que haya en efecto muchas versiones diferentes de dicho enunciado. El problema es, básicamente, que **C** es una magnitud *tensorial* y es difícil hacer afirmaciones matemáticas inequívocas acerca de cómo se comportan estas magnitudes en las singularidades espaciotemporales, donde la propia noción de un tensor, en el sentido ordinario, pierde su significado.

Por ello, es una suerte que mi colega de Oxford Paul Tod haya hecho un estudio detallado de una manera muy diferente, y matemáticamente mucho más satisfactoria, de formular una «HCW». Consiste en decir, más o menos, que hay una 3-superficie Big Bang $\mathscr{B}^-$ que actúa como una frontera pasada suave para el espacio-tiempo $\mathcal{M}$, cuando $\mathcal{M}$ se considera como una variedad conforme, como sucede en los modelos FLRW exactamente simétricos tal como se muestra en los diagramas conformes estrictos de la Fig. 2.34 y la Fig. 2.35, pero donde ahora *no* se supone la simetría FLRW de estos modelos particulares. Véase la Fig. 2.49. Al menos la propuesta de Tod obliga a **C** a ser *finita* en el Big Bang (puesto que se supone que la estructura conforme en $\mathscr{B}^-$ es suave), en lugar de divergir desbocadamente, y este enunciado muy bien podría ser suficiente para lo que se requiere.

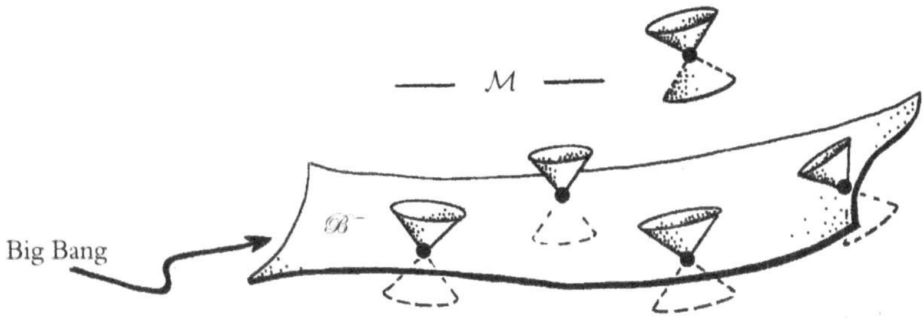

Fig. 2.49. Diagrama conforme esquemático de la propuesta de Paul Tod para una forma de «hipótesis de curvatura de Weyl»; afirma que el Big Bang proporciona una frontera suave $\mathcal{B}$ para el espacio-tiempo $\mathcal{M}$.

Para hacer esta condición matemáticamente más clara es conveniente enunciarla en esta otra forma: el espacio-tiempo puede ser continuado suavemente, como una variedad conforme, hasta un poco *antes* de la hipersuperficie $\mathscr{B}^-$. ¿Hasta *antes* del Big Bang? Por supuesto que no: se supone que el Big Bang representa el comienzo de todas las cosas, de modo que no puede haber «antes». No hay que tener miedo, esto es solo un truco matemático. ¡Se supone que la extensión no tiene significado *físico*!

¿O podría tenerlo…?

Parte 3

Cosmología cíclica conforme

3.1. Conectando con el infinito.
3.2. La estructura de la CCC.
3.3. Anteriores propuestas pre-Big-Bang.
3.4. Cuadrando la Segunda Ley.
3.5. CCC y gravedad cuántica.
3.6. Implicaciones observacionales.

3.1. Conectando con el infinito

¿Cómo habría sido físicamente el universo material, muy atrás en el tiempo, muy poco después del Big Bang? Una cosa parece cierta: tendría que haber estado *caliente*, extremadamente caliente. La energía cinética en los movimientos de las partículas en esa época habría sido tan enorme como para haber superado de manera abrumadora las energías en reposo relativamente minúsculas de las partículas ($E = mc^2$, para una partícula de masa en reposo m). Así, la masa en reposo de las partículas habría sido casi irrelevante, prácticamente cero en lo que concierne a los procesos dinámicos relevantes. En tiempos extremadamente tempranos, el contenido del universo habría consistido, en efecto, en partículas *sin masa*.

Para parafrasear esta cuestión en términos algo diferentes debemos tener en cuenta que, según las ideas de la física de partículas actual[3.1] acerca de cómo aparecen realmente las masas de las partículas básicas, la masa en reposo de una partícula debería aparecer gracias a la intervención de una partícula especial (o quizá una familia de tales partículas especiales) conocida como el *bosón* (o bosones) *de Higgs*. Así, la visión estándar sobre el origen de la masa en reposo de cualquier partícula fundamental de la naturaleza dice que hay un campo cuántico asociado con el Higgs que tiene el efecto, mediante una sutil «ruptura de simetría» mecanocuántica, de asignar realmente una masa a las otras partículas, una masa que estas no poseerían si no fuera por el Higgs. Del mismo modo, el Higgs se autoasignaría su propia masa (o, equivalentemente, energía en reposo) particular. Pero en el universo muy primitivo, cuando la temperatura era tan alta como para haber proporcionado energías enormemente mayores que este valor de Higgs, *todas* las partículas, según las ideas estándar, se habrían hecho en la práctica partículas sin masa, como un fotón.

Las partículas sin masa, como podemos recordar de §2.3, no parecen tener ninguna relación particular con la naturaleza *métrica* plena del espacio-tiempo; simplemente respetan su estructura *conforme* (o de conos nulos). Para ser un poco más explícitos (y cuidadosos) sobre esto, consideremos la partícula sin masa primaria —el fotón— que, de hecho, sigue hoy careciendo de masa.[3.2] Para entender los fotones adecuadamente necesitamos considerarlos en el contexto de la extraña pero precisa teoría de la *mecánica cuántica* (o, más correctamente, la teoría cuántica de campos, QFT). No puedo entrar en detalles aquí (aunque abordaré algunas cuestiones cuánticas básicas en §3.4); lo que nos interesa principalmente es el campo físico, del que los fotones proporcionan los constituyentes cuánticos. Este campo es el campo *electromagnético* de Maxwell, descrito por el tensor **F**, mencionado en §2.6. Ahora bien, resulta que las ecuaciones de campo de Maxwell son por completo *conformemente invariantes*. Lo que esto significa es que cuando quiera que reemplazamos la métrica **g** por otra métrica $\hat{\mathbf{g}}$ conformemente relacionada

$$\mathbf{g} \mapsto \hat{\mathbf{g}},$$

que está reescalada (no uniformemente) en la forma

$$\hat{\mathbf{g}} = \Omega^2\, \mathbf{g},$$

donde Ω es una cantidad de valor positivo y que varía suavemente en el espacio-tiempo (véase §2.3), podemos encontrar factores de escala adecuados para el campo **F** y su fuente, el vector carga-corriente **J**, de modo que son válidas exactamente las mismas ecuaciones de Maxwell que antes,[3.3] pero ahora con todas las operaciones definidas en términos de $\hat{\mathbf{g}}$ en lugar de **g**. Por consiguiente, cualquier solución de las ecuaciones de Maxwell, con una elección particular de escala conforme, lleva a una solución correspondiente cuando se hace cualquier otra elección de escala conforme. (Esto se explicará con algo más de detalle en §3.2, y por completo en el apéndice A6.) Además, en un nivel primario, esto es básicamente compatible con la QFT,[3.4] en cuanto que la correspondencia con la descripción como *partícula* (es decir, fotón) también lleva a la métrica «con gorro» $\hat{\mathbf{g}}$, con fotón individual yendo a fotón individual. Así, el propio fotón ni siquiera «nota» que se ha hecho un cambio de escala local.

La teoría de Maxwell es conformemente invariante en este sentido fuerte, en el que las *interacciones* electromagnéticas que acoplan las cargas eléctricas con el campo electromagnético son también insensibles a cambios de escala locales. Los fotones, y sus interacciones con partículas cargadas, necesitan que el espacio-tiempo tenga una *estructura de conos nulos* —es decir, una estructura espaciotemporal conforme— para que sus ecuaciones puedan ser formuladas, pero *no* necesitan el factor de escala que distingue una métrica real de otra, compatible con esta estructura de conos nulos dada. Además, exactamente la misma invariancia es válida para las ecuaciones de *Yang-Mills* que se considera que gobiernan no solo las interacciones *fuertes* que describen las fuerzas entre nucleones (protones, neutrones, y sus quarks constituyentes) y otras partículas relevantes que interaccionan fuertemente, sino también las interacciones *débiles* que son responsables de la desintegración radiactiva. Desde un punto de vista matemático, la teoría de Yang-Mills[3.5] es básicamente tan solo la teoría de Maxwell con algunos «índices externos extra» (véase el apéndice A7), de modo que el fotón único es reemplazado por un multiplete de partículas. En el caso de las interacciones fuertes, objetos llamados *quarks* y *gluones* son los equivalentes respectivos a los electrones y fotones de la teoría electromagnética, pero los gluones son realmente masivos y sus masas se consideran directamente ligadas al Higgs. En la teoría estándar de las interacciones débiles (llamada teoría «electrodébil», pues la teoría electromagnética está ahora también incorporada en esta teoría), el fotón se considera parte de un multiplete que contiene otras tres partículas, todas ellas masivas, conocidas como W^+, W^- y Z. Una vez más, las masas se consideran acopladas a la del Higgs. Así, según la teoría actual, la plena invariancia conforme debería recuperarse cuando este ingrediente proporcionador de masa se elimina en la práctica a las temperaturas extremadamente altas cerca del Big Bang, y, de hecho, a las extremadamente altas energías que se pretende alcanzar en el acelerador de partículas LHC (Large Hadron Collider, o Gran Colisionador de Hadrones) en el CERN, en Ginebra, cuando funcione a plena potencia.[3.6] Por supuesto, los detalles de esto dependen de que nuestras teorías estándar de dichas interacciones sean adecuadas, pero parece que esta es una hipótesis razonable, tal como está ahora nuestra física de partículas. En cualquier caso, incluso si resultara (por ejemplo, cuando se conozcan y comprendan resultados detallados del LHC) que las cosas no son exactamente como sugiere la teoría actual, sigue siendo probable que cuando las energías se hacen cada vez mayores, las masas en reposo se hacen cada vez más irrelevantes, y los procesos físicos llegan a estar dominados por leyes conformemente invariantes.

Como resultado de todo esto, se piensa que cerca del Big Bang, probablemente hasta unos 10^{-12} segundos después de ese momento,[3.7] cuando la temperatura supera los 10^{16} K, la física relevante se hace ciega al factor de escala Ω, y la geometría *conforme* se hace la estructura espaciotemporal adecuada para los procesos físicos relevantes.[3.8] Así pues, toda esta actividad física habría sido, en esa etapa, insensible a cambios de escala local. En una imagen conforme en la que el Big Bang está estirado, según la propuesta de Tod (de §2.6, Fig. 2.49), para convertirse en una 3-superficie de tipo espacio $\mathscr{B}^-$ completamente suave que matemáticamente se extiende a un «espacio-tiempo» conforme *previo* al Big Bang, la actividad física se propagaría hacia atrás en el tiempo de una manera matemáticamente coherente (que proporciona una imagen física razonable y en apariencia no perturbada por los enormes cambios de escala implicados) hasta esta hipotética región pre-Big-Bang que se le está proporcionando de acuerdo con la propuesta de Tod. Véase la Fig. 3.1.

¿Tendría sentido tratar esta región hipotética como si fuera físicamente *real*? Si es así, ¿qué tipo de región espaciotemporal podría ser esta fase «pre-Big-Bang»? Quizá la sugerencia más inmediata es que fuera una fase de un universo que colapsa pero que de alguna manera es capaz de *rebotar* hacia un universo en expansión en el Big Bang. Pero tal imagen negaría todo lo que hemos intentado conseguir hasta ahora. En esta imagen nuestra fase en colapso pre-Big-Bang debería estar «apuntada» con increíble precisión a ese estado final muy especial, tan extraordinariamente especial como el que parece que encontramos en nuestro Big Bang real. Ello representaría una inmensa violación de la Segunda Ley para la fase pre-Big-Bang, con una entropía

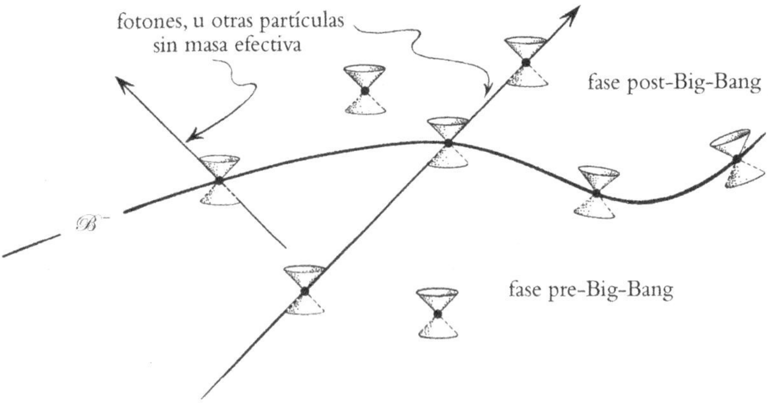

Fig. 3.1. Los fotones y otras partículas/campos sin masa (efectiva) pueden propagarse suavemente desde una fase pre-Big-Bang anterior a la fase post-Big-Bang actual o, a la inversa, podemos propagar hacia atrás la información de las partículas/campos de la fase post a la fase pre-Big-Bang.

que se reduce al valor (relativamente) minúsculo que encontramos en el Big Bang. Recordemos la imagen de un universo en colapso *en acuerdo* con la Segunda Ley que se ha evocado en §2.6. Este sería un espacio-tiempo plagado de agujeros negros que colapsa a una singularidad que en modo alguno se parece a una geometría con la suavidad conforme necesaria para el tipo de empalme que requiere la propuesta de Tod (véase la Fig. 3.2). Por supuesto, se podría adoptar un punto de vista por el que, en la fase pre-Big-Bang, la Segunda Ley opera simplemente en la otra dirección del tiempo (cf. el párrafo final de §1.6), pero eso va totalmente en contra del objetivo global que me propongo en este libro. Esperamos encontrar algo más parecido a una «explicación» de la Segunda Ley, o al menos algún tipo de argumento a favor, y no simplemente *decretar* que ocurre un estado absurdamente especial en alguna etapa durante la historia del universo (a saber, en el momento del «rebote» antes considerado). Además, resulta que también hay algunas dificultades *matemáticas* con este tipo concreto de propuesta de «rebote», como veremos más adelante (en §3.3, en relación con los modelos de universo lleno de radiación de Tolman; véase también el apéndice B6).

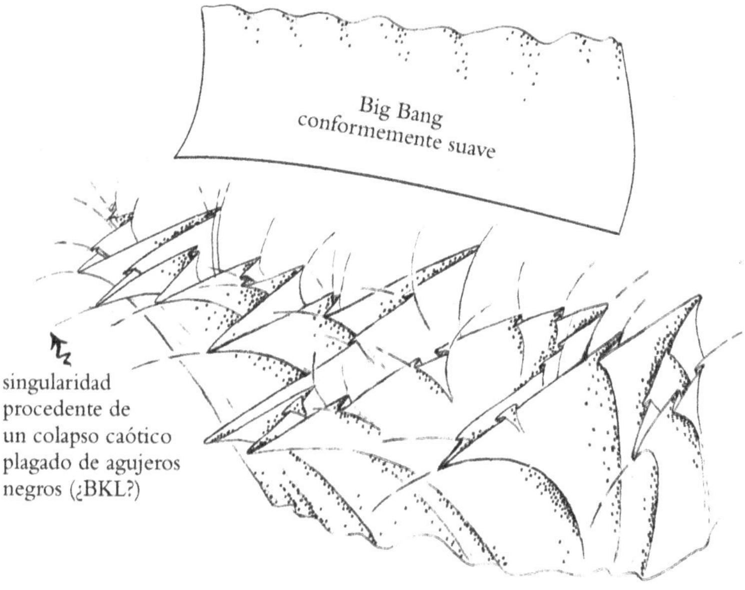

Fig. 3.2. El tipo de singularidad encontrado en un colapso genérico en modo alguno encaja con un big bang de baja entropía conformemente suave.

No, ensayemos algo muy diferente. Tratemos de examinar el otro extremo del tiempo, a saber, el que se espera en el futuro extremadamente remoto. Según los modelos descritos en §2.1 en los que hay una constante cosmológica Λ positiva (véase la Fig. 2.5), nuestro universo debería instalarse en última instancia en una expansión exponencial, al parecer muy bien modelizada por los diagramas conformes estrictos de la Fig. 2.34, en los que hay una suave frontera conforme futura de tipo espacio $\mathscr{I}^+$. Por supuesto, nuestro propio universo posee ahora ciertos tipos de irregularidad, y las máximas desviaciones *locales* de la geometría FLRW altamente simétrica se deben a la presencia de agujeros negros, en especial los muy masivos en los centros galácticos. Sin embargo, de acuerdo con la argumentación de §2.5, todos los agujeros negros deberían desaparecer finalmente con «pops» (véase la Fig. 2.40 y su diagrama conforme estricto, Fig. 2.41), incluso si los agujeros más grandes pudieran necesitar algo del orden de un gugol (es decir, $\sim 10^{100}$) o más años antes de que esto suceda.

Tras este lapso de tiempo extremadamente largo, los contenidos físicos del universo, en términos de números de partículas, consistirán principalmente en fotones, procedentes de la luz estelar altamente desplazada hacia el rojo y la radiación CMB, y de la radiación de Hawking que en última instancia se lleva casi toda la masa-energía de enormes y numerosos agujeros negros, en forma de fotones de muy baja energía. Pero habrá también gravitones (los constituyentes cuánticos de las ondas gravitatorias) procedentes de colisiones entre tales agujeros negros, en especial los agujeros muy grandes en centros galácticos, y estas colisiones desempeñarán realmente un papel vital para nosotros en §3.6. Los fotones son partículas sin masa, pero también los son los gravitones, y ninguno de ellos puede utilizarse para hacer un reloj, de acuerdo con la exposición de §2.3, como se ilustra en la Fig. 2.21.

Presumiblemente habrá también una buena cantidad de «materia oscura», cualquier cosa que pueda ser esta sustancia misteriosa (§2.1, y véase también §3.2 para mi objetivo general), en la medida en que este material hubiera sobrevivido a la captura por agujeros negros. Es difícil ver cómo tal sustancia, que solo interacciona a través del campo gravitatorio, pudiera ser de mucho valor en la construcción de un reloj. Sin embargo, adoptar semejante punto de vista representaría un cambio de filosofía sutil; pese a todo, veremos en §3.2 que dicho cambio sutil será en cualquier caso una característica necesaria de la imagen global que voy a presentar. Así pues, empieza a parecer de nuevo que quizá sea precisamente la estructura *conforme* del espacio-tiempo la que tiene relevancia física en las etapas finales de la expansión de nuestro universo.

Cuando el universo entra en esa aparentemente etapa final —que bien se podría llamar la «era muy aburrida»— parece que ya no le queda por hacer nada de gran interés. Los sucesos más excitantes previos a esta era habrían sido los «pops» finales de los últimos remanentes minúsculos de agujeros negros, que finalmente desaparecen (se supone) después de haber perdido poco a poco toda su masa mediante el proceso penosamente lento de radiación de Hawking. Uno se queda con la terrible idea de un aburrimiento aparentemente interminable que aguarda a las etapas finales de nuestro gran universo; un universo que en otro tiempo habría parecido tan excitante, un hervidero de fascinante actividad, mucha de la cual ocurre dentro de bellas galaxias con una maravillosa variedad de estrellas y a menudo planetas acompañantes, entre los que estarían los que albergan algún tipo de vida, con sus exóticas plantas y animales, algunos de los cuales tienen la capacidad de conocimiento y comprensión profundos, y profundas capacidades de creación artística. Pero todo esto desaparecerá finalmente. Los últimos estertores se harán esperar, y esperar, y esperar, quizá 10^{100} años o más, hasta el pop final —quizá con la violencia de una pequeña granada de artillería— seguido de nada sino otra expansión exponencial, que se atenúa y enfría y se vacía y enfría, y se atenúa... por toda la eternidad. ¿Presenta esta imagen todo lo que aguarda finalmente a nuestro universo?

Pero una vez que me había deprimido con tales pensamientos, un día de verano de 2005 se me ocurrió otra idea, que era preguntar: ¿quién estará entonces para aburrirse con ese tedio inaguantable? Por supuesto que nosotros no; serán principalmente partículas sin masa como fotones y gravitones. Y es muy difícil aburrir a un fotón o un gravitón... ¡incluso dejando de lado la extrema improbabilidad de que tales entidades pudieran tener realmente experiencias importantes! Según una partícula sin masa, el paso del tiempo no existe. Una partícula semejante puede incluso *alcanzar* la eternidad (es decir, $\mathscr{I}^+$) antes de experimentar el primer «tic» de su reloj interno, como se ha ilustrado en la Fig. 2.22. ¡Bien podría decirse que «la eternidad no es para tanto» para una partícula sin masa como un fotón o un gravitón!

En otras palabras, parece que la *masa en reposo* es un ingrediente necesario para la construcción de un reloj, de modo que si finalmente quedan pocas cosas que tengan masa en reposo, la capacidad de hacer medidas del paso del tiempo se perdería (como se pierde la capacidad de hacer medidas de distancias, puesto que las distancias también dependen de medidas de tiempo; véase §2.3). De hecho, como hemos visto antes, las partículas sin masa no parecen estar particularmente relacionadas con la naturaleza *métrica* del espacio-tiempo, y simplemente respetan su estructura *conforme* (de conos nulos). Por consiguiente, para las partículas sin masa la última hipersuperficie $\mathscr{I}^+$ representa una región de su espacio-tiempo conforme igual que cualquier otra, y no parece haber ninguna barrera para su entrada en una extensión hiperbólicia de este espacio-tiempo en el «otro lado» de $\mathscr{I}^+$. Además, hay potentes resultados matemáticos, gracias sobre todo al importante trabajo de Helmut Friedrich[3.9] que dan apoyo a la real extensibilidad futura conforme del espacio-tiempo, en las circunstancias generales aquí consideradas para las que debe haber una constante cosmológica Λ positiva.

Esto refleja nuestra discusión de la física en una hipersuperficie Big Bang que está de acuerdo con la propuesta de Tod. Parece que (por diferentes razones) es probable que *tanto* $\mathscr{I}^+$ *como* $\mathscr{B}^-$ admitirían extensiones suaves del espacio-tiempo conforme a regiones en los otros lados de estas hipersuperficies. No solo eso, sino que probablemente los contenidos materiales en uno u otro lado serían una sustancia en esencia *sin masa* cuyo comportamiento físico estaría gobernado básicamente por ecuaciones conformemente invariantes, y esto permitiría que la actividad de este material continúe en ambas extensiones hipotéticas del espacio-tiempo (conforme).

Llegados a este punto, parece sugerirse una posibilidad. ¿Podría ser que nuestros $\mathscr{I}^+$ y $\mathscr{B}^-$ sean uno y el mismo? Quizá, como una variedad conforme, nuestro universo simplemente «se enrolla», de modo que lo que está más allá de $\mathscr{I}^+$ es simplemente nuestro propio universo que parte de nuevo de su origen Big Bang, estirado conformemente como $\mathscr{B}^-$, según la propuesta de Tod. La economía de esta idea tiene ciertamente su atractivo, pero creo que podría haber serias dificultades de consistencia que, para mí, hacen implausible esta sugerencia. Básicamente, tal espacio-tiempo contendría *curvas de tipo tiempo cerradas* por las que influencias causales podrían llevar a paradojas potenciales, o al menos a desagradables limitaciones sobre el comportamiento. Tales paradojas o limitaciones dependen de la posibilidad de que información coherente pueda atravesar la hipersuperficie $\mathscr{I}^+/\mathscr{B}^-$. Pero veremos en §3.6 que esto es una posibilidad real en el tipo de esquema que propongo aquí, y por ello tales curvas de tipo tiempo cerradas sí tienen el potencial de llevar a serios problemas de inconsistencia.[3.10] Por razones como esta *no* voy a proponer esta identificación $\mathscr{I}^+/\mathscr{B}^-$.

Sin embargo, sugiero «la siguiente mejor alternativa», que es proponer que *hay* una región físicamente real del espacio-tiempo anterior

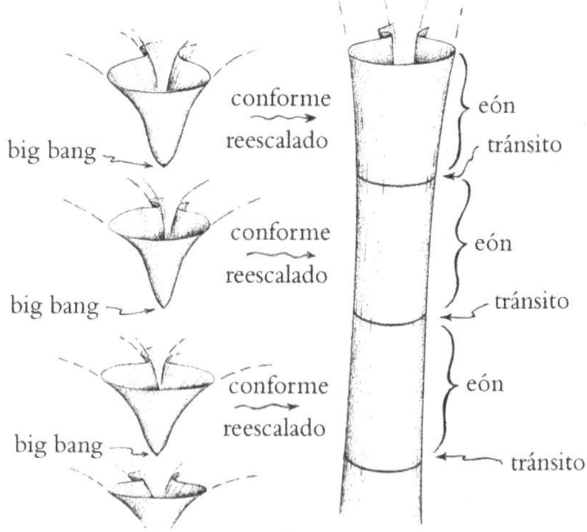

Fig. 3.3. Cosmología cíclica conforme. (Como en mis dibujos en la Fig. 2.5, trato de no prejuzgar la cuestión de si el universo es espacialmente abierto o cerrado.)

a $\mathscr{B}^-$ que es el futuro remoto de alguna fase previa del universo, y que hay *también* una fase de universo físicamente real que se extiende más allá de nuestro $\mathscr{I}^+$ para convertirse en un big bang para una nueva fase de universo. De acuerdo con esta propuesta, llamaré el *eón* presente a la fase que empieza con nuestro $\mathscr{B}^-$ y se extiende hasta nuestro $\mathscr{I}^+$, y lo que estoy sugiriendo es que el universo en conjunto debe verse como una variedad conforme extendida que consiste en una sucesión de eones (posiblemente infinita), cada uno de los cuales parece ser una historia entera de un universo en expansión. Véase la Fig. 3.3. El «$\mathscr{I}^+$» de cada uno se identifica con el «$\mathscr{B}^-$» del siguiente, y el paso de cada eón al siguiente se hace de modo que, como una estructura espaciotemporal conforme, la unión es perfectamente suave.

Quizá el lector se sienta preocupado por la identificación de un futuro remoto, donde la radiación se enfría hasta temperatura cero y se expande hasta densidad cero, con una explosión de tipo big bang, donde la radiación ha empezado a una temperatura infinita y una densidad infinita. Pero el «estiramiento» conforme en el big bang reduce estas temperatura y densidad infinitas a valores finitos, y la «compresión» conforme en el infinito aumenta la densidad y la temperatura nulas a valores finitos. Estos son precisamente los tipos de reescalado que hacen posible que los dos encajen, y el estiramiento y la compresión son procedimientos a los que la física relevante en uno u otro lado es completamente insensible. También puede mencionarse que el *espacio de fases* $\mathcal{P}$, que describe la totalidad de los estados posibles de toda la actividad física en uno u otro lado del tránsito (véase §1.3) tiene una medida de volumen que es conformemente invariante,[3.11] básicamente por la razón de que cuando las medidas de distancia se reducen, las correspondientes medidas de momento aumentan (y *viceversa*) de tal manera que el producto de las dos no es en absoluto afectado por el reescalado (un hecho que será de importancia crucial para nosotros en §3.4). Llamo a este esquema cosmológico *cosmología cíclica conforme*, abreviada como CCC.[3.12]

3.2. La estructura de la CCC

Hay varios aspectos de esta propuesta que requieren una atención mucho más detallada que la que les he prestado antes. Una cuestión clave concierne a cuáles podrían ser los contenidos *totales* del universo en el futuro muy remoto. La exposición anterior se ha centrado principalmente en el considerable fondo de fotones que estaría presente, procedente de la luz estelar, del CMB y de la evaporación de Hawking de los agujeros negros. También he considerado que habría una contribución significativa de gravitones, por los que entiendo los constituyentes (cuánticos) básicos de las ondas gravitatorias, que son «rizos» de la curvatura del espacio-tiempo que aparecen básicamente de colisiones entre agujeros negros extremadamente grandes en centros galácticos.

Tanto fotones como gravitones carecen de masa. Por ello, no parece irrazonable adoptar la siguiente filosofía, relevante para el futuro muy remoto: puesto que en una etapa muy tardía en la historia del universo sería imposible en principio construir un reloj con dicho material, entonces el propio universo, en el futuro remoto, «perdería la pista de la escala de tiempo» y por eso la geometría del universo físico se hace realmente *geometría conforme* (es decir, geometría de conos nulos), en lugar de la plena geometría métrica de la relatividad general de Einstein. De hecho, pronto veremos que hay sutilezas en relación con el campo gravitatorio que nos obligan a moderar un poco esta filosofía. Pero por el momento, tratemos otra dificultad con este punto de vista filosófico que es necesario afrontar.

Al considerar cuáles podrían ser los contenidos principales del universo en las últimas etapas de su existencia, he ignorado el hecho de que habría mucho material dentro de cuerpos que no se encuentran dentro de un agujero negro por haber sido expulsado de sus galaxias madres por procesos aleatorios, y que en algunos casos el cuerpo también habría escapado del cúmulo galáctico dentro del cual había residido originalmente; y también habría mucha materia oscura que nunca habría caído en un agujero negro. ¿Cuál sería, por ejemplo, el destino de una estrella enana blanca que hubiera escapado de esta manera y se hubiese enfriado hasta convertirse en una enana negra invisible? A veces se ha sugerido que los protones podrían desintegrarse finalmente, aunque las observaciones imponen cotas muy bajas a la velocidad a la que esto podría suceder.[3.13] En cualquier caso, habría algún tipo de productos de la desintegración, y aunque buena parte del material de la enana negra podría colapsar finalmente a un agujero negro mediante tales procesos, quedarían probablemente muchas partículas masivas «solitarias» que, de alguna forma, habrían escapado de los cúmulos de galaxias a los que habían estado unidas originalmente.

Mi interés se centra particularmente en los *electrones* —y también en sus antipartículas, los *positrones*— porque ellos son las partículas menos masivas de entre las *eléctricamente cargadas*. Que protones, y otras partículas cargadas más masivas que electrones y positrones, pudieran desintegrarse finalmente, al cabo de vastos períodos de tiempo, en partículas menos masivas no es una idea descartable. Cabría imaginar que todos los protones podrían desintegrarse finalmente de esta manera, pero si aceptamos la visión convencional de que la carga eléctrica debe ser absolutamente conservada, entonces los productos finales de la desintegración de un protón deben contener una carga neta positiva, de modo que cabría esperar al menos un positrón entre los supervivientes. Un argumento similar se aplicaría a las partículas cargadas negativamente, y es difícil escapar a la conclusión de que tendría que haber también numerosos electrones presentes, acompañando a estos positrones. También podría haber partículas cargadas más masivas tales como protones y antiprotones, si estos *no* se desintegran finalmente, pero el problema clave está en los electrones y positrones.

¿Por qué es esto un problema? ¿No podría haber otro tipo de partícula cargada (tanto con carga positiva como con carga negativa) que realmente carezca de masa, de modo que electrones y positrones podrían desintegrarse finalmente en estas y se mantuviese el punto de vista filosófico anterior? Parece que la respuesta es «no». En efecto, la mera existencia de tal partícula cargada sin masa en el zoo de partículas que hoy participan en las actividades físicas se habría hecho manifiesta en abundancia en muchos procesos de partículas.[3.14] Pero lo que se observa realmente es que estos procesos tienen lugar *sin* la producción de tales partículas cargadas sin masa. Por consiguiente, actualmente *no* hay partículas cargadas sin masa. ¿Tendrán entonces que existir los electrones y protones (masivos) por toda la eternidad, en contradicción con el punto de vista filosófico sugerido?

Una posibilidad de mantener este punto de vista la plantea la idea de que los electrones y positrones remanentes pudieran buscarse y aniquilarse mutuamente por completo para producir meramente fotones, que entonces serían inocuos para esta filosofía. Pero, por desgracia, en el futuro extremadamente remoto muchas partículas cargadas individuales se encontrarán aisladas dentro de sus horizontes de sucesos cosmológicos, como se muestra en la Fig. 3.4 (véase también la Fig. 2.43 en §2.5), y cuando eso sucede, como debe hacerlo a veces, se elimina cualquier posibilidad de tal aniquilación de carga final. Una posible solución sería debilitar algo nuestro punto de vista filosófico, y argumentar que el electrón o el positrón singular, atrapado dentro de su horizonte de sucesos, difícilmente sería de mucho uso para la construcción de un reloj real. Por mi parte, me siento insatisfecho con esta línea de razonamiento, pues para mí carece del tipo de rigor que deberían exigir las leyes físicas.

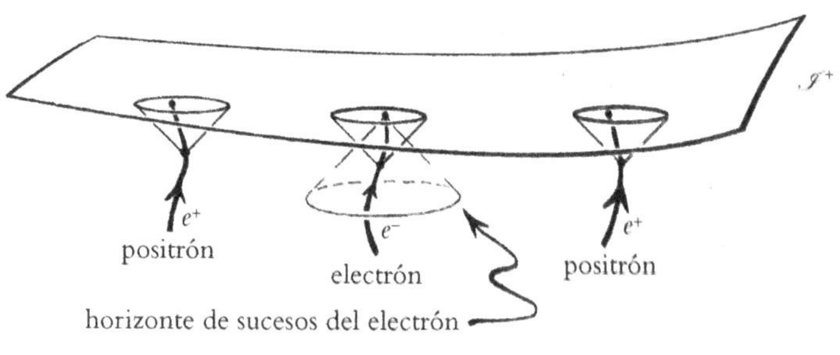

Fig. 3.4. Habrá el ocasional electrón o positrón «solitario», finalmente atrapado dentro de su horizonte e incapaz de perder su carga eléctrica mediante aniquilación de pares.

Una solución más radical sería suponer que la conservación de carga *no* es realmente uno de los requisitos obligados de la naturaleza. Si así fuera, podría suceder que, en momentos extremadamente ocasionales, una partícula cargada pudiera desintegrarse en otra que no tenga carga eléctrica, y en los abismos de la eternidad toda la carga eléctrica podría desaparecer. Entonces, electrones y positrones podrían convertirse finalmente en uno de sus parientes sin carga, digamos un *neutrino*, en cuyo caso se requeriría también que entre los tres tipos conocidos de neutrinos haya uno sin masa en reposo.[3.15] Al margen de que no haya por el momento ninguna evidencia de violación de la conservación de carga, semejante posibilidad es extremadamente desagradable desde un punto de vista teórico, y también parecería exigir que el propio fotón adquiera una pequeña masa, lo que en sí mismo anularía la posición filosófica propuesta.

La otra posibilidad que se me ocurre, y que creo que es algo que hay que considerar seriamente, y no meramente un mal menor, es que la noción de masa en reposo no sea la constante absoluta que pensamos que es. La idea es que en los abismos de la eternidad, las partículas masivas supervivientes —los electrones, positrones, neutrinos, y también protones y antiprotones, si finalmente no se desintegran— experimentarían un desvanecimiento muy gradual de sus masas en reposo, llegando a un valor cero en el límite final. Una vez más, no hay por ahora absolutamente ninguna evidencia observacional de tal violación de las nociones ordinarias sobre la masa en reposo, pero en este caso el respaldo teórico de las ideas convencionales es mucho menos sustancial que en el caso de la conservación de carga. En el caso de la carga eléctrica, tenemos una cantidad *aditiva*, en el sentido de que la carga total de un sistema es siempre la suma de todos sus constituyentes individuales, pero con la masa en reposo no es así. (La $E = mc^2$ de Einstein nos dice que la energía cinética de los movimientos de los constituyentes contribuirá al total.) Además, aunque el valor real de la carga eléctrica elemental (digamos la del anti-quark-down, que es un tercio de la del protón) sigue siendo un misterio teórico, los valores de todas las demás cargas que encontramos en el universo son múltiplos enteros de este valor. Nada parecido ocurre con la masa en reposo, y se desconoce por completo la razón subyacente para que los diferentes tipos de partículas tengan los valores concretos de masas en reposo que medimos. De modo que parece que sigue habiendo libertad para que la masa en reposo de una partícula fundamental no sea una constante absoluta —como de hecho no lo es, según la física de partículas estándar, en el universo muy *primitivo*, como se ha comentado antes, en §3.1— y pueda desvanecerse y hasta reducirse a cero en el futuro muy remoto.

En relación con esto, puede hacerse un último comentario técnico concerniente al estatus de la masa en reposo en física de partículas. Un procedimiento estándar para abordar la idea de una «partícula elemental» es buscar las que se conocen como «representaciones irreducibles del grupo de Poincaré». Se supone que cualquier partícula elemental va a describirse de acuerdo con una de tales representaciones irreducibles. El *grupo de Poincaré* es la estructura matemática que describe las simetrías del espacio de Minkowski $\mathbb{M}$, y este es un procedimiento natural en el contexto de la relatividad especial y la mecánica cuántica. El grupo de Poincaré posee dos cantidades conocidas como *operadores de Casimir*,[3.16] que son la *masa en reposo* y el *espín intrínseco*, y en consecuencia se estima que masa en reposo y espín son «buenos números cuánticos», números que permanecen constantes mientras la partícula sea estable y no interaccione con nada. No obstante, este papel de $\mathbb{M}$ parece menos fundamental cuando hay una constante cosmológica Λ positiva presente en las leyes físicas (pues $\Lambda = 0$ para $\mathbb{M}$); y parece que, cuando nos interesamos en materias relacionadas con la cosmología, debería ser el grupo de simetría del *espacio-tiempo de De Sitter* $\mathbb{D}$, y no el de $\mathbb{M}$, el que finalmente debería interesarnos (véase §2.5, Fig. 2.36(a), (b)). Sin embargo, resulta que la masa en reposo *no* es exactamente un operador de Casimir del grupo de De Sitter (pues hay un pequeño término adicional que incluye a Λ), de modo que su estatus final es más cuestionable en este caso, y una desintegración muy lenta de la masa en reposo no me parece descartable.[3.17]

No obstante, la desintegración muy gradual de la masa en reposo, según esta propuesta, tiene curiosas implicaciones con respecto al esquema general de la CCC, porque plantea una nueva cuestión en relación con la medida del tiempo. Recordemos que hacia el final de §2.3 se ha utilizado la masa en reposo de una partícula para proporcionar una escala de tiempo bien definida, pues dicho reescalado es todo lo que se necesita para que podamos pasar de una estructura conforme a una métrica plena. Si, como parece exigido por la argumentación anterior, necesitamos que las masas de las partículas desaparezcan, aunque de forma extraordinariamente lenta, entonces nos vemos llevados a un dilema. ¿Seguimos adoptando esta idea de utilizar masas en reposo de partículas para definir de forma precisa la métrica de nuestro espacio-tiempo, cuando todavía hay partículas masivas aunque con masas que se desintegran lentamente? Si tratamos de fijar un tipo de partícula concreto, digamos un electrón, para que nos proporcione el patrón de tiempo, entonces, dados los ritmos de desintegración que serían requeridos para que los electrones sean considerados aceptablemente «sin masa» cuando se llega a $\mathscr{I}^+$ (véase el apéndice A2), resultaría que $\mathscr{I}^+$ *no* está en el infinito en absoluto, y la expansión del universo, de acuerdo con esta «métrica de electrón», tendría o bien que frenarse hasta detenerse, o bien invertirse hacia un colapso. No parece que este comportamiento fuera compatible con las ecuaciones de Einstein. Más aún, si en lugar de una «métrica de electrón» utilizáramos una «métrica de neutrino» o una «métrica de protón», pongamos por caso, entonces es probable que el comportamiento geométrico detallado del espacio-tiempo difiriera del comportamiento correspondiente que se obtendría con el uso de electrones (a menos que en el escalado a cero todos los valores de las masas mantuvieran exactamente sus proporciones iniciales). Para mí, esto no es muy satisfactorio.

Así pues, parece que para conservar una forma apropiada para las ecuaciones de Einstein —con Λ constante— a lo largo de la historia entera del eón, tenemos que utilizar otra propuesta para escalar la métrica. Lo que podríamos hacer, aunque esto difícilmente sería una solución «práctica» para el propósito de construir un reloj, es utilizar la propia Λ para determinar una escala; o, lo que parece estar íntimamente relacionado con esto, podríamos utilizar el valor efectivo de la constante gravitatoria G. Entonces se mantendría la imagen de un universo que evoluciona y se expande indefinidamente de forma exponencial hasta su futuro remoto, pero sin perturbar seriamente la filosofía según la cual el universo perderá finalmente la pista de la escala de tiempo.

Esta cuestión está íntimamente relacionada con otra que he pasado por alto hasta ahora, a saber, el hecho de que mientras que hay invariancia conforme para el campo gravitatorio libre, descrito por el tensor conforme de Weyl **C** (puesto que **C** describe la curvatura conforme), el acoplamiento del campo con sus fuentes *no* es conformemente invariante. Esto es muy diferente de lo que sucede en la teoría de Maxwell, en la que hay invariancia conforme tanto para el campo electromagnético libre **F** como para el acoplamiento entre **F** y sus fuentes descritas por el vector carga-corriente **J**. Entonces, una vez más, cuando introducimos la *gravedad* en la imagen de una forma seria, la filosofía básica de la CCC se enturbia un poco. Debemos adoptar el punto de vista de que, en cierto sentido, la filosofía de la CCC afirma que es la física *libre de gravedad* (y física libre de Λ) la que pierde la pista del tiempo, y no la totalidad de la física.

Tratemos de entender la relación entre la teoría de Einstein y la invariancia conforme. Es una materia un poco delicada. En el caso del electromagnetismo, todas las ecuaciones se conservan bajo el reescalado conforme. Vamos a examinar lo que sucede cuando la métrica **g** del espacio-tiempo se reemplaza por otra métrica $\hat{\mathbf{g}}$ conformemente relacionada mediante un *factor de escala* Ω, que es un número positivo que varía suavemente sobre el espacio-tiempo (véanse §2.3 y §3.1):

$$\mathbf{g} \mapsto \hat{\mathbf{g}} = \Omega^2 \, \mathbf{g}.$$

Para ver la invariancia conforme de la teoría de Maxwell adoptamos reescalados para el $[{}^{0}_{2}]$-tensor **F**, que describe el campo, y para el $[{}^{1}_{0}]$-tensor **J**, que describe la fuente (carga-corriente), dados por

$$\mathbf{F} \mapsto \hat{\mathbf{F}} = \mathbf{F} \ \text{ y } \ \mathbf{J} \mapsto \hat{\mathbf{J}} = \Omega^{-4}\,\mathbf{J}.$$

Las ecuaciones de Maxwell pueden escribirse simbólicamente

$$\nabla \mathbf{F} = 4\pi\,\mathbf{J},$$

donde ∇ representa un conjunto específico de operadores diferenciales[3.18] determinado por la métrica **g**. Cuando se aplica el cambio de escala $\mathbf{g} \mapsto \hat{\mathbf{g}}$, ∇ debe reemplazarse por un operador $\hat{\nabla}$, determinado correspondientemente por $\hat{\mathbf{g}}$, y entonces lo que encontramos es (apéndice A6)

$$\hat{\nabla}\hat{\mathbf{F}} = 4\pi\,\hat{\mathbf{J}},$$

que, al ser exactamente la misma ecuación que antes pero ahora en forma «con gorro», expresa la *invariancia conforme* de las ecuaciones de Maxwell. En particular, cuando $\mathbf{J} = 0$ todo lo que tenemos son las ecuaciones de Maxwell *libres*:

$$\nabla \mathbf{F} = 0,$$

y cuando se aplica $\mathbf{g} \mapsto \hat{\mathbf{g}}$, encontramos invariancia conforme en

$$\hat{\nabla} \hat{\mathbf{F}} = 0.$$

Este conjunto de ecuaciones (conformemente invariantes) gobierna la propagación de *ondas electromagnéticas* (luz) y también puede considerarse como la ecuación de Schrödinger mecanocuántica satisfecha por fotones libres individuales (véanse §3.4, A2 y A6).

En el caso de la gravedad, el $[^0_2]$-tensor fuente $\mathbf{E}$ (tensor de Einstein, que toma el lugar de $\mathbf{J}$; véase §2.6) no tiene un comportamiento de escalado que proporcione invariancia conforme para las ecuaciones, pero hay un equivalente conformemente invariante de $\nabla \mathbf{F} = 0$ que gobierna la propagación de ondas gravitatorias y proporciona una ecuación de Schrödinger análoga para gravitones individuales libres. La escribiré simbólicamente (véanse A2, A5 y A9) como

$$\nabla \mathbf{K} = 0.$$

Hay, sin embargo, una cuestión sutil: cuando se utiliza la métrica original (de Einstein) $\mathbf{g}$, este $[^0_4]$-tensor $\mathbf{K}$ se toma idéntico al $[^0_4]$-tensor conforme de Weyl $\mathbf{C}$ (de §2.6)

$$\mathbf{K} = \mathbf{C},$$

pero cuando reescalamos a una nueva métrica de acuerdo con $\mathbf{g} \mapsto \hat{\mathbf{g}} = \Omega^2 \mathbf{g}$, encontramos (apéndice A9) que es preciso adoptar escalados diferentes

$$\mathbf{C} \mapsto \hat{\mathbf{C}} = \Omega^2\, \mathbf{C} \quad \text{y} \quad \mathbf{K} \mapsto \hat{\mathbf{K}} = \Omega \mathbf{K},$$

para conservar el *significado* de $\mathbf{C}$ como algo que proporciona la medida de curvatura conforme, y para conservar la invariancia conforme de la propagación de ondas de $\mathbf{K}$, de modo que obtenemos

$$\hat{\nabla}\hat{\mathbf{K}} = 0.$$

Estos escalados nos llevan a[3.19]

$$\hat{\mathbf{K}} = \Omega^{-1}\hat{\mathbf{C}}.$$

Esto tiene algunas consecuencias curiosas, que son de considerable importancia para la CCC. Cuando nos acercamos a $\mathscr{I}^+$ desde su pasado, necesitamos utilizar un factor conforme Ω que tiende a cero de forma suave, [3.20] pero con una derivada normal no nula. El significado geométrico de esto se ilustra en la Fig. 3.5. La invariancia conforme de la ecuación de propagación de ondas para **K** implica que alcanza valores *finitos* (y normalmente no nulos) en $\mathscr{I}^+$, valores que determinan la intensidad (y polarización) de la *radiación gravitatoria* —el análogo gravitatorio a la luz— cuando continúa hasta infinito y con ello deja su marca en $\mathscr{I}^+$. Véase la Fig. 3.6. Lo mismo se aplica a los valores de **F** en $\mathscr{I}^+$, que determinan la intensidad y polarización del campo de radiación electromagnética (luz). Pero debido al hecho de que Ω se hace cero en $\mathscr{I}^+$, la ecuación antes mostrada, reescrita como $\hat{\mathbf{C}} = \Omega\hat{\mathbf{K}}$, nos dice que la finitud de $\hat{\mathbf{K}}$ implica que el propio tensor conforme $\hat{\mathbf{C}}$ debe hacerse *cero* en $\mathscr{I}^+$ (donde utilizamos una métrica $\hat{\mathbf{g}}$ finita en $\mathscr{I}^+$). Puesto que $\hat{\mathbf{C}}$ proporciona una medida directa de geometría conforme

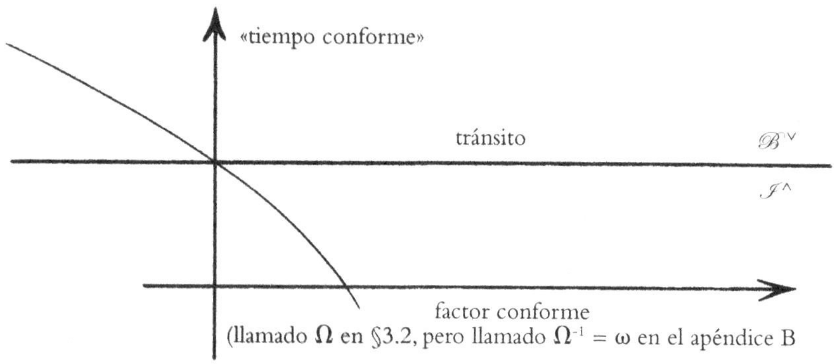

Fig. 3.5. El factor de escala conforme pasa limpiamente de positivo a negativo en el tránsito, y la curva tiene una pendiente que no es ni horizontal ni vertical. Aquí «tiempo conforme» se refiere simplemente a la «altura» en un diagrama conforme apropiado.

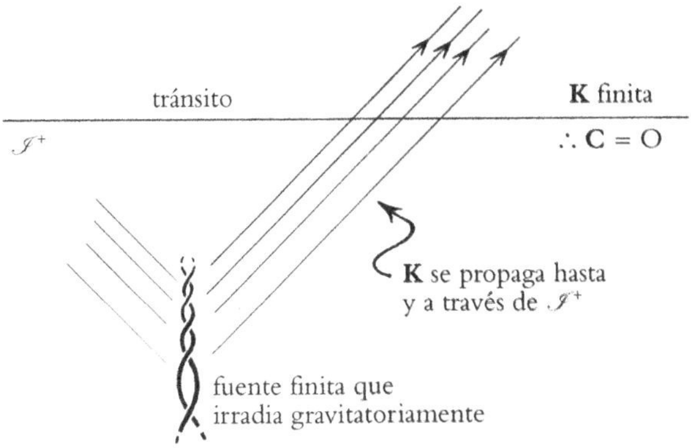

Fig 3.6. El campo gravitatorio es medido por el tensor **K**, se propaga de acuerdo con una ecuación conformemente invariante, y así alcanza en general valores finitos no nulos en $\mathscr{I}^+$.

en $\mathscr{I}^+$, la demanda de la CCC de que la geometría conforme sea *suave* sobre la 3-superficie de tránsito de cada eón al siguiente nos dice que la curvatura conforme también debe ser cero en la superficie *big-bang* $\mathscr{B}^-$ del eón siguiente. Así pues, frente a la condición de que la curvatura conforme sea meramente finita (que era lo que la propuesta de Tod daba directamente), la CCC proporciona una versión *más fuerte* de la hipótesis de curvatura de Weyl (HCW, véase §2.6), a saber: que dicha curvatura conforme se *anula* realmente en el $\mathscr{B}^-$ de cada eón, de acuerdo con la idea original de la HCW.

En el otro lado de la superficie de tránsito, es decir, inmediatamente después del $\mathscr{B}^-$ del eón siguiente, encontramos un factor conforme que se hace *infinito* en $\mathscr{B}^-$, pero de la manera precisa para que Ω^{-1} se comporte suavemente en $\mathscr{B}^-$.[3.21] Así pues, ¡parece ser el caso que Ω tiene que poder ser continuado de algún modo sobre la 3-superficie de tránsito para convertirse, súbitamente, en su *recíproco*! Una manera de manejar matemáticamente esta situación es codificar la información esencial de Ω de un modo que no lo distingue de su recíproco Ω^{-1}. Esto puede hacerse considerando el $[{}^0_1]$-tensor Π (una 1-forma), que los matemáticos escribirían como[3.22]

$$\Pi = \frac{d\Omega}{\Omega^2 - 1}$$

Las dos cosas más importantes sobre Π son, primero, que permanece suave sobre la 3-superficie de tránsito y, segundo, que no cambia bajo el reemplazamiento $\Omega \mapsto \Omega^{-1}$.

En la CCC tratamos de exigir que Π sea una cantidad que varía suavemente en el tránsito, de modo que si consideramos que es Π, y no Ω, el que define la información del escalado requerido, entonces podemos imaginar que el reemplazamiento $\Omega \mapsto \Omega^{-1}$ en el tránsito puede conseguirse mientras Π permanece suave en el mismo. Esto requiere que el comportamiento de Ω en $\mathscr{I}^+$ satisfaga ciertas condiciones matemáticas, y hay indicios de que estas pueden conseguirse de forma satisfactoria y unívoca. (Se dan argumentos detallados en el apéndice B.) El resultado de todo esto es que hay un procedimiento matemático preciso y aparentemente único para continuar los campos sin masa en el futuro a través de la 3-superficie de tránsito, suponiendo que solo hay presentes campos sin masa en el futuro muy remoto del eón previo (es decir, inmediatamente anterior a $\mathscr{I}^+$).

Con solo campos sin masa presentes, tenemos una particular libertad de escalado en la elección de la métrica reescalada $\hat{\mathbf{g}}$ en la región inmediatamente anterior al $\mathscr{I}^+$ del eón previo, compatible con su estructura conforme dada. Esta libertad se describe en términos de un «campo fantasma» ϖ, que satisface una ecuación de campo escalar sin masa conformemente invariante y autoacoplada (es decir, no lineal), a la que llamo (en el apéndice B2) la «ϖ-ecuación». Las diferentes soluciones de la ϖ-ecuación nos dan los diferentes escalados métricos posibles que nos llevarían desde nuestra $\hat{\mathbf{g}}$-métrica escogida a las otras posibles métricas $\varpi^2\hat{\mathbf{g}}$ que las ecuaciones de Einstein (con constante cosmológica Λ) nos dirían que se refieren solo a fuentes sin masa. La elección particular de que nos da la métrica física original de Einstein $\mathbf{g}$ se conoce como el «campo fantasma» (puesto que desaparece en la $\mathbf{g}$-métrica de Einstein, y toma simplemente el valor 1). El campo fantasma no tiene grados de libertad físicos independientes, en la región previa al $\mathscr{I}^+$, sino que simplemente sigue la pista de la métrica $\mathbf{g}$, lo que nos dice el escalado que nos devuelve a $\mathbf{g}$ desde la $\hat{\mathbf{g}}$-métrica que se está utilizando.

En el lado opuesto del tránsito, inmediatamente después del big bang del eón posterior, encontramos que la simple continuación de los campos de forma suave lleva a una constante gravitatoria efectiva en este nuevo eón que se ha hecho negativa, con implicaciones no físicas. Por ello se hace necesario adoptar la interpretación alternativa en la que utilizamos la elección alternativa Ω^{-1}, compatible con Π, en el otro lado. Esto tiene el efecto de convertir el campo fantasma ϖ en un campo físico *real* (aunque inicialmente infinito) en el lado big bang del tránsito. Es tentador interpretar que es este ϖ-campo que sigue a este big bang el que proporciona la forma inicial de *materia oscura* nueva, antes de que adquiera masa. ¿Por qué hacer esta interpretación? La razón es simplemente que las fuerzas matemáticas van a dar, en el big bang del nuevo eón, *alguna* nueva contribución dominante, de la naturaleza de un campo escalar, que aparece del comportamiento del factor conforme. Esta contribución es adicional a las contribuciones de fotones (campo electromagnético) o de cualesquiera otras partículas de materia (que se supone que han perdido sus masas en reposo para cuando alcanzan la 3-superficie de tránsito). Tiene que estar allí por consistencia matemática, en cuanto adoptamos la transformación $\Omega \mapsto \Omega^{-1}$ en el tránsito.

Otra propiedad que encontramos como resultado de las matemáticas es que en el lado big bang del tránsito no se puede mantener estrictamente la condición de que todas las fuentes sean sin masa, aunque una ligadura natural que restringe la libertad indeseada en el factor conforme es que esta aparición de masa en reposo se retrase lo más posible. Así, una componente del contenido de materia post-big-bang es esta contribución que lleva masa en reposo. Sería natural suponer que esto tiene algo que ver con el campo de Higgs (o cualquier cosa que pudiera resultar necesaria) en su papel en la aparición de masa en reposo en el universo primitivo.

La materia oscura es la forma de materia dominante que parece estar presente en las etapas iniciales de nuestro propio eón. Comprende aproximadamente un 70 por ciento de materia ordinaria (donde «ordinaria» significa que *no* cuenta la contribución de la constante cosmológica Λ —habitualmente conocida como «energía oscura»),[3.23] pero la materia oscura no parece encajar cómodamente en el modelo estándar de la física de partículas, pues solo interacciona con otros campos de materia a través de su efecto gravitatorio. El campo fantasma en las etapas tardías del eón anterior aparece como una componente escalar efectiva del campo gravitatorio, que resulta solo porque estamos permitiendo los reescalados conformes $\mathbf{g} \mapsto \Omega^2\mathbf{g}$, y no tiene grados de libertad independientes. En el eón posterior, la nueva materia que resulta inicialmente domina a los grados de libertad presentes en las ondas gravitatorias en el eón anterior. La materia oscura parece haber tenido un estatus especial en el momento de nuestro Big Bang, y este es ciertamente el caso para ϖ. La idea es que inmediatamente después del Big Bang (presumiblemente cuando el Higgs entra en juego), este nuevo ϖ-campo adquiere una masa, y entonces se convierte en la materia oscura que parece desempeñar un papel tan importante en conformar las distribuciones de materia subsiguientes, con los diversos tipos de irregularidades que se observan hoy.

Es quizá significativo que las dos denominadas magnitudes «oscuras» («materia oscura» y «energía oscura»), que poco a poco se han hecho manifiestas gracias a observaciones cosmológicas detalladas en décadas recientes, parecen ser ingredientes necesarios de la CCC. Este esquema ciertamente no funcionaría sin $\Lambda > 0$, puesto que el consiguiente carácter *de tipo espacio* de $\mathscr{I}^+$ es necesario para empalmar con el carácter de tipo espacio de $\mathscr{B}^-$. Además, vemos de lo anterior que el esquema requiere que haya algún tipo de distribución de materia inicial que razonablemente pudiera identificarse con la materia oscura. Será interesante ver si esta interpretación de la materia oscura se va a sostener teórica y observacionalmente.

Con respecto a Λ, lo que más parece intrigar a cosmólogos y a teóricos de campos cuánticos es su *valor*. La cantidad $\Lambda\mathbf{g}$ suele ser interpretada por los teóricos de campos cuánticos como la *energía del vacío* (véase §3.5). Por razones que tienen que ver con la relatividad, se argumenta que esta «energía de vacío» debería ser un $\left[\begin{smallmatrix}0\\2\end{smallmatrix}\right]$-tensor proporcional a $\mathbf{g}$, pero el factor de proporcionalidad ¡resulta mayor que el valor observado de Λ en un factor del orden de 10^{120}, de modo que algo falta claramente en esta idea![3.24] Otra cosa que se considera enigmática es que el minúsculo valor observado de Λ es tal que empieza a tener efectos en la expansión del universo que son comparables a la atracción total debida a la materia en el universo precisamente *ahora*, y no en el pasado, en que la atracción era enormemente mayor, ni en el futuro, en que será enormemente menor. Esta parece ser una extraña coincidencia.

Para mí esta «coincidencia» no es un enigma tan grande, al menos no mayor que algunos enigmas que han estado con nosotros mucho antes de que hubiera pruebas observacionales que indicaran el pequeño valor real de Λ. Ciertamente el valor observado de Λ necesita explicación, pero quizá pueda relacionarse específicamente con la constante gravitatoria G, la velocidad de la luz c y la constante de Planck h mediante una fórmula muy simple, pero con la sexta potencia de cierto número grande N en el denominador

$$\Lambda \approx \frac{c^3}{N^6 G\hbar}.$$

Aquí

$$\hbar \approx \frac{h}{2\pi}$$

es la forma de Dirac de la constante h de Planck (a veces llamada constante de Planck reducida). El número N es del orden de 10^{20}; en 1937 el gran físico cuántico Paul Dirac advirtió que diversos cocientes adimensionales de constantes físicas básicas dan valores que son (aproximadamente) potencias enteras de este número, en particular cuando la gravedad está implicada de alguna manera. (Por ejemplo, la razón de la fuerza eléctrica a la fuerza gravitatoria entre el electrón y el protón en un átomo de hidrógeno es del orden de $10^{40} \approx N^2$.) Dirac apuntó también que la edad del universo es del orden de N^3, en términos de la unidad de tiempo absoluta que se conoce como *tiempo de Planck* t_P. Suele considerarse que el tiempo de Planck, y la correspondiente *longitud de Planck* $l_P = ct_P$ proporcionan un tipo de medida espaciotemporal «mínima» (o «cuantos» de tiempo y espacio, respectivamente), de acuerdo con ideas comunes sobre la gravedad cuántica:

$$t_P = \sqrt{\frac{G\hbar}{c^5}} \approx 5{,}4 \times 10^{-44}\ \text{s}, \quad l_P = \sqrt{\frac{G\hbar}{c^3}} \approx 1{,}6 \times 10^{-35}\ \text{m}.$$

Mediante el uso de estas «unidades de Planck», y también de la *masa de Planck* m_P y la energía de Planck E_P dadas por

$$m_P = \sqrt{\frac{\hbar c}{G}} \approx 2{,}1 \times 10^{-5}\ \text{g}, \quad E_P = \sqrt{\frac{\hbar c^5}{G}} \approx 2{,}0 \times 10^{9}\ \text{J},$$

que son unidades determinadas de forma natural (aunque nada prácticas), se pueden expresar muchas otras constantes básicas de la naturaleza simplemente como puros números (adimensionales). En particular, en estas unidades, tenemos $\Lambda \approx N^{-6}$.

Además, podemos utilizar unidades de Planck para *temperatura*, haciendo la constante de Boltzmann $k = 1$, en donde una unidad de temperatura tiene el valor absurdamente grande de $2{,}5 \times 10^{32}$ K. Cuando considere las entropías muy grandes implicadas en grandes agujeros negros o con respecto al universo en conjunto (como en §3.4) utilizaré unidades de Planck. Sin embargo, para valores de este tamaño, supone poca diferencia qué unidades se utilicen.

Originalmente Dirac pensó que puesto que la edad del universo está aumentando (obviamente) con el tiempo, entonces N debería estar aumentando con el tiempo o, lo que es equivalente, G debería estar disminuyendo con el tiempo (en proporción inversa al cuadrado de la edad del universo). Sin embargo, medidas más precisas de G que las que estaban disponibles cuando Dirac propuso sus ideas han mostrado que G (o equivalentemente N), *si* no es constante, al menos no puede variar al ritmo que requerían las ideas de Dirac.[3.25] Sin embargo, en 1961, Robert Dicke (con un argumento más tarde refinado por Brandon Carter)[3.26] señaló que, según la teoría aceptada de la evolución estelar, la vida media de una estrella de la «secuencia principal» está relacionada con las diferentes constantes de la naturaleza de tal manera que cualquier criatura cuya vida y evolución dependan de que está existiendo aproximadamente a la mitad del período de vida activa de dicha estrella ordinaria, encontraría probablemente un universo cuya edad, en unidades de tiempo de Planck, es del orden de N^3. Si pudiera entenderse teóricamente el valor particular para Λ de N^{-6}, esto también explicaría el enigma de la aparente coincidencia de una constante cosmológica que entra en juego precisamente ahora. Pese a todo, estas son claramente materias especulativas, y por supuesto se necesitarán teorías mejores para tener una mejor comprensión de estos números.

3.3. Anteriores propuestas pre-Big-Bang

El esquema de la CCC puede contrastarse con otras varias propuestas de actividad pre-Big-Bang que se han presentado previamente. Incluso entre los primeros modelos cosmológicos compatibles con la relatividad general de Einstein, a saber, los que propuso Friedmann en 1922, había uno que llegó a ser conocido como el «universo oscilante». Parece que esta terminología surgió por el hecho de que para el modelo de Friedmann cerrado sin constante cosmológica ($K > 0$, $\Lambda = 0$; véase la Fig. 2.45), la gráfica que representa el *radio* de la 3-esfera que describe el universo espacial en función del tiempo, tiene la forma de una *cicloide*, que es la curva que describe un punto en la circunferencia de un aro circular que rueda sobre el eje del tiempo (normalizada de modo que la velocidad de la luz es $c = 1$; véase la Fig. 3.7). Evidentemente, esta curva se extiende más allá del único arco que describiría un universo espacialmente cerrado que se expande a partir de su big bang y luego colapsa a su big crunch; ahora tenemos una sucesión de arcos semejantes, y podemos considerar que el modelo entero representa una sucesión interminable de eones (Fig. 3.8), un esquema por el que Einstein expresó un breve interés en 1930.[3.27] Por supuesto, el «rebote» que tiene lugar en cada etapa en la cual el radio espacial se hace cero ocurre en una *singularidad espaciotemporal* (donde la curvatura del espacio-tiempo se hace infinita) y las ecuaciones de Einstein no pueden utilizarse de la manera ordinaria para describir una evolución razonable, incluso si pudiera concebirse algún tipo de modificación, quizá a lo largo de líneas similares a las de §3.2.

Un tema más serio desde el punto de vista de este libro es cómo un modelo semejante puede abordar la cuestión de la Segunda Ley, pues-

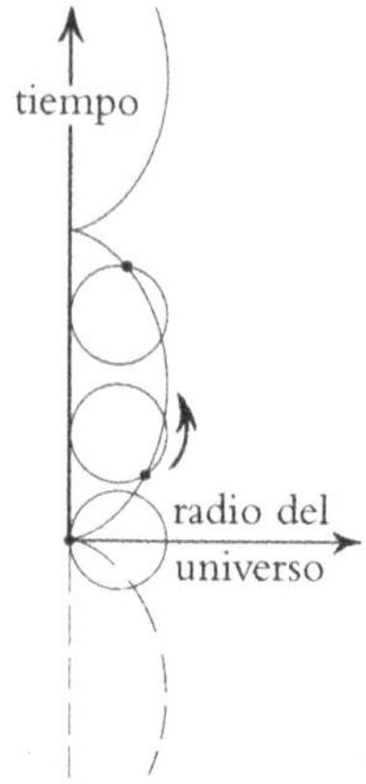

Fig 3.7. El modelo de Friedmann de la Fig. 2.2(a) tiene un radio que, cuando se representa en función del tiempo, describe una cicloide, que es la curva que traza un punto en un aro que rueda.

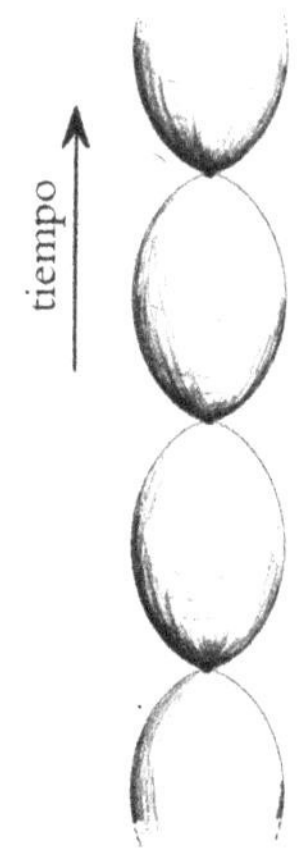

Fig. 3.8. Tomando en serio la cicloide de la Fig. 3.7 obtenemos un modelo de universo cerrado oscilante.

to que este modelo concreto no deja lugar para un cambio progresivo que representa un continuo incremento de entropía. De hecho, en 1934, el distinguido físico estadounidense Richard Chace Tolman describió una modificación del modelo oscilante de Friedmann[3.28] que cambia el «polvo» de Friedmann por un material gravitatorio compuesto con un grado de libertad interno adicional, que puede sufrir cambios para acomodar un incremento de entropía. El modelo de Tolman es algo parecido al modelo de Friedmann oscilante, pero los sucesivos eones tienen duraciones cada vez más largas y radios máximos cada vez mayores (véase la Fig. 3.9). Este modelo es aún de tipo FLRW

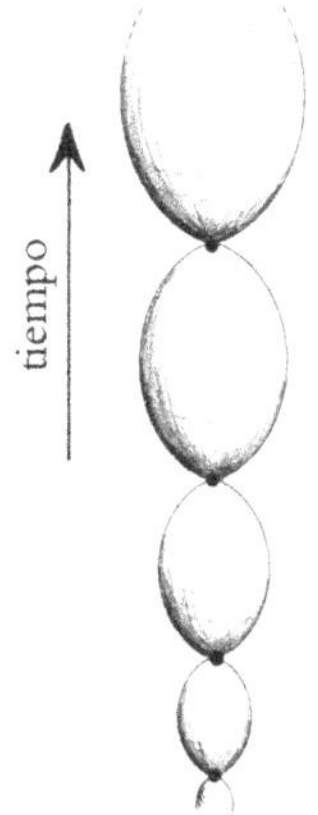

Fig. 3.9. Este modelo, debido a Tolman, empezó a abordar la Segunda Ley al tener un contenido de materia que admitía un incremento de entropía, por lo que el modelo se haría más grande en cada etapa.

(véase §2.1), de modo que no hay lugar para contribuciones a la entropía a través de aglomeración gravitatoria. Por ello, el incremento de entropía en este modelo es de un tipo relativamente moderado. De todas formas, la contribución de Tolman fue importante por ser uno de los sorprendentemente pocos intentos serios de acomodar la Segunda Ley en cosmología.

En este punto, es apropiado mencionar otra de las contribuciones de Tolman a la cosmología que tiene también considerable relevancia para la CCC. Lo que representa los contenidos materiales del universo como un fluido sin presión (es decir, «polvo»; véase §3.1) es el modo en que se trata la *fuente* gravitatoria (es decir, el tensor de Einstein **E**; véase §2.6) en los modelos de Friedmann. Esta no es una mala primera aproximación, siempre que el material real que se vaya a modelar esté razonablemente disperso y *frío*. Pero cuando estamos considerando la situación en la vecindad del Big Bang, tenemos que tratar los contenidos materiales como si estuvieran muy *calientes* (véase el comienzo de §3.1), de modo que cabe esperar que una aproximación mucho mejor cerca del Big Bang es la *radiación incoherente*, aunque el *polvo* de Friedmann sea mejor para la evolución del universo después del momento de desacoplamiento (§2.2). Por ello, para ofrecer una mejor descripción del universo cerca del Big Bang, Tolman introdujo modelos equivalentes a los seis modelos de Friedmann de §2.1 pero llenos de radiación La apariencia general de las soluciones de radiación de Tolman no difiere mucho de la de las correspondientes soluciones de Friedmann, y las imágenes de las Figs. 2.2 y 2.5 servirán asimismo bastante bien para las soluciones de radiación de Tolman. Los diagramas conformes estrictos de las Figs. 2.34 y 2.35 también servirán para las respectivas soluciones con radiación de Tolman, salvo que la imagen de la Fig. 2.2(a) tiene que ser reemplazada, estrictamente hablando, por una figura en donde el rectángulo mostrado se reemplaza por un *cuadrado*. (Al dibujar diagramas conformes estrictos suele haber suficiente libertad para acomodar tales diferencias de escala, pero en este caso la situación tiene demasiada rigidez para eliminar la diferencia de escala global entre esas dos figuras.)

El arco de cicloide de la Fig. 3.7 de Friedmann, para el caso $K > 0$ debe ser reemplazado en el modelo de radiación de Tolman por el *semicírculo* de la Fig. 3.10, que describe el radio del universo en función del tiempo ($K > 0$). Es curioso que la continuación (analítica) natural del semicírculo de Tolman se comporta de forma muy diferente de lo que sucede con la cicloide, puesto que un semicírculo debería completarse en un *círculo* si estamos pensando en una continuación analítica genuina.[3.29] Esto no tiene sentido si estamos pensando en una continuación real a valores del parámetro temporal que se extienden más allá del alcance del modelo original. Básicamente, el radio del universo tendría que hacerse *imaginario*[3.30] en el caso de Tolman, si tratáramos de extenderlo analíticamente a una fase anterior a este big bang del modelo. Así pues, una continuación analítica directa para proporcionar un «rebote» del tipo que ocurre con la solución $K > 0$ de Friedmann oscilante no parece tener sentido cuando pasamos del polvo de Fried-

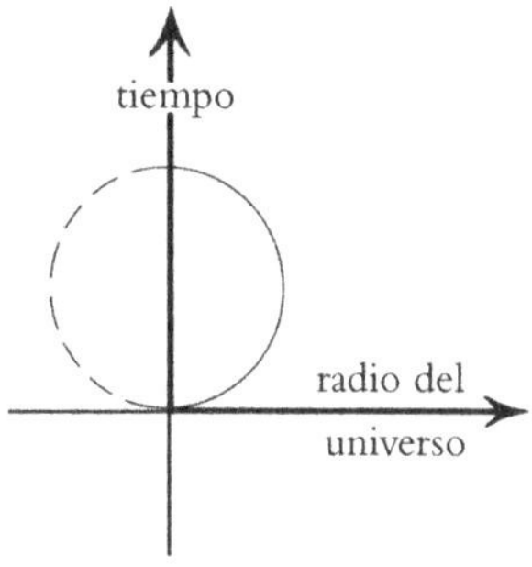

Fig. 3.10. En el universo cerrado y lleno de radiación de Tolman, la función radial es un semicírculo.

mann a la radiación de Tolman, aunque esta última es mucho más realista para el comportamiento cerca del Big Bang real debido a la temperatura extraordinariamente alta que esperamos encontrar allí.

La diferencia de comportamiento en la singularidad tiene importancia en relación con la propuesta de Tod (§2.6). Esto tiene que ver con la naturaleza del factor conforme Ω que es necesario para «inflar» los big bangs de las soluciones de Friedmann y las correspondientes soluciones de radiación de Tolman hasta una 3-superficie suave $\mathscr{B}$. Puesto que Ω se hace infinito en $\mathscr{B}$, todo quedará más claro si parafraseamos las cosas en términos del *recíproco* de este Ω, para el que utilizaré la letra minúscula ω:

$$\omega = \Omega^{-1}.$$

(El lector puede tener por seguro que pese a la confusión entre la notación utilizada aquí y en el apéndice B concerniente a la definición de Ω, el ω aquí utilizado *coincide* realmente con el del apéndice B.) En los casos de Friedmann encontramos que cerca de la 3-superfcie $\mathscr{B}$, la cantidad ω se comporta como el *cuadrado* de un parámetro de tiempo local (que se anula en $\mathscr{B}$), de modo que la continuación de ω a través de $\mathscr{B}$ puede conseguirse suavemente sin que ω cambie de signo. Por ello, su inverso Ω tampoco se hace negativo al cruzar $\mathscr{B}$; véase la Fig. 3.11(a). Por otra parte, en los casos de radiación de Tolman, ω varía en *propor-*

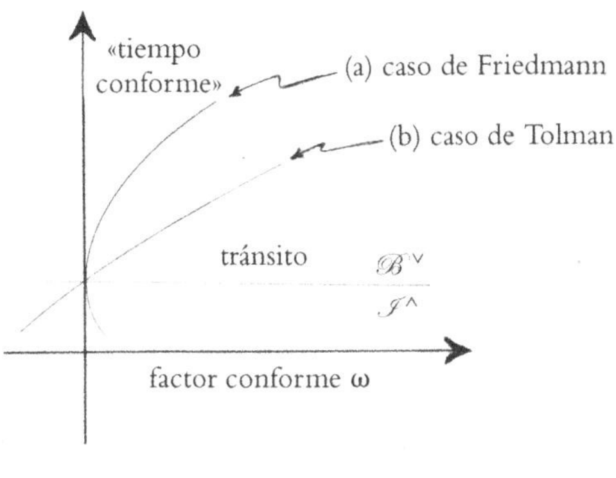

Fig. 3.11. Comparación entre los comportamientos de los factores conformes ω para (a) polvo de Friedmann y (b) radiación de Tolman. Solo el último (b) es compatible con la CCC. (Véase la Fig. 3.5 y el apéndice B para la notación.)

ción a dicho parámetro temporal local (que se anula en $\mathscr{B}$), de modo que la suavidad en ω requeriría que el signo de ω, y por consiguiente del propio Ω, cambie a un valor *negativo* en uno u otro lado de $\mathscr{B}$. De hecho, este último comportamiento está mucho más próximo a lo que sucede en la CCC. Hemos visto, en §3.2, que una continuación conforme suave del futuro expandido remoto del eón previo a la 3-superficie de tránsito continúa teniendo un valor Ω negativo en el eón posterior (Fig. 3.11(b)). Esto nos da una inversión catastrófica del signo de la constante gravitatoria, si no hacemos el cambio $\Omega \mapsto \Omega^{-1}$ en la superficie de tránsito (véase §3.2). Pero si hacemos este cambio, entonces el comportamiento de (–)Ω en el lado big bang del tránsito es necesariamente el tipo de comportamiento que obtenemos para una solución de radiación de Tolman, y no una de Friedmann. Esto parece muy satisfactorio, porque un modelo de radiación de Tolman proporciona una buena aproximación local al espacio-tiempo inmediatamente después del Big Bang (donde estoy ignorando la posibilidad de inflación, por razones mencionadas en §2.6, §3.4 y §3.6).

Algunos cosmólogos han propuesto una idea más que podría incorporarse en modelos cíclicos tales como el modelo oscilante de Friedmann de la Fig. 3.8 o alguna modificación del mismo como la debida a Tolman y que se ilustra en la Fig. 3.9. Esta idea parece tener su origen en John A. Wheeler, cuando presentó la intrigante propuesta de que las constantes adimensionales de la naturaleza podrían alterarse cuando el universo pasa por un estado singular, como sucede en los momentos de radio cero que ocurren en estos modelos de tipo oscilante. Por supuesto, puesto que las leyes dinámicas normales de la física han tenido que ser abandonadas para que el universo atraviese estos estados singulares, parece que no hay ninguna razón para no ceder un poco más ¡y dejar que también varíen las constantes básicas!

Pero hay aquí un punto serio. Con frecuencia se ha argumentado que hay muchas curiosas coincidencias en las relaciones entre las constantes de la naturaleza de las que parece depender la vida en la Tierra. Algunas podrían descartarse sin más, pues solo tienen valor para ciertos tipos de vida que nos son familiares; tal es el caso de los parámetros que determinan el hecho delicado y anómalo de que el hielo es menos denso que el agua a partir de la que se forma, de modo que la vida puede persistir en el agua que queda sin congelar bajo una capa superficial de hielo protectora, incluso cuando la temperatura externa cae por debajo de la de congelación. Otras coincidencias parecen presentar un desafío más problemático; por ejemplo, la circunstancia de que la química habría sido imposible si el neutrón no hubiera sido ligeramente más masivo que el protón, un hecho que conduce a toda una variedad de tipos diferentes de núcleos estables —que subyacen en todos los elementos químicos diferentes— que de otra manera no se hubieran producido. Una de las más sorprendentes de tales coincidencias aparentes fue puesta de manifiesto con la confirmación que hizo William Fowler de la notable predicción de Fred Hoyle de la existencia de un nivel energético particular del carbono que, de no existir, habría significado que la producción de elementos pesados en las estrellas no habría podido proceder más allá del carbono, lo que dejaría los planetas privados de nitrógeno, oxígeno, cloro, sodio, azufre y muchos otros elementos. (Fowler compartió por esto el Premio Nobel de 1982 con Chandrasekhar pero, extrañamente, Hoyle fue marginado.)

El término «principio antrópico» fue acuñado por Brandon Carter, quien estudió seriamente la idea[3.31] de que si las constantes no hubieran sido las exactamente precisas en este universo concreto, o en este lugar concreto o tiempo concreto en este universo concreto, entonces habríamos tenido que encontrarnos en otro, donde estas constantes sí tendrían los valores adecuados para que fuera posible la vida inteligente. No es mi intención profundizar aquí en este conjunto de ideas fascinantes pero sumamente controvertidas. No estoy del todo seguro de cuál es mi propia postura sobre la materia, aunque sí creo que con frecuencia se confía demasiado en este principio cuando se intenta dar apoyo a lo que para mí son propuestas teóricas implausibles.[3.32] Aquí meramente señalo que al pasar de un eón al siguiente de acuerdo con la CCC, muy bien podría haber lugar para cambios en, digamos, el valor de la «*N*» mencionada en §3.2, cuyas potencias parecen determinar las diversas razones entre muy diferentes constantes físicas adimensionales fundamentales. La cuestión será abordada de nuevo en §3.6.

La idea de Wheeler está también incorporada en una propuestas más exótica presentada por Lee Smolin en su libro *Life of the Cosmos* de 1997.[3.33] Smolin hace la tentadora sugerencia de que cuando se forman los agujeros negros, sus regiones internas en colapso se convierten, en virtud de efectos desconocidos de gravedad cuántica, en regiones en expansión por algún tipo de «rebote», y cada una de tales regiones proporciona la semilla de una nueva fase de universo en expansión. Entonces cada nuevo «universo bebé» se expande para dar un universo «maduro» con sus propios agujeros negros, etc., etc. Véase la Fig. 3.12. Evidentemente este procedimiento colapso ⇝ expansión tendría que ser muy diferente del tipo de transición conformemente suave implicada en la CCC, y su relación con la Segunda Ley es oscura. Sin embargo, el modelo tiene la virtud de que puede estudiarse desde el punto de vista del principio biológico de *selección natural*, y no es en absoluto carente de predicciones estadísticas importantes. Smolin hace valiosos intentos en tales predicciones y ofrece comparaciones con estadísticas observacionales de agujeros negros y estrellas de neutrones. El papel de la idea de Wheeler es que las constantes adimensionales po-

Fig. 3.12. Visión romántica de Smolin del universo donde nuevos «eones» emergen de singularidades de agujero negro.

drían cambiar solo moderadamente en cada proceso colapso ⇝ expansión, de modo que habría algún tipo de «herencia» en la propensión a formar nuevos agujeros negros, que está sometida a las influencias de una especie de selección natural.

Apenas menos fantasiosas, en mi humilde opinión, son esas propuestas cosmológicas que dependen en su operación de las ideas de la *teoría de cuerdas* y su dependencia —tal como está la teoría de cuerdas— de la existencia de dimensiones espaciales extra. La primera de estas propuestas pre-big-bang, hasta donde yo sé, es una debida a Gabriele Veneziano.[3.34] Este modelo parece tener algunos puntos fuertes en común con la CCC, a la que precedió en unos siete años, particularmente en relación con los papeles de los reescalados conformes y la idea de que el «período inflacionario» podría considerarse mejor como una expansión exponencial que ocurre en una fase de universo anterior a la que estamos experimentando actualmente (véanse §3.4 y §3.6). Por otra parte, depende de ideas procedentes de la cultura de la teoría de cuerdas, lo que hace difícil relacionarlo directamente con la propuesta CCC que se presenta aquí, en particular en lo que respecta al claro elemento predictivo de la CCC al que llegaré en §3.6.

Comentarios similares son válidos para la más reciente propuesta de Paul Steinhardt y Neil Turok,[3.35] en la que la transición de un «eón» al siguiente tiene lugar mediante la «colisión de D-branas», que son estructuras dentro de un adjunto de más altas dimensiones a la noción normal de espacio-tiempo 4-dimensional. Aquí, se considera que el tránsito ocurre solo en algún múltiplo más bien pequeño de 10^{12} años, cuando todavía seguirían existiendo todos los agujeros negros que actualmente se cree que son resultado de procesos astrofísicos. Aparte de esto, la dependencia de conceptos procedentes de la cultura de la teoría de cuerdas de nuevo dificulta hacer una clara comparación con la CCC. Esto se clarificaría mucho si su esquema pudiera reformularse de tal modo que pueda verse como un esquema basado en un espacio-tiempo 4-dimensional más convencional, con los papeles de las estructuras extradimensionales codificados de algún modo en una dinámica 4-dimensional, aunque solo sea de forma aproximada.

Además de los esquemas ya mencionados, existen numerosos intentos de utilizar ideas procedentes de la *gravedad cuántica* para conseguir un «rebote» desde una fase previa de universo en colapso a una fase posterior de universo en expansión.[3.36] En estos se considera que una evolución cuántica no singular reemplaza al estado singular que *clásicamente* ocurriría en el momento de tamaño mínimo. En muchos intentos por conseguirlo se suelen utilizar modelos simplificados de un número menor de dimensiones, aunque las implicaciones para el espacio-tiempo 4-dimensional no están entonces completamente claras. Además, en la mayoría de los intentos de una evolución cuántica, las singularidades *no* quedan eliminadas. Parece que la propuesta más satisfactoria hasta la fecha a favor de un rebote cuántico no singular es utilizar la aproximación de *variables de lazo* a la gravedad cuántica; en estos términos, Ashtekar y Bojowald han conseguido una evolución cuántica que atraviesa lo que clásicamente sería una singularidad cosmológica.[3.37]

Sin embargo, hasta donde puedo decir, ninguna de las propuestas pre-Big-Bang descritas en esta sección hace una incursión seria en la cuestión fundamental planteada por la Segunda Ley, como se describe en la Parte 1. Ninguna aborda explícitamente la cuestión de suprimir grados de libertad gravitatorios en el Big Bang, que realmente es la *clave* del origen de la Segunda Ley en la forma particular en que la encontramos, como se ha destacado en §2.2, §2.4 y §2.6. De hecho, muchas de las propuestas anteriores están firmemente dentro del marco de los modelos FLRW, de modo que no se acercan a abordar estas materias esenciales.

Pese a todo, incluso los primeros cosmólogos del siglo XX eran conscientes de que las cosas podrían ser muy diferentes en cuanto se admitan desviaciones de la simetría FLRW. El propio Einstein había expresado la esperanza[3.38] de que la introducción de *irregularidades* podría permitir que se evitara la singularidad (en la misma línea del trabajo muy posterior de Lifshitz y Jalatnikov, antes de que ellos y Belinski localizaran su error; véase §2.4). Como ahora ha quedado claro, después de los teoremas de singularidad de finales de la década de 1960,[3.39] esta esperanza no puede materializarse dentro del marco de la relatividad general clásica, y los modelos de este tipo encontrarán inevitablemente singularidades espaciotemporales. Vemos, además, que cuando están presentes tales irregularidades en la fase en colapso, y están creciendo incesantemente de acuerdo con los enormes incrementos de entropía que acompañan al colapso gravitatorio según la imagen presentada en §2.6, entonces no hay ninguna posibilidad de que la geometría —ni siquiera la simple geometría conforme (conos nulos)— que la fase en colapso alcanzará en su big crunch pueda empalmar con el big bang mucho más suave (de tipo FLRW) del eón posterior.

Por consiguiente, si vamos a adoptar el punto de vista de que la fase pre-Big-Bang tendría que comportarse de acuerdo con la Segunda Ley, con plena activación de los grados de libertad gravitatorios, parece que debería estar implicado algo muy diferente de un rebote directo, ya sea clásico o cuántico. Mi propio intento de abordar esta seria cuestión constituye una de las razones principales para avanzar la idea aparentemente extraña de la CCC, que incluye el cambio de escala infinito que permite el empalme geométrico requerido entre un eón y el siguiente. Pero sigue quedando un enigma profundo: ¿cómo puede un tal proceso cíclico ser compatible con la Segunda Ley, con la entropía aumentando continuamente eón tras eón tras eón…? Este desafío es central para la empresa de este libro y tendré que afrontarlo seriamente en la próxima sección.

3.4. Cuadrando la Segunda Ley

Volvamos por ello a la cuestión que puso en marcha toda esta empresa, a saber, el origen de la Segunda Ley. El primer punto que se ha de señalar es que hay que afrontar un enigma. Es un enigma que parece asaltarnos *independientemente* de la CCC. La cuestión tiene que ver con el hecho evidente de que la entropía de nuestro universo —o del eón actual, si estamos considerando la CCC— parece estar aumentando enormemente, pese al hecho de que el universo muy primitivo y el futuro muy remoto parecen ser incómodamente similares uno a otro. Por supuesto, no son realmente similares en el sentido de ser casi idénticos, pero son alarmantemente «similares» de acuerdo con el uso que se hace normalmente de esta palabra en geometría euclidiana, a saber, que la diferencia entre los dos parece ser básicamente tan solo un enorme cambio de escala. Además, cualquier cambio de escala global es esencialmente *irrelevante* para las medidas de *entropía* —donde esta magnitud está definida por la maravillosa fórmula de Boltzmann (que se ha dado en §1.3)— debido al hecho importante, señalado al final de §3.1, de que los volúmenes del espacio de fases no son alterados por cambios de escala conformes.[3.40] Pese a todo, la entropía *sí* parece aumentar, *enormemente*, en nuestro universo, debido a los efectos de aglomeración gravitatoria. Nuestro enigma consiste en entender cómo pueden cuadrarse estos hechos aparentes. Algunos físicos han argumentado que la definitiva máxima entropía alcanzada por nuestro universo no aparecerá de la aglomeración en agujeros negros, sino de la entropía de Bekenstein-Hawking del horizonte de sucesos *cosmológico*. Esta posibilidad será abordada en §3.5, donde argumentaré que ello no invalida la discusión de esta sección.

Examinemos con más cuidado el estado probable del universo primitivo, donde se ha impuesto alguna condición apropiada para eliminar los grados de libertad gravitatorios en el Big Bang, de modo que esta entropía gravitatoria es baja en lo que encontramos en el universo primitivo. ¿Necesitamos tener en cuenta la inflación cósmica? El lector se habrá dado cuenta de que soy escéptico sobre la realidad de este presunto proceso (§2.6), pero no importa; en esta discusión apenas supone alguna diferencia. Podemos o bien ignorar la posibilidad de inflación, o quizá adoptar el punto de vista (véase §3.6) de que la CCC proporciona meramente una interpretación diferente de la inflación, en donde la fase inflacionaria *es* la fase en expansión exponencial del eón previo, o podemos considerar la situación inmediatamente *después* del «momento» cósmico —alrededor de 10^{-32} s—, cuando se considera que la inflación ha cesado.

Como he argumentado al comienzo de §3.1, es razonable suponer que este estado de universo primitivo (digamos alrededor de 10^{-32} s) estaría dominado por física conformemente invariante y habitado por ingredientes sin masa efectiva. Ya sea o no correcta en todos sus detalles la propuesta de Tod, de §2.6, parece que no nos equivocamos demasiado si tomamos el estado del universo primitivo, en el que los grados de libertad gravitatorios están fuertemente suprimidos, como uno en el que un estiramiento conforme nos proporcionaría un estado suave no singular que sigue estando habitado en esencia por entidades sin masa, quizá básicamente fotones. Asimismo tendríamos que tener en cuenta los grados de libertad adicionales en la *materia oscura*, que también se considera sin masa efectiva en esos instantes iniciales.

En el otro lado de la escala de tiempos, tenemos finalmente un universo de tipo De Sitter (§2.5) en expansión exponencial, una vez más habitado básicamente por ingredientes sin masa (fotones). Podría haber muy bien otro material perdido consistente, digamos, en partículas masivas estables, pero la entropía estaría casi enteramente en los fotones. Parece que seguiríamos sin equivocarnos demasiado (apelando a los resultados de Friedrich citados en §3.1) si suponemos que podemos comprimir conformemente el futuro remoto para obtener un estado de universo suave nada diferente del que obtuvimos estirando conformemente la situación próxima al Big Bang (digamos en 10^{-32} s).

Si acaso, podría haber *más* grados de libertad activados en el Big Bang estirado, porque, además de los grados de libertad quizá activados en la materia oscura, la propuesta de Tod aún permite la presencia de grados de libertad gravitatorios en un tensor de Weyl **C** no nulo (pero finito), y no el requisito **C** = 0 demandado por la CCC (véanse §2.6 y §3.2). Pero si tales grados de libertad están realmente presentes, esto solo hará nuestro enigma aún más serio, pues el problema que hay que afrontar es que la entropía del universo muy primitivo se ve apenas menor (si no realmente mayor) que la que se va a encontrar en el futuro muy remoto, pese al hecho de que seguramente debe haber incrementos absolutamente enormes en la entropía que tienen lugar entre 10^{-32} s y el futuro muy remoto.

Para abordar adecuadamente este enigma tenemos que entender la naturaleza y magnitud de las contribuciones importantes a lo que esperamos que sea un enorme incremento de entropía. En el momento presente parece que la mayor contribución a la entropía del universo proviene de enormes agujeros negros en los centros de muchas (¿o todas?) galaxias. Es difícil encontrar una estimación precisa de los tamaños de los agujeros negros en las galaxias en general. ¡Por su misma naturaleza, los agujeros negros son difíciles de ver! Pero nuestra propia galaxia puede ser bastante típica, y parece que contiene un agujero negro de unas $4 \times 10^6 M_\odot$ (véase §2.4), que por la fórmula de entropía de Bekenstein-Hawking nos proporciona una entropía por barión para nuestra galaxia de unos 10^{21} (donde «barión» significa aquí, en efecto, un protón o un neutrón, y donde, por facilidad de descripción, estoy considerando que el número bariónico se conserva, pues todavía no se ha observado ninguna violación de este principio de conservación). Así que tomaremos esta cifra como una estimación plausible de la presente entropía por barión en el universo en general.[3.41] Si tenemos en cuenta que la siguiente contribución a la entropía parece ser la del CMB, donde la entropía por barión no es más que de unos 10^9, vemos cuánto parece haber aumentado ya la entropía desde el instante del desacoplamiento —y ya no digamos desde 10^{-32} s—, y es básicamente la entropía de los agujeros negros la responsable de este enorme incremento de entropía. Para hacer esto más espectacular, permítaseme escribirlo en una notación más habitual. La entropía por barión en el

CMB es alrededor de 1.000.000.000, mientras que (según la estimación anterior), la entropía actual por barión es aproximadamente

1.000.000.000.000.000.000.000,

y está principalmente en los agujeros negros. Además, cabe esperar que estos agujeros negros, y en consecuencia la entropía del universo, crezca de manera muy considerable en el futuro, de modo que incluso *este* número quedará superado abrumadoramente en el futuro lejano. Así pues, nuestro enigma toma la forma de la pregunta: ¿cómo puede cuadrarse esto con lo que se ha dicho en las partes anteriores de esta sección? ¿Qué habrá sucedido en última instancia con toda esta entropía de agujeros negros?

Tenemos que tratar de entender cómo la entropía *parecerá* haberse contraído finalmente en un factor tan enorme. Para ver dónde ha ido toda esta entropía, recordemos lo que se supone que es el destino, en el *futuro* muy remoto, de todos esos agujeros negros responsables de ese enorme incremento de entropía. De acuerdo con lo que se ha dicho en §2.5, al cabo de unos 10^{100} años los agujeros habrán desaparecido, habiéndose evaporado por el proceso de radiación de Hawking por el que se presume que cada uno de ellos desaparece finalmente con un «pop».

Debemos tener en cuenta que el crecimiento de la entropía debido al engullimiento de material por un agujero negro, y también la reducción final del tamaño (y masa) del agujero debido a su evaporación de Hawking, serían totalmente compatibles con la Segunda Ley; no solo eso, sino que también estos fenómenos son *consecuencias* directas de la Segunda Ley. Para apreciarlo, en líneas generales, no necesitamos entender las sutilezas del argumento inicial de Hawking en 1974 para la temperatura y la entropía de un agujero negro (que se considera formado en el pasado lejano a partir de un colapso gravitatorio). Si no estamos interesados en el coeficiente *exacto* $8kG\pi^2/ch$ que aparece en la fórmula de la entropía de Bekenstein-Hawking de §2.6, y nos contentamos con una aproximación al mismo, podríamos encontrar una justificación para la forma general de la entropía de un agujero negro simplemente a partir de la demostración original de Bekenstein en 1972[3.42]; esta utilizaba un argumento exclusivamente físico basado en la Segunda Ley y en los principios de la mecánica cuántica y la relatividad general aplicados a experimentos mentales concernientes a la caída de objetos al interior de agujeros negros. La temperatura de superficie de agujero negro de Hawking T_{BH}, que para un agujero sin rotación de masa M es

$$T_{BH} = \frac{K}{M}$$

(estando dada la constante K por $K = 1/(4\pi)$), se sigue entonces de principios termodinámicos estándar[3.43] una vez que se acepta la fórmula de la entropía. Esta es la temperatura vista desde el infinito, y el ritmo al que radiará un agujero negro se determina entonces suponiendo que esta temperatura se difunde uniformemente sobre una esfera cuyo radio es el radio de Schwarzschild (véase §2.4) del agujero negro.

Hago hincapié en estos puntos solo para resaltar que la entropía y temperatura de agujero negro, y el proceso de evaporación de Hawking de estas extrañas entidades, aunque de un carácter poco familiar, son sin embargo una buena parte de la física de nuestro universo, que encaja con principios fundamentales a los que nos hemos habituado, y muy especialmente con la *Segunda Ley*. La enorme entropía que poseen los agujeros negros es algo que cabe esperar de su carácter irreversible y el hecho notable de que la estructura de un agujero negro estacionario solo necesita unos pocos parámetros para caracterizar su estado.[3.44] Puesto que debe haber un enorme volumen de espacio de fases correspondiente a cualquier conjunto concreto de valores de tales parámetros, la fórmula de Boltzmann (§1.3) sugiere una entropía muy grande. De la consistencia de la física en conjunto tenemos muchas razones para esperar que nuestra actual imagen general del papel y el comportamiento de los agujeros negros sea cierta, salvo que el «pop» al final de la existencia del agujero es algo hipotético. Sin embargo, es difícil ver qué otra cosa podría sucederle en esta etapa.

Pero *¿realmente* necesitamos creer en el pop? Mientras el espacio-tiempo descrito por el agujero negro siga siendo una geometría *clásica* (es decir, no cuántica), la radiación debería continuar extrayendo masa/energía del agujero a un ritmo tal que le haría desaparecer en un tiempo finito —de $\sim 2 \times 10^{67}(M/M_\odot)^3$ años para un agujero de masa M

si nada más cae en el agujero.[3.45] Pero ¿cuánto tiempo podemos esperar que las nociones de la geometría espaciotemporal clásica ofrezcan una imagen fiable? La expectativa general (simplemente por consideraciones dimensionales) es que solo cuando el agujero se acerca a la absurdamente minúscula dimensión de Planck l_P de ~10^{-35}m (aproximadamente 10^{-20} del radio clásico de un protón) esperamos tener que incluir alguna forma de gravedad cuántica; pero sea lo que sea lo que suceda en esa etapa muy tardía, la única masa que queda sería presumiblemente algo cercano a la masa de Planck m_P, con un contenido de energía de solo una energía de Planck E_P, y es difícil ver que pudiera durar entonces un tiempo mucho mayor que un tiempo de Planck t_P (véase el final de §3.2). Algunos físicos han contemplado la posibilidad de que el punto final podría ser un remanente *estable* de masa ~m_P, pero esto causa algunas dificultades con la teoría cuántica de campos.[3.46] Además, cualquiera que pudiera ser el destino final de un agujero negro, su estado de existencia final parece ser independiente del tamaño original del agujero negro, y solo tiene que ver con una extraordinariamente minúscula fracción de la masa-energía del agujero negro. No parece haber un acuerdo completo entre los físicos acerca del estado final de este minúsculo remanente de un agujero negro,[3.47] pero la CCC requeriría que *nada* con masa en reposo persistiera por una eternidad, de modo que la imagen del «pop» (junto con la desintegración final de la masa en reposo de cualquier partícula masiva producida en el pop) es muy aceptable desde el punto de vista de la CCC, y es también compatible con la Segunda Ley.

Pero, pese a esta compatibilidad, hay algo característicamente singular en un agujero negro, en cuanto que la evolución futura del espacio-tiempo, aparentemente única entre los fenómenos físicos de evolución futura, da como resultado una inevitable *singularidad espaciotemporal* interna. Aunque esta singularidad es una consecuencia de la relatividad general *clásica* (§2.4 y §2.6), es difícil creer que esta descripción clásica tuviera que ser seriamente modificada por consideraciones de gravedad cuántica antes de llegar a enormes curvaturas espaciotemporales donde los radios de curvatura del espacio-tiempo empiezan a reducirse a la escala extremadamente minúscula de la longitud de Planck l_P (véase el final de §3.2). Particularmente en el caso de un enorme agujero negro en un centro galáctico, el lugar donde empiecen a mostrarse tales radios de curvatura minúsculos será una región absolutamente minúscula que abarca a la singularidad en la imagen espaciotemporal clásica. La localización conocida como una «singularidad» en la descripción espaciotemporal clásica debería considerarse realmente como la localización «donde la gravedad domina». Pero en la práctica esto apenas supone diferencia, puesto que no hay una estructura matemática generalmente aceptada para reemplazar a la imagen de Einstein de espacio-tiempo continuo, y no preguntamos qué más sucede sino que meramente añadimos una frontera singular de curvatura desmesuradamente divergente, posiblemente de acuerdo con un comportamiento caótico de tipo BKL (§2.4 y §2.6).

Para hacernos una idea mejor del papel de esta singularidad en la imagen clásica, examinemos el diagrama conforme estricto de la Fig. 3.13, cuyas dos partes son básicamente redibujos de la Fig. 2.38(a) y la Fig. 2.41, respectivamente. Estas imágenes, cuando se interpretan como diagramas conformes estrictos, incorporan simetría esférica exacta, que es poco probable que siga existiendo cuando quiera que haya irregularidades presentes en el colapso. Sin embargo, si nos permitimos suponer *censura cósmica fuerte* (véase el final de §2.5 y §2.6) hasta justo antes

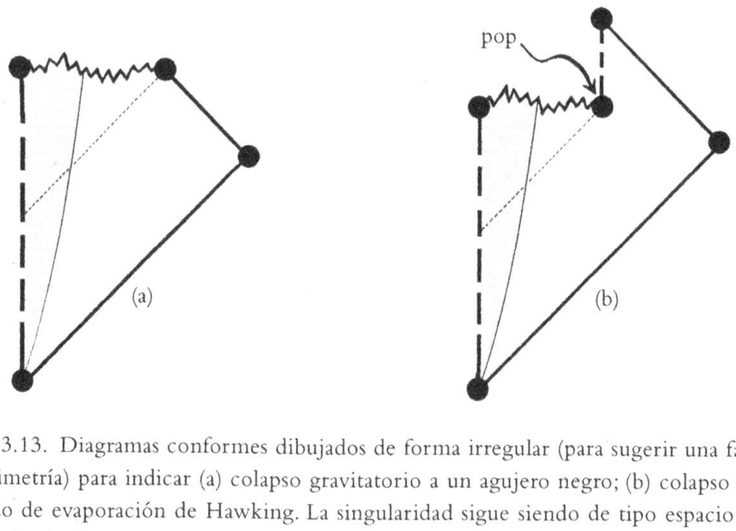

Fig. 3.13. Diagramas conformes dibujados de forma irregular (para sugerir una falta de simetría) para indicar (a) colapso gravitatorio a un agujero negro; (b) colapso seguido de evaporación de Hawking. La singularidad sigue siendo de tipo espacio de acuerdo con la censura cósmica fuerte.

del pop,[3.48] entonces la singularidad debería ser esencialmente *de tipo espacio*, y las imágenes de la Fig. 3.13 siguen siendo cualitativamente adecuadas como diagramas conformes esquemáticos, pese a la extrema irregularidad en la geometría espaciotemporal cerca de la singularidad clásica.

Las regiones donde cabría esperar que los efectos de gravedad cuántica invaliden la imagen espaciotemporal clásica estarían muy próximas a la singularidad, donde las curvaturas espaciotemporales empiezan a alcanzar los valores extremos donde ya no se puede confiar en la física espaciotemporal clásica. En esta etapa no parece que haya esperanzas de adoptar una posición como la implicada en las «3-superficies de tránsito» de la CCC, en la que el espacio-tiempo podría extenderse suavemente a través de la singularidad para llegar a un tipo de continuación que pase «al otro lado». De hecho, la propuesta de Tod pretende *distinguir* la singularidad muy domesticada encontrada en el Big Bang del tipo de actividad —quizá de naturaleza BKL caótica— que cabría esperar en una singularidad de agujero negro. Pese a la estimulante propuesta de Smolin descrita en §3.3 (Fig. 3.12), yo no tengo muchas esperanzas en que la gravedad cuántica venga en nuestra ayuda y nos permita obtener un «rebote», en el que el espacio-tiempo emergente refleje lo que entró, en cualquier sentido directo, de acuerdo con algún tipo de procesos físicos fundamentales básicamente simétricos respecto al tiempo. Si se pudiera, entonces lo que emerge sería algo de la naturaleza del agujero blanco de la Fig. 2.46 o el amasijo de agujeros blancos bifurcantes que hemos contemplado en §2.6 (contrástese con la Fig. 3.2). Tal comportamiento sería ciertamente muy diferente del tipo de situación que encontramos en el universo que nos es familiar, y no poseería nada parecido a la Segunda Ley de nuestras experiencias.

Como quiera que sea, lo que parece estar sucediendo —al menos según cualquier tipo de evolución física que seamos capaces de contemplar— es que la física llega a un *final* en dicha región. O, si no lo hace, entonces continúa en algún tipo de estructura de universo de un carácter completamente ajeno al que conocemos. En cualquier caso, el material que entra en la región singular se pierde para el universo que conocemos, y parece que cualquier información que porta el material también se pierde. Pero ¿se pierde? ¿O de alguna manera puede salirse de su camino, en el diagrama de la Fig. 3.13(b), donde distorsiones gravitocuánticas de las ideas normales de la geometría espaciotemporal permiten de algún modo una propagación aparentemente de tipo espacio que sería ilegal de acuerdo con las reglas de causalidad normales de §2.3? Incluso si es así, es difícil ver que algo de esta información pudiera reaparecer, por tales medios, mucho antes del momento del pop; de manera que la inmensa cantidad de información contenida en el material que iba a formar un gran agujero negro, digamos de muchos millones de masas solares, podría reaparecer de algún modo casi en ese mismo momento, y de esa minúscula región, que constituye el pop. Personalmente, encuentro esto muy difícil de creer. Para mí es mucho más plausible que la información contenida en todos los procesos cuya evolución futura se dirige hacia dicha singularidad espaciotemporal sea destruida.

Sin embargo, una sugerencia alternativa,[3.49] frecuentemente aducida, propone que de algún modo se ha estado produciendo una «fuga» de información desde mucho tiempo antes, codificada en lo que se conoce como «entrelazamientos cuánticos», que se expresarían en correlaciones sutiles en la radiación de Hawking procedente del agujero. Desde este punto de vista, la radiación de Hawking no sería exactamente «térmica» (o «aleatoria»), sino que la información completa que parecería haberse perdido irrecuperablemente en la singularidad se tiene plenamente en cuenta (¿repetida?) fuera del agujero. Una vez más tengo serias dudas sobre estas sugerencias. De acuerdo con propuestas de este tipo, cualquier información que llega a la vecindad de la singularidad debe de algún modo estar «repetida» o «copiada» en esta información entrelazada externa, lo que en sí mismo violaría principios cuánticos básicos.[3.50]

Además, en su argumento original de 1974,[3.51] que demostraba la presencia de radiación térmica emanando de un agujero negro, Hawking hacía uso explícito del hecho de que la información incidente, en la forma de una onda de prueba, tendría que estar compartida entre la que escapa del agujero y la que cae en él. Es precisamente la hipótesis de que la parte que cae en el agujero negro se pierde irrecuperablemente la que lleva a la conclusión de que lo que sale debe tener un carácter térmico, con una temperatura que es precisamente igual a la que ahora llamamos temperatura de Hawking. Este argumento depende del uso del diagrama conforme de la Fig. 2.38(a), que para mí deja manifiestamente claro que la información incidente está realmente compartida entre la que cae en el agujero y la que escapa al infinito, y la que cae en el agujero se pierde, que es una parte esencial de la discusión. De hecho, durante muchos años el propio Hawking ha sido uno de los más fuertes defensores del punto de vista de que la información se pierde realmente en los agujeros negros. Pero en la XVII Conferencia Internacional sobre Relatividad General y Gravitación, celebrada en Dublín en 2004, Hawking anunció que había cambiado de opinión y, reconociendo públicamente que había perdido una apuesta que él (y Kip Thorne) había hecho con John Preskill, argumentó que había estado equivocado y que ahora creía[3.52] que toda la información debe ser recuperada fuera del agujero. Ciertamente mi opinión personal es que Hawking debería haberse quedado en sus trece, y que su punto de vista anterior estaba mucho más próximo a la verdad.

Sin embargo, la opinión revisada de Hawking está mucho más en consonancia con lo que podría considerarse el punto de vista «convencional» entre los teóricos de campos cuánticos. De hecho, la destrucción real de la información física no es algo que atraiga a la mayoría de los físicos, y la idea de que la información pueda destruirse de esta forma en un agujero negro es frecuentemente llamada la «*paradoja* de la información del agujero negro». La razón principal por la que los físicos tienen problemas con esta pérdida de información es que ellos mantienen la fe en que una adecuada descripción por gravedad cuántica del destino de un agujero negro debería ser consistente con uno de los principios fundamentales de la teoría cuántica conocido como *evolución unitaria*, que es básicamente una evolución determinista de un sistema cuántico simétrica respecto al tiempo,[3.53] como la gobernada por la *ecuación de Schrödinger*. Por su propia naturaleza, la información no puede perderse en el proceso de evolución unitaria, debido a la reversibilidad de esta. Por ello, la pérdida de información que parece ser un ingrediente necesario de la evaporación de agujeros negros de Hawking *es*, de hecho, *in*compatible con la evolución unitaria.

No puedo entrar aquí en los detalles de la teoría cuántica,[3.54] pero una breve mención de las ideas rudimentarias será importante para mi argumentación posterior. La expresión matemática básica de un sistema cuántico en un instante concreto viene dada por el *estado cuántico* o *función de onda* del sistema, para la que se suele utilizar la letra ψ. Como ya se ha mencionado, el estado cuántico ψ dejado a sí mismo evoluciona en el tiempo de acuerdo con la ecuación de Schrödinger; esta evolución unitaria es un proceso continuo determinista y básicamente simétrico respecto al tiempo para el que utilizo la letra **U**. Sin embargo, para determinar qué valor podría haber alcanzado un parámetro observable q en un instante dado t, se aplica a ψ un proceso matemático completamente diferente, que se conoce como *realizar una observación*, o *medida*. Esta se describe en términos de cierta operación $\mathcal{O}$ que se aplica a ψ y nos proporciona un conjunto de alternativas posibles $\psi_1, \psi_2, \psi_3, \psi_4, \ldots$, una por cada uno de los posibles resultados $q_1, q_2, q_3, q_4, \ldots$ para el parámetro q escogido, y con probabilidades respectivas $P_1, P_2, P_3, P_4, \ldots$ para estos resultados. Este conjunto de alternativas, con sus correspondientes probabilidades, está determinado por $\mathcal{O}$ y ψ por un procedimiento matemático especificado. Para reflejar lo que realmente parece *suceder* en el mundo físico, bajo medida, encontramos que ψ simplemente *salta* a *una* de las alternativas $\psi_1, \psi_2, \psi_3, \psi_4, \ldots$ del conjunto dado, digamos a ψ_j, y esta elección parece ser completamente aleatoria, aunque con una probabilidad dada por la correspondiente P_j. Este reemplazamiento de ψ por la elección particular ψ_j que hace la naturaleza se conoce como *reducción del estado cuántico* o *colapso de la función de onda*, para el que utilizo la letra **R**. Tras esta medida, que ha hecho que ψ salte (a ψ_j), la nueva función de onda ψ_j procede de nuevo de acuerdo con **U** hasta que se hace una nueva medida, y así sucesivamente.

Lo que es particularmente extraño en la mecánica cuántica es este mismo curioso híbrido, por el que el comportamiento del estado cuántico parece alternar entre estos dos procedimientos matemáticos completamente diferentes: el continuo y determinista **U**, y el discontinuo y probabilista **R**. No es sorprendente que los físicos no se sientan felices con este estado de cosas, y que por ello adopten una u otra entre varias posturas filosóficas diferentes. Hay noticia (referida por Heisenberg) de que el propio Schrödinger dijo: «Si este condenado salto cuántico estuviera aquí para quedarse, lamentaría haber estado implicado en la teoría cuántica».[3.55] Otros físicos, plenamente conscientes de la gran contribución que hizo Schrödinger con el descubrimiento de su ecuación de evolución, y aun compartiendo su disgusto por el «salto cuántico», se distanciarían de su postura diciendo que todavía no había salido a la luz toda la historia de la evolución cuántica. De hecho, una idea común es que la historia completa está contenida de algún modo dentro de **U**, junto con una adecuada «interpretación» del significado de ψ; y que de algún modo **R** emergerá de todo esto, quizá porque el verdadero «estado» incluye no solo el sistema cuántico en consideración, sino también su complicado entorno, incluido el aparato de medida, o quizá porque nosotros mismos, los observadores últimos, somos parte de un estado que evoluciona de forma unitaria.

No quiero entrar en todas las alternativas u opiniones que aún enturbian la cuestión **U**/**R**, sino simplemente afirmar mi propia postura, que básicamente se alinea con el propio Schrödinger, y con Einstein, y quizá más sorprendentemente con Dirac,[3.56] a quien debemos la formulación general de la mecánica cuántica actual,[3.57] y adoptar el punto de vista de que la mecánica cuántica actual es una teoría *provisional.* Y esto pese a todas las predicciones de la teoría maravillosamente confirmadas y la gran amplitud de los fenómenos observados que explica, sin que halla en contra una sola observación. Más en concreto, mi idea es que el fenómeno **R** representa una *desviación* respecto de la adhesión estricta de la naturaleza a la unitariedad, y que esto surge cuando la gravedad empieza a intervenir seriamente (aunque sutilmente).[3.58] De hecho, hace tiempo que soy de la opinión de que la pérdida de información en los agujeros negros, y la consiguiente violación de **U**, representa una parte poderosa del argumento de que una estricta adhesión a **U** no puede ser parte de la verdadera (aún no descubierta) teoría cuántica de la gravedad.

Creo que es esto lo que contiene la *clave* para la solución del enigma al que nos enfrentábamos al inicio de esta sección. Estoy pidiendo al lector que acepte que la pérdida de información en los agujeros negros —y la consiguiente violación de la unitariedad— es no solo plausible, sino una *realidad* necesaria en las situaciones en consideración. Debemos reexaminar la definición de entropía de Boltzmann en el con-

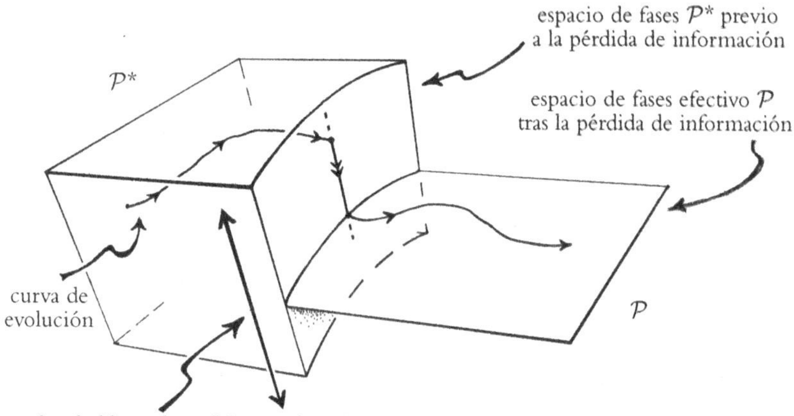

Fig. 3.14. Evolución en el espacio de fases tras la pérdida de información en un agujero negro.

texto de la evaporación de agujeros negros. ¿Qué significa realmente la «pérdida de información» en la singularidad? Una mejor manera de describirla es como una *pérdida de grados de libertad*, de modo que algunos de los parámetros que describen el espacio de fases han desaparecido y el espacio de fases se ha hecho realmente *más pequeño* que lo que era antes. Este es un fenómeno completamente nuevo cuando se está considerando el comportamiento dinámico. De acuerdo con la idea normal de evolución dinámica, descrita en §1.3, el espacio de fases $\mathcal{P}$ es algo fijo, y la evolución dinámica está descrita por un punto que se mueve en dicho espacio de fases fijo; pero cuando la evolución dinámica incluye una pérdida de grados de libertad en alguna etapa, como parece ser aquí el caso, ¡el espacio de fases se *contrae* como parte de la descripción de esta evolución! En la Fig. 3.14 he tratado de ilustrar cómo se describiría este proceso, utilizando un análogo en baja dimensión.

En el caso de la evaporación de un agujero negro, este es un proceso muy sutil, y no deberíamos pensar que esta contracción tiene lugar «repentinamente» en algún instante concreto (por ejemplo, en el «pop»), sino inadvertidamente. Todo esto está ligado al hecho de que, en relatividad general, no hay un único «tiempo universal», y esto tiene una relevancia especial en el caso de un agujero negro, donde la geometría espaciotemporal se desvía mucho de la homogeneidad espacial. Esto queda muy bien ilustrado en la imagen del colapso de Oppenheimer-Snyder (§2.4, véase la Fig. 2.24) con evaporación de Hawking final (§2.5, véanse las Figs. 2.40 y 2.41), donde en la Fig. 3.15(a) y su diagrama conforme estricto Fig. 3.15(b) he dibujado con líneas continuas una familia de 3-superficies de tipo espacio (secciones a tiempo constante) donde toda la información perdida en el agujero parece desaparecer en el instante del «pop», mientras que con líneas de trazos he dibujado una familia diferente de 3-superficies de tipo espacio para las que la información parece desaparecer gradualmente, extendida sobre toda la historia de la existencia del agujero negro. Aunque las imágenes se refieren estrictamente a simetría esférica, siguen aplicándose de una manera esquemática mientras se suponga censura cósmica fuerte (excepto, por supuesto, en el propio pop).

Esta indiferencia respecto a cuándo tiene lugar realmente la pérdida

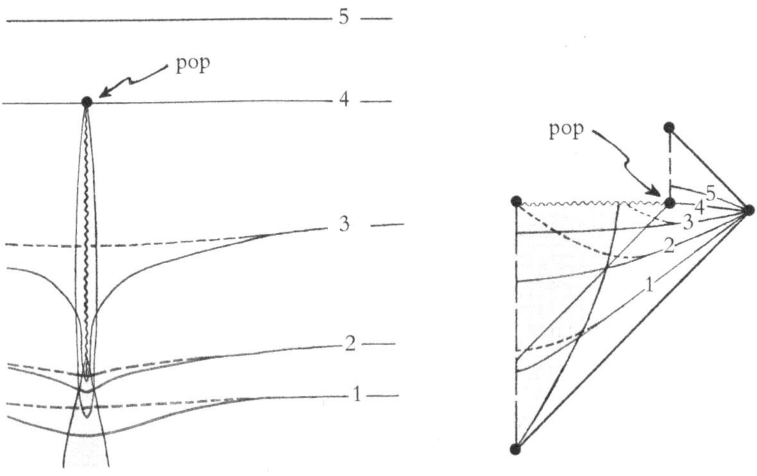

Fig. 3.15. Un agujero negro en evaporación de Hawking: (a) imagen espaciotemporal convencional; (b) diagrama conforme estricto. Puede considerarse que la pérdida de grados de libertad internos desaparece solo cuando ocurre el «pop», que es la imagen sugerida de acuerdo con las secciones espaciotemporales dadas por líneas continuas. Alternativamente, de acuerdo con las secciones espaciotemporales dadas por las líneas de trazos, la pérdida ocurre gradualmente durante toda la historia del agujero negro.

de información sirve para resaltar el hecho de que su desaparición no tiene ningún efecto en la (termo)dinámica externa, y podemos adoptar el punto de vista de que la Segunda Ley procede de acuerdo con su práctica normal, donde la entropía continúa en aumento, aunque debemos ser cuidadosos acerca de a qué noción de «entropía» nos estamos refiriendo. Esta entropía se refiere a *todos* los grados de libertad, incluidos los del material que ha caído en los agujeros. Sin embargo, los grados de libertad que se refieren a lo que ha caído dentro tendrán que enfrentarse más pronto o más tarde a la singularidad y, de acuerdo con las consideraciones anteriores, se perderán para el sistema. Cuando el agujero negro haya desaparecido con un pop, debemos tener radicalmente reducida la escala de nuestro espacio de fases de modo que, como sucede cuando se devalúa la moneda de un país, los volúmenes del espacio de fases contarán, en general, mucho menos que lo hacían antes, aunque esta enorme devaluación no será advertida por la física local que continúa alejada del agujero en cuestión. Debido al logaritmo en la fórmula de Boltzmann, este escalado a la baja de los volúmenes sería equivalente a restar una gran constante de la entropía global del universo externo al agujero negro en cuestión.

Podemos comparar esto con la discusión al final de §1.3, donde se ha señalado que el logaritmo en la fórmula de Boltzmann es lo que da lugar a la aditividad de la entropía para sistemas independientes. En la argumentación precedente, la entropía engullida y finalmente destrozada por el agujero negro desempeña el papel de la parte *externa* del sistema en consideración en §1.3, con parámetros que definen el espacio de fases externo $\mathcal{X}$ que se refería a la galaxia Vía Láctea externa al laboratorio, mientras que aquí se refiere a los agujeros negros. Véase la Fig. 3.16. Lo que ahora estamos tomando como el mundo exterior a los agujeros negros, en el que podríamos imaginar que se está realizando un experimento, corresponde, en la exposición de §1.3 (Fig. 1.9), a la parte *interna* del sistema, que define el espacio de fases $\mathcal{P}$. De la misma manera que la eliminación de grados de libertad en la Vía Láctea de §1.3 (cuando algunos de ellos fueran absorbidos en el agujero central de la galaxia) no supondría ninguna diferencia para las consideraciones de entropía en el experimento que se está realizando, tampoco la destrucción de información en agujeros negros a lo largo del universo, finalizada cuando cada uno de ellos desaparezca individualmente con su pop, produce ninguna violación efectiva de la Segunda Ley, ¡lo que es compatible con lo que ya se ha resaltado en esta sección!

Sin embargo, el volumen del espacio de fases del universo *en conjunto* quedaría muy drásticamente reducido por esta pérdida de información,[3.59] y esto es básicamente lo que necesitamos para la resolución del enigma planteado al principio de esta sección. Es un tema sutil, y deben satisfacerse muchas cuestiones detalladas de consistencia para que la reducción de volumen del espacio de fases sea la adecuada para lo que se requiere para la CCC. En términos generales, esta consistencia no parece irrazonable, puesto que cabe esperar que el incremento de entropía global que experimente nuestro actual eón a lo largo de toda su historia sea mediante la formación (y evaporación) de agujeros negros. Aunque no es enteramente obvio para mí cómo se calcula, con cualquier grado de precisión, la reducción efectiva de entropía debida a la pérdida de información, una buena conjetura sería estimar la entropía de Bekenstein-Hawking de los tamaños máximos que habrían alcanzado los agujeros negros si no hubiera habido pérdida en forma de radiación de Hawking, y considerar que la totalidad de

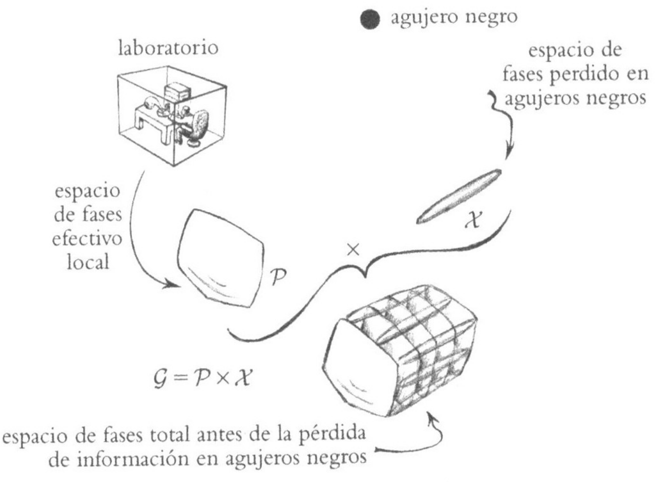

Fig. 3.16. La pérdida de información en agujeros negros no afecta al espacio de fases local (compárese con la Fig. 1.9), aunque contribuye al total, antes de perderse.

esta entropía da la necesaria escala de reducción en el espacio de fases disponible para el inicio del eón siguiente. Evidentemente hay muchas cuestiones que necesitan un estudio más detallado para que podamos estar seguros de que la CCC sea viable a este respecto. Pero no puedo ver ninguna razón para pensar que CCC sea contradicha por tales consideraciones.

3.5. CCC y gravedad cuántica

El esquema de la CCC nos ofrece una perspectiva diferente sobre varias cuestiones intrigantes —además de la Segunda Ley— que han desafiado a la cosmología durante muchos años. Está, en particular, la cuestión de cómo vamos a ver las singularidades que aparecen en la teoría clásica de la relatividad general, y cómo interviene la mecánica cuántica en esta imagen. Encontramos que la CCC tiene algo concreto que decir, no solo sobre la naturaleza de la singularidad del Big Bang, sino también sobre lo que sucede cuando tratamos de extender nuestra física, tal como la conocemos, hasta un futuro lo más lejano posible, donde aparentemente o bien termina irremisiblemente en una singularidad en un agujero negro, o de lo contrario continua hasta un futuro indefinido, para renacer, según la CCC, en el big bang de un nuevo eón.

Permítaseme empezar esta sección examinando de nuevo la situación en el futuro muy remoto, para plantear una cuestión que he dejado aparte en la sección anterior. Cuando, en §3.4, he abordado la cuestión del aumento de entropía en el futuro muy remoto, he argumentado que, de acuerdo con la CCC, los más importantes procesos, con mucho, que aumentan la entropía son la formación (y coalescencia) de grandes agujeros negros seguida de su eventual evaporación mediante radiación de Hawking una vez que el CMB se ha enfriado hasta una temperatura menor que la temperatura de Hawking de los agujeros. Pero, como hemos visto, el requisito de la CCC de que la región de grano grueso del espacio de fases inicial (§1.3 y §3.4) debe poder empalmar realmente con la final, pese al enorme aumento de entropía, puede satisfacerse si aceptamos una enorme «pérdida de información» en los agujeros negros (como Hawking argumentó originalmente, aunque luego se retractó), lo que permite que el espacio de fases se «adelgace» enormemente debido a una enorme pérdida de dimensionalidad del espacio de fases por el engullido, y subsiguiente destrucción, de grados de libertad por los agujeros. Una vez que todos los agujeros negros se han evaporado, encontramos que, debido a esta gran pérdida de grados de libertad, hay que recalibrar el cero de medida de entropía, lo que equivale a restar un número muy grande del valor de la entropía; los estados disponibles en el big bang que abre el siguiente eón se encuentran muy restringidos, de modo que se satisface una «hipótesis de curvatura de Weyl», y esto es lo que proporciona el potencial para aglomeración gravitatoria en el eón siguiente.

Hay, sin embargo, otro ingrediente importante para esta discusión, al menos en opinión de muchos cosmólogos, que he ignorado pese a que tiene una clara relevancia para nuestro tema central (véase el comienzo de §3.4). Se trata de la cuestión de la «entropía cosmológica» que surge de la existencia de *horizontes de sucesos cosmológicos* cuando $\Lambda > 0$. En la Fig. 2.42(a), (b) he ilustrado la idea de un horizonte de sucesos cosmológico, que ocurre cuando hay una frontera conforme futura *de tipo espacio* $\mathscr{I}^+$ que aparece si existe una constante cosmológica positiva Λ. Recordemos que un horizonte de sucesos cosmológico es el cono de luz pasado del último punto extremo o^+ (en $\mathscr{I}^+$) del observador «inmortal» *O* de §2.5; véase la Fig. 3.17. Si adoptamos el punto de vista de que tales horizontes de sucesos deberían ser tratados de la misma manera que los horizontes de agujeros negros, entonces la misma fórmula de Bekenstein-Hawking para la entropía de los agujeros negros ($S_{BH} = \frac{1}{4}A$; véase §2.6) debería aplicarse también a un horizonte de sucesos cosmológico. Esto nos da un valor de «entropía» final

$$S_\Lambda = \frac{1}{4} A_\Lambda,$$

en unidades de Planck, donde A_Λ es el área de la sección espacial del horizonte en el límite futuro remoto. De hecho, encontramos (véase el apéndice B5) que esta área es *exactamente*

$$A_\Lambda = \frac{12\pi}{\Lambda}$$

en unidades de Planck, de modo que este valor de la entropía propuesto sería

$$S_\Lambda = \frac{3\pi}{\Lambda},$$

que depende solamente del valor de Λ, y no tiene nada que ver con ninguno de los detalles de lo que realmente ha sucedido en el universo (donde supongo que Λ es de hecho una *constante* cosmológica). De acuerdo con esto, si aceptamos la validez de la analogía, esperaríamos una temperatura,[3.60]

$$T_\Lambda = \frac{1}{2\pi}\sqrt{\frac{\Lambda}{3}}$$

Con el valor observado de Λ, la temperatura T_Λ tendría un valor absurdamente minúsculo ~10^{-30} K, y la entropía S_Λ tendría un enorme valor ~3×10^{122}.

Habría que señalar que este valor de la entropía es mucho mayor que el que cabría esperar que pudiera alcanzarse por la formación y evaporación final de agujeros negros en el universo actualmente observable tal como lo encontramos, que difícilmente podría esperarse que superara algo del orden de 10^{115}. Estos serían agujeros negros en la región dentro de nuestro horizonte de partículas actual (§2.5). Pero de-

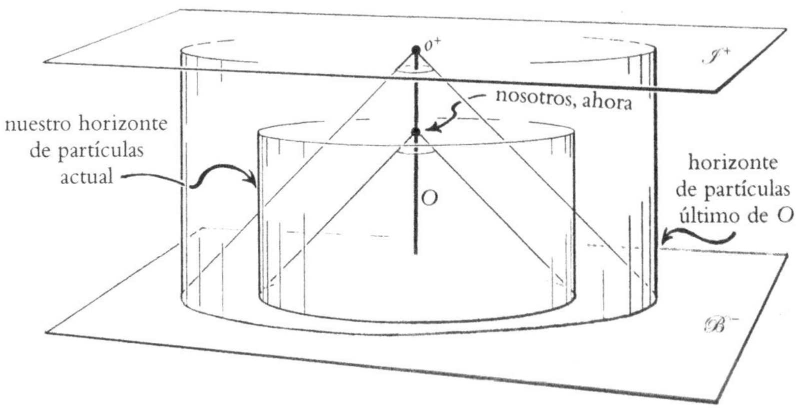

Fig. 3.17. En la imagen actual de nuestro universo/eón, nuestro horizonte de partículas actual tiene un radio aproximadamente ⅔ del que tendría donde se espera que resida nuestro horizonte de partículas último.

beríamos preguntar: ¿a qué región del universo se supone que se refiere la entropía S_Λ? La primera reacción sería pensar que se refiere a la entropía final del universo entero, puesto que es solo un simple número, determinado de forma precisa por el valor de la constante cosmológica Λ, e independiente no solo de cualquier actividad detallada que sucede dentro del universo, sino también de la elección del observador eterno O, quien nos proporciona el particular punto extremo futuro o^+ en $\mathscr{I}^+$. Sin embargo, este punto de vista no funcionará, en particular porque el universo podría ser espacialmente infinito, con un número indefinido de agujeros negros dentro de él, en cuyo caso la entropía *actual* del universo fácilmente podría superar S_Λ, en contradicción con la Segunda Ley. Una interpretación más adecuada de S_Λ podría ser que se trata de la entropía final de esa porción del universo encerrada por un horizonte de sucesos cosmológico: el cono de luz pasado de un o^+ en $\mathscr{I}^+$ arbitrariamente escogido. El material incluido en esta entropía sería la porción que yace dentro del horizonte de *partículas* de o^+ (véase la Fig. 3.17).

Como veremos en §3.6, para el instante en que se alcanza o^+, el universo dentro de su horizonte de partículas debería ser, de acuerdo con la evolución del universo que predice la cosmología estándar,[3.61] unas $(3/2)^3 \approx 3{,}4$ veces más que la cantidad de material dentro de nuestro horizonte de partículas *actual*, de modo que si todo *ese* material estuviera reunido en un único agujero negro obtendríamos una entropía de unas $(3/2)^6 \approx 11{,}4$ veces 10^{124}, valor este último que se ha citado en §2.6 como un crudo *límite superior* para la entropía alcanzable por el material dentro de nuestro universo observable actual. Así obtenemos un posible agujero negro con una entropía del orden de 10^{125}. Si esa entropía fuera en principio alcanzable dentro de un universo con nuestro valor observado de Λ, entonces deberíamos tener una fuerte violación de la Segunda Ley (puesto que $10^{125} \gg 3 \times 10^{122}$). Sin embargo, si aceptamos el valor anterior de T_Λ como una irreducible temperatura ambiente de un universo, para el valor observado de Λ, entonces tal enorme agujero negro estaría siempre más frío que su temperatura ambiente, de modo que nunca se evaporaría por radiación de Hawking. Esto sigue dando problemas, porque podríamos escoger que o^+ sea un punto en $\mathscr{I}^+$ fuera de este monstruoso agujero negro, cuyo cono de luz pasado encuentra sin embargo a dicho agujero (en el mismo senti-

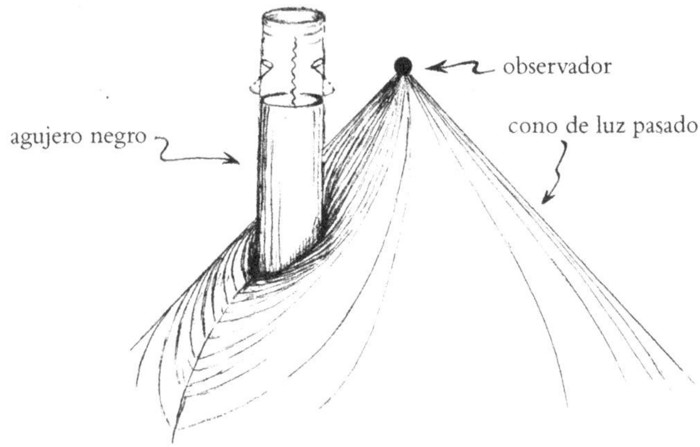

Fig. 3.18. El cono de luz pasado de cualquier observador, ya esté o no en $\mathscr{I}^+$, *engulle* al agujero negro que «encuentra», y no solo intersecta su horizonte.

do en que siempre podría considerarse que un cono de luz pasado externo encuentra a un agujero negro), de modo que su entropía debería estar incluida (véase el diagrama esquemático en la Fig. 3.18), y de nuevo obtenemos una gran contradicción con la Segunda Ley.

Además, tenemos aquí cierta flexibilidad, y podemos considerar que esta cantidad de materia, equivalente a unos 10^{81} bariones (3,4 veces los 10^{80} dentro de nuestro universo actualmente observable, multiplicado por aproximadamente 3, puesto que hay en esto mucha más materia oscura que materia bariónica), puede separarse en 100 regiones independientes con una masa de 10^{79} protones cada una de ellas. Si cada una de estas regiones formara un agujero negro, su temperatura sería mayor que T_Λ y se evaporaría habiendo alcanzado una entropía de $\sim 10^{119}$. Teniendo 100 de estas, obtenemos una entropía total de $\sim 10^{121}$ que, siendo mayor que 3×10^{120}, aún parece violar la Segunda Ley, aunque no tanto. Estas cifras son quizá demasiado groseras para que de ellas se pueda sacar una conclusión definitiva. Pero, en mi opinión, ofrecen una prueba inicial para ser cautos respecto a la interpretación física de S_Λ como una entropía real y, correspondientemente, de T_Λ como una temperatura real.

En cualquier caso, hay al menos otras dos razones por las que me siento inclinado a ser escéptico acerca de que S_Λ represente una entropía *verdadera*. En primer lugar, si realmente Λ es constante, de modo que también S_Λ es simplemente un número fijo, entonces Λ no da lugar a ningún grado de libertad realmente discernible. La presencia de Λ no hace al espacio de fases relevante mayor que lo que sería sin ella. Desde la perspectiva de la CCC, esto es particularmente evidente, puesto que cuando empalmamos la libertad disponible en el $\mathscr{I}^+$ del eón anterior con la que hay en el $\mathscr{B}^-$ del eón siguiente, no encontramos lugar para el enorme número de supuestos grados de libertad discernibles que pudieran proporcionar la enorme entropía cosmológica S_Λ. Además, para mí está claro que este comentario es válido también si *no* suponemos CCC, debido al comentario hecho antes en §3.4 sobre la invariancia de la medida de volumen bajo cambio de escala conforme.[3.62]

Sin embargo, debemos considerar la posibilidad de que «Λ» no sea realmente una constante, sino algún extraño tipo de materia: un «campo escalar de energía oscura», como prefieren algunos cosmólogos. Entonces se podría considerar que la enorme entropía S_Λ proviene de los grados de libertad en este Λ-campo. Personalmente, me siento muy incómodo con propuestas de este tipo, que plantean muchas más preguntas difíciles que las que responden. Si hay que considerar Λ como un campo variable, a la par con otros campos tales como el electromagnético, entonces en lugar de llamar a $\Lambda\mathbf{g}$ simplemente un «Λ-término» independiente en la ecuación de campo de Einstein

$$\mathbf{E} = 8\pi\mathbf{T} + \Lambda\mathbf{g}$$

(en unidades de Planck, como se dan hacia el final de §2.6), decimos que no hay «Λ-término» en la ecuación de campo de Einstein, como tal, y en su lugar adoptamos el punto de vista de que el Λ-campo tiene un *tensor de energía* $\mathbf{T}(\Lambda)$ que (cuando se multiplica por 8π) es muy aproximadamente igual a $\Lambda\mathbf{g}$

$$8\pi\mathbf{T}(\Lambda) \cong \Lambda\mathbf{g},$$

ahora considerado como una contribución al tensor de energía *total*, que ahora es $\mathbf{T} + \mathbf{T}(\Lambda)$, y obtenemos la ecuación de Einstein escrita *sin* Λ-término:

$$\mathbf{E} = 8\pi\{\mathbf{T} + \mathbf{T}(\Lambda)\}.$$

Pero $\Lambda\mathbf{g}$ es una forma muy extraña para ($8\pi\times$) un tensor de energía, siendo como es completamente diferente a la de cualquier otro campo. Por ejemplo, pensamos que energía es básicamente lo mismo que *masa* (la «$E = mc^2$» de Einstein), y por ello debería tener una influencia *atractiva* sobre otra materia, mientras que este «Λ-campo» tendría un efecto *repulsivo* sobre otra materia, pese a que su energía es positiva. Aún más grave, en mi opinión, es que la *condición de energía débil* mencionada en §2.4 (que solo es apenas satisfecha por el término exacto $\Lambda\mathbf{g}$) será fuertemente violada casi con certeza tan pronto como se permita que el campo Λ varíe apreciablemente.

Personalmente diría que una objeción aún más fundamental a tomar $S_\Lambda = 3\pi/\Lambda$ como una entropía objetiva real es que aquí, frente al caso de un agujero negro, no existe la justificación física de *pérdida de información* absoluta en la singularidad. Usualmente se ha argumentado que la información se «pierde» para un observador una vez que traspasa el horizonte de sucesos del observador. Pero esta es solo una noción dependiente del observador; si tomamos una sucesión de superficies de tipo espacio como las de la Fig 3.19, vemos que nada se «pierde» realmente con respecto al universo en conjunto que pudiera asociarse con la entropía cosmológica, puesto que no hay singularidad espaciotemporal (aparte de la ya presente dentro de los agujeros negros individua-

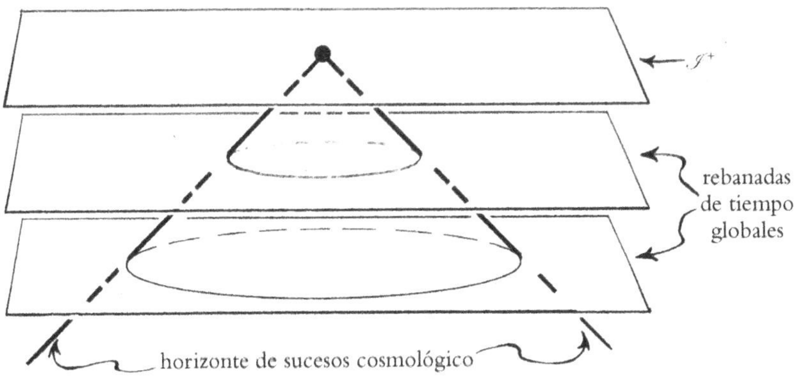

Fig. 3.19. En el caso de un horizonte de sucesos cosmológico no hay pérdida de información (a diferencia del caso de un agujero negro), como es evidente a partir de la naturaleza omniabarcante de una familia de rebanadas de tiempo globales.

les).[3.63] Así como existe el argumento de Bekenstein antes mencionado para justificar la entropía del agujero negro, no conozco ningún argumento *físico* para justificar la entropía S_Λ.[3.64]

Quizá mi dificultad con esto quede más clara en el caso de la «temperatura» cosmológica T_Λ, puesto que esta temperatura tiene un aspecto que depende fuertemente del observador. En el caso de un agujero negro, la temperatura de Hawking la proporciona lo que se denomina «gravedad superficial», que tiene que ver con el efecto acelerador que experimenta un observador apoyado en una configuración estacionaria próxima al agujero, donde «estacionaria» se refiere a la relación entre el observador y el sistema de referencia que se mantiene fijo en el infinito. Si, por el contrario, el observador está en caída libre dentro del agujero, entonces *no* se sentiría la temperatura de Hawking local.[3.65] Así, la temperatura de Hawking tiene un aspecto subjetivo, y puede considerarse un ejemplo de lo que se conoce como el *efecto Unruh* que experimentaría un observador rápidamente acelerado incluso en el espacio plano de Minkowski $\mathbb{M}$. Cuando llegamos a considerar la temperatura cosmológica del espacio de De Sitter $\mathbb{D}$, cabría esperar, por la misma razón, que hubiera un observador *acelerado* que debería sentir esa temperatura, no uno que está en caída libre (es decir, en movimiento geodésico; véase el final de §2.3). Un observador que se mueve libremente en un fondo de De Sitter estaría *no acelerado* en estos términos y, así parece, *no* debería experimentar la temperatura T_Λ.

Parece que el principal argumento a favor de la entropía cosmológica es un procedimiento matemático elegante, pero puramente formal, basado en la continuación analítica (§3.3). Las matemáticas son ciertamente sugerentes, pero pueden plantearse objeciones a su relevancia global puesto que, técnicamente, se aplican solo a espacio-tiempos con simetría exacta (como el espacio de De Sitter $\mathbb{D}$).[3.66] De nuevo existe el elemento subjetivo del estado de aceleración del observador, que aparece porque $\mathbb{D}$ posee muchas simetrías diferentes, correspondientes a diferentes estados de aceleración del observador.

Esta cuestión se clarifica si examinamos con más cuidado el efecto Unruh dentro del espacio de Minkowski $\mathbb{M}$. En la Fig. 3.20 he tratado de representar una familia de observadores uniformemente acelerados —conocidos como *observadores de Rindler*[3.67]— quienes, de acuerdo

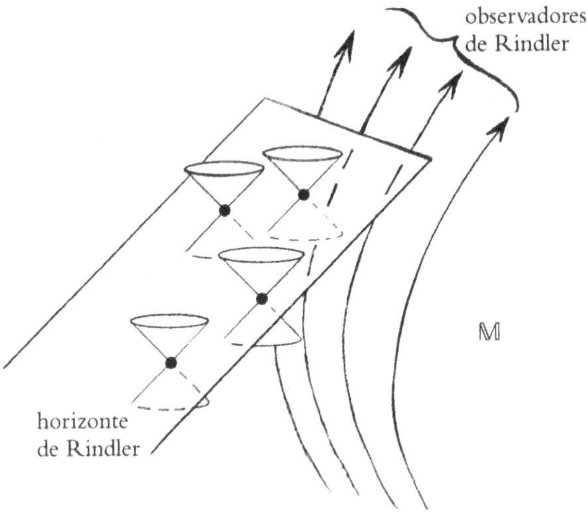

Fig. 3.20. Observadores de Rindler (uniformemente acelerados) que sienten la temperatura de Unruh.

con el efecto Unruh, experimentarían una temperatura (extraordinariamente minúscula, para cualquier aceleración realizable) incluso si se mueven en un completo vacío. Esto se debe a consideraciones de teoría cuántica de campos. También se muestra el «horizonte» futuro $\mathcal{H}_0$ para estos observadores asociado con esa temperatura, y muy bien podemos asumir que debería haber una entropía asociada con $\mathcal{H}_0$ por consistencia con esa temperatura y con la discusión de Bekenstein-Hawking de los agujeros negros. De hecho, si imaginamos lo que sucede en una pequeña región en la inmediata vecindad del horizonte de un agujero negro muy grande, entonces la situación sería muy bien aproximada por esta situación, como se muestra en la Fig. 3.21, donde $\mathcal{H}_0$ coincide localmente con el horizonte del agujero negro y donde los observadores de Rindler serían ahora los «observadores apoyados en una configuración estacionaria próxima al agujero» antes considerados. Estos observadores son los que «sienten» la temperatura de Hawking local, mientras que un observador en caída libre directamente al agujero, siendo equivalente a un observador inercial (no acelerado) en $\mathbb{M}$, no experimentaría esa temperatura local. No obstante, si llevamos esta imagen en $\mathbb{M}$ hasta el infinito, la entropía asociada con $\mathcal{H}_0$ tendría que

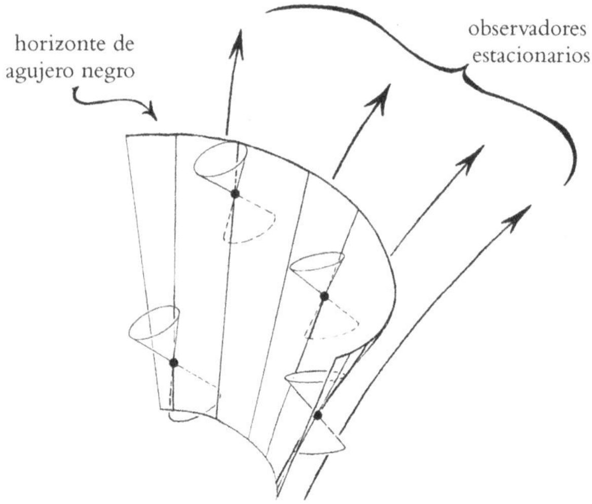

Fig. 3.21. Observadores apoyados en una configuración estacionaria cerca del horizonte de un agujero negro sienten una fuerte aceleración y la temperatura de Hawking. La situación, localmente, es como la de la Fig. 3.20.

ser *infinita*, lo que ilustra el hecho de que la plena discusión de la entropía y temperatura de los agujeros negros implica realmente consideraciones no locales.

Un horizonte de sucesos cosmológico $\mathcal{H}_\Lambda$ que surge cuando $\Lambda > 0$, como se ha considerados antes, tiene una fuerte similitud con un horizonte de Rindler $\mathcal{H}_0$.[3.68] De hecho, al tomar el límite $\Lambda \to 0$ encontramos que $\mathcal{H}_\Lambda$ *se convierte* realmente en un horizonte de Rindler, pero ahora *globalmente*. Esto sería compatible con la fórmula de la entropía $S_\Lambda = 3\pi/\Lambda$ que lleva a $S_0 = \infty$, pero también nos lleva a cuestionar una atribución de realidad objetiva a esta entropía, puesto que esta entropía *infinita* no parece tener mucho sentido en el caso del espacio de Minkowski.[3.69]

Creo que ha valido la pena plantear estas cuestiones con cierta extensión, porque una atribución de temperatura y entropía al vacío es una cuestión de *gravedad cuántica* que está íntimamente relacionada con el concepto conocido como «energía de vacío». Según nuestra comprensión actual de la teoría cuántica de campos, el vacío no es algo totalmente carente de actividad, sino que es un hervidero de procesos que ocurren a escala minúscula, en donde lo que se denominan partículas *virtuales* y sus antipartículas aparecen y desaparecen instantáneamente en «fluctuaciones del vacío». Cabría esperar que tales fluctuaciones del vacío, en la escala de Planck l_P, estén dominadas por procesos *gravitatorios*, y la realización de los cálculos necesarios para obtener esta energía de vacío es algo que está mucho más allá del alcance de los procedimientos matemáticos hoy entendidos. Sin embargo, argumentos generales de simetría, que tienen que ver con los requisitos de la relatividad, nos dicen que una buena descripción general de esta energía de vacío debería venir dada por un tensor energía $\mathbf{T}_v$, de la forma

$$\mathbf{T}_v = \lambda \mathbf{g}$$

para algún λ. Este parece exactamente el tipo de término de energía $\mathbf{T}(\Lambda)$ que proporcionaría una constante cosmológica, como ya hemos visto, de modo que con frecuencia se argumenta que una interpretación natural de la constante cosmológica es que *es* esta energía de vacío, donde

$$\lambda = (8\pi)^{-1} \Lambda.$$

Parece que el punto de vista sería considerar que los «grados de libertad» responsables de la gran entropía cosmológica S_Λ son los de las «fluctuaciones de vacío». Estos no son los grados de libertad que antes he calificado de «discernibles» puesto que, si es que cuentan siquiera para el volumen del espacio de fases, lo hacen *uniformemente* a lo largo del espacio-tiempo, y constituyen meramente un *fondo* al que no parece contribuir la actividad física normal que tiene lugar dentro del espacio-tiempo.

Y lo que es quizá más grave, parece que una dificultad con esta interpretación es que cuando se intenta hacer cálculos para obtener el valor real de λ, la respuesta que resulta es

$$\lambda = \infty, \text{ o } \lambda = 0, \text{ o } \lambda \approx t_P^{-2},$$

siendo t_P el tiempo de Planck, véase §3.2. La primera de estas respuestas es la más honesta (¡un tipo de conclusión a la que se suele dar habitualmente por la aplicación *directa* de las reglas de la teoría cuántica de campos!), pero también es la más errónea. La segunda y la tercera son básicamente conjeturas respecto a cuál *debería* ser la respuesta después de la aplicación de uno u otro de los procedimientos estándar de «deshacerse de los infinitos» (tales procedimientos, cuando se aplican con la habilidad adecuada, ofrecen con frecuencia respuestas extraordinariamente precisas en circunstancias de ausencia de gravedad cuántica). La respuesta $\lambda = 0$ parece haber sido la preferida mientras se creía que $\Lambda = 0$ ajustaba los hechos observacionales. Pero desde que las observaciones de supernovas mencionadas en §1.2 indicaron que es más probable que $\Lambda > 0$, y observaciones posteriores apoyaron esta conclusión, se ha preferido un valor para λ distinto de cero. Si la constante cosmológica *es* realmente energía de vacío en este sentido de «fluctuaciones cuánticas» *gravitatorias*, entonces la única escala disponible es la escala de Planck, y esta es la razón por la que parece que t_P (o, de forma equivalente, l_P), o algún múltiplo razonablemente pequeño de esto, *debería* proporcionar la escala necesaria para λ. Por razones dimensionales, λ tiene que ser el recíproco del cuadrado de una distancia, de modo que cabe esperar una respuesta aproximada $\lambda \approx t_P^{-2}$. Sin embargo, como hemos visto en §2.1, el valor observado de Λ se parece más a

$$\Lambda \approx 10^{-120}\, t_P^{-2}$$

de modo que hay algo gravemente erróneo, ¡ya sea en esta interpretación ($\lambda = \Lambda/8\pi$) o en el cálculo!

Nuestra comprensión de estos temas no está todavía libre de discusión, de modo que quizá sea de interés ver lo que la CCC tiene que decir sobre ello. El estatus físico de S_Λ y T_Λ no afecta de forma crucial a la CCC, porque incluso si la entropía S_Λ y la temperatura T_Λ van a considerarse físicamente «verdaderas», esto no tendría por qué alterar la imagen que presenta la CCC. Ningún agujero negro que podamos esperar que aparezca en el universo que conocemos alcanzaría nada parecido al tamaño en el que T_Λ afectaría seriamente a su evolución. Respecto a S_Λ, no parece que sea de ayuda para el enigma de §3.4, puesto que allí la cuestión concernía a grados de libertad *discernibles* (es decir, grados de libertad relacionados con procesos dinámicos reales) e introducir simplemente una «entropía» con el valor fijo $3\pi/\Lambda$ no cambia nada realmente. Podemos ignorarla sencillamente, puesto que no parece desempeñar ningún papel en la dinámica, e incluso si se considerara «real» no parecería corresponder a ningunos grados de libertad físicamente discernibles. En cualquier caso, mi postura personal será ignorar tanto S_Λ como T_Λ y proceder sin ellas.

Por el contrario, el esquema de la CCC *sí* proporciona una perspectiva clara, aunque poco convencional, acerca de cómo afectaría la gravedad cuántica a las singularidades espaciotemporales. La inevitabilidad de las singularidades espaciotemporales en relatividad general clásica (§2.4, §2.6 y §3.3) había llevado a los físicos a orientarse hacia *alguna* forma de gravedad cuántica para entender las consecuencias físicas de las curvaturas espaciotemporales extraordinariamente grandes que se espera que aparezcan en la vecindad de tales singularidades. Pero ha habido poco acuerdo acerca de cómo podría afectar la gravedad cuántica a estas regiones singulares en un tratamiento clásico. De hecho, hay muy poco acuerdo sobre qué debería ser realmente la «gravedad cuántica».

No obstante, los teóricos han aprendido a adoptar el punto de vista de que, mientras los radios de curvatura espaciotemporal sean muy grandes en comparación con la longitud de Planck l_P (véase §3.2), puede mantenerse una imagen razonablemente «clásica» del espacio-tiempo, quizá con solo minúsculas «correcciones cuánticas» a las ecuaciones clásicas estándar de la relatividad general. Pero cuando las curvaturas espaciotemporales se hacen extremadamente grandes, y los radios de curvatura se reducen a la escala absurdamente minúscula de l_P (unos 20 órdenes de magnitud inferior al radio clásico de un protón), entonces parece que incluso la imagen estándar de un espacio suavemente continuo debería ser abandonada y reemplazada por algo radicalmente diferente de la imagen espaciotemporal suave a la que estamos acostumbrados.

Además, como han defendido con firmeza John Wheeler y otros, incluso si el espacio-tiempo ordinario prácticamente plano de nuestra experiencia se examinara a la minúscula escala de Planck, se encontraría que tiene un carácter caótico y turbulento, o quizá un carácter granular discreto, o algún otro tipo de estructura poco familiar y mejor descrita de alguna otra manera. Wheeler presentó un argumento a favor de que los efectos cuánticos de la gravedad hacen que el espacio-tiempo en el nivel de Planck se arremoline en complejidades topológicas que él veía como un tipo de «espuma cuántica» de «agujeros de gusano».[3.70] Otros han sugerido que se podría manifestar algún tipo de estructura discreta (como «lazos» anudados y entrelazados,[3.71] espumas de espín,[3.72] estructura reticular,[3.73] conjuntos causales,[3.74] estructura poliédrica,[3.75] etc.[3.76]), o que una estructura matemática conocida como «geometría no conmutativa»,[3.77] modelada sobre ideas mecanocuánticas, podría hacerse relevante; o que la geometría de más altas dimensiones podría desempeñar un papel, incluyendo ingredientes tipo cuerda o tipo membrana,[3.78] o incluso que el propio espacio-tiempo podría desvanecerse por completo, y nuestra imagen macroscópica normal del espacio-tiempo aparece solo como una noción útil derivada de una estructura geométrica diferente y más primaria (como sucede con las teorías «machianas»[3.79] y con la teoría de «twistores»[3.80]). Es evidente por esta plétora de muy diferentes sugerencias alternativas que no hay ningún acuerdo respecto a lo que podría estar pasando realmente en el «espacio-tiempo» en la escala de Planck.

Sin embargo, según la CCC encontramos en el Big Bang algo muy diferente de estas sugerencias radicales o revolucionarias. Se nos ofrece una imagen mucho más *conservadora*, en donde tenemos un espacio-tiempo perfectamente suave que difiere del de Einstein solo en que no se proporciona un escalado conforme, y donde la evolución temporal puede tratarse con procedimientos matemáticos convencionales. En la CCC, por otra parte, las singularidades que se dan en las profundidades de los agujeros negros tendrían un tipo de estructura muy diferente de la de la singularidad Big Bang, donde tendríamos que considerar algún tipo de física exótica destructora de información que debería incorporar ideas de gravedad cuántica muy diferentes de las nociones de espacio-tiempo utilizadas hoy en física, y que muy bien tendrían que incorporar alguna idea radical o revolucionaria de entre las antes mencionadas.

Durante muchos años he pensado que estos dos diferentes extremos singulares del tiempo parecen tener caracteres muy distintos. Esto está en conformidad con la Segunda Ley; por alguna razón, los grados de libertad gravitatorios tendrían que estar fuertemente suprimidos en el extremo inicial, aunque no en el extremo final. Siempre me había intrigado extraordinariamente por qué la gravedad cuántica debería tratar estos dos casos de singularidades espaciotemporales de forma tan diferente. Pero yo había imaginado, de acuerdo con lo que ahora parece ser la visión dominante, que debería haber una forma de *gravedad cuántica* que gobierna el tipo de estructura geométrica que encontramos próxima a estos *dos* tipos de geometría espaciotemporal singular. Sin embargo, aparentemente en conflicto con la visión habitual, había asumido la postura de que la «gravedad cuántica» verdadera debe ser un esquema con fuerte asimetría temporal, que incluye cualquier modificación que pudiera ser requerida en las reglas estándar actuales de la mecánica cuántica —de acuerdo con las aspiraciones que he planteado al final de §3.4.

Lo que yo no había anticipado, antes de volver al punto de vista que ofrece la CCC, es que el Big Bang debería tratarse como parte de una evolución esencialmente *clásica*, en la que el comportamiento está dominado por ecuaciones diferenciales deterministas como las de la relatividad general estándar. La pregunta era: ¿cómo podría escapar la CCC a la conclusión de que enormes curvaturas del espacio-tiempo, con radios reducidos al nivel de la escala de Planck l_P cerca del Big Bang, deberían implicar que la *gravedad cuántica* entre en escena, con todo el caos que ello entraña? La respuesta de la CCC es que hay curvaturas y curvaturas; o, para ser más precisos, hay curvatura de Weyl **C** y curvatura de Einstein **E** (esta última equivalente a la curvatura de Ricci; véase §2.6 y el apéndice A). El punto de vista de la CCC es conceder que cuando los radios de curvatura se aproximan a la escala de Planck, el frenesí de la gravedad cuántica (cualquiera que sea) debería empezar a dominar, pero la curvatura en cuestión debe ser la curvatura de *Weyl*, descrita por el tensor de curvatura conforme **C**. Por consiguiente, los radios de curvatura incluidos en el tensor de Einstein **E** pueden hacerse tan pequeños como quieran, y la geometría espaciotemporal seguirá siendo esencialmente clásica y suave mientras los radios de curvatura de Weyl sean *grandes* en la escala de Planck (Fig. 3.22).

En la CCC encontramos que **C** = 0 en el Big Bang (de donde los radios de curvatura de Weyl *infinitos*), de modo que estamos justificados para pensar que bastarían consideraciones esencialmente clásicas. Así, la naturaleza detallada del big bang de cada eón está completamente determinada por lo que sucedió en el futuro remoto del eón anterior, y

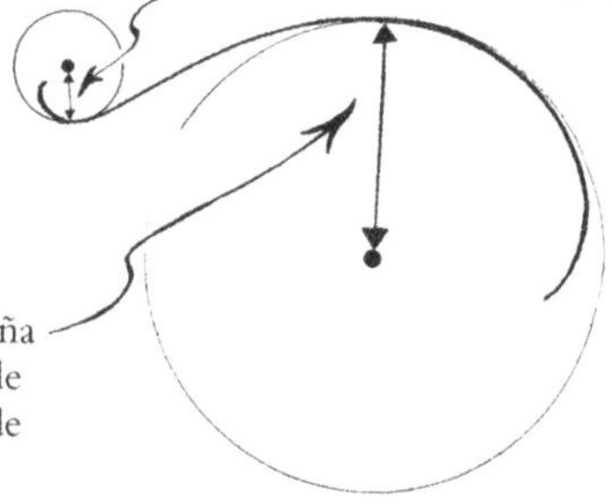

Fig. 3.22. La curvatura se describe frecuentemente en términos de un «radio de curvatura», que es una medida inversa de curvatura, pequeño cuando la curvatura es grande y grande cuando la curvatura es pequeña. Normalmente se argumenta que la gravedad cuántica se hace dominante cuando los radios de curvatura se reducen hasta la escala de Planck.

esto llevaría a consecuencias observacionales, algunas de ellas consideradas en §3.6. Aquí, las ecuaciones clásicas continúan la evolución de los campos sin masa que estaban presentes en el futuro muy remoto del eón inmediatamente precedente hasta el big bang del eón siguiente. Por otra parte, las aproximaciones actualmente estándar al universo muy primitivo suponen que la *gravedad cuántica* debería ser la que determina el comportamiento en el Big Bang. En esencia, esta es la forma (aunque en términos de «campo inflatón») en que la cosmología inflacionaria decretaría cómo se producen, inicialmente, las ligeras desviaciones (de unas pocas partes en 10^5) en la temperatura del CMB a partir de «fluctuaciones cuánticas». Sin embargo, la CCC ofrece una perspectiva completamente diferente, como veremos en la próxima sección.

3.6. Implicaciones observacionales

La cuestión que ahora deseo abordar es si podemos encontrar alguna prueba concreta, ya sea a favor o en contra, de la validez real de la CCC. De entrada, se podría pensar que cualquier prueba respecto a un supuesto «eón» existente antes de nuestro Big Bang debe estar fuera del acceso observacional, debido a las temperaturas absolutamente enormes que aparecen en el Big Bang y que parecerían borrar cualquier información, lo que nos separaría de toda esa supuesta actividad previa. No obstante, deberíamos tener en cuenta que tiene que haber una extrema organización presente en el Big Bang, como consecuencia directa de la Segunda Ley, y los argumentos de este libro apuntan a que esta organización tenga un carácter que permite que nuestro Big Bang se extienda de manera conforme a un eón previo al nuestro, y que esta extensión esté gobernada por una evolución determinista muy específica. Por consiguiente, podemos confiar en que haya alguna manera de que ¡realmente fuéramos capaces de «ver» ese eón anterior!

Debemos preguntar qué propiedades concretas del futuro remoto de un eón anterior al nuestro podrían ser observables para nosotros. Una cosa de la que podemos estar seguros, si la CCC es correcta, es que la geometría espacial general de nuestro propio eón debe empalmar con la del eón previo. Si el eón previo fuera espacialmente finito, por ejemplo, así debería serlo el nuestro. Si ese eón anterior coincidiera, en una gran escala, con una 3-geometría espacial euclidiana ($K = 0$), entonces eso también sería válido para el nuestro, y si tuviera una geometría espacial hiperbólica ($K < 0$), entonces el nuestro también sería hiperbólico. Todo esto se sigue porque la geometría espacial, en general, está determinada por la de la 3-superficie de tránsito, siendo la geometría de esta 3-superficie común a los dos eones que limita. Por supuesto, esto no nos ofrece nada nuevo de valor observacional, porque no tenemos información independiente sobre la geometría espacial general del eón previo.

En una escala algo menor, sin embargo, las distribuciones de materia podrían reordenarse a lo largo del progreso de cada eón, de acuerdo con algunos quizá complicados, pero en principio comprensibles, procesos dinámicos. El comportamiento *final* de estas distribuciones de materia, que toman la forma de radiación sin masa (de acuerdo con los requisitos de la CCC en §3.2), puede dejar su firma en la 3-superficie de tránsito, y entonces quizá pueda leerse en las sutiles irregularidades en el CMB. Nuestra tarea consistiría en tratar de adivinar cuáles serían, a este respecto, los procesos más importantes que tienen lugar en el curso del eón previo, y tratar de descifrar las señales ocultas en esas minúsculas irregularidades en el CMB.

Para ser capaces de interpretar señales de este tipo necesitaríamos tener una buena comprensión de los fenómenos que serían su causa probable. Para ello, necesitaríamos examinar cuidadosamente los procesos dinámicos que podrían estar implicados en el eón previo, y también cómo podrían propagarse las cosas de un eón al siguiente. Sin embargo, para llegar a conclusiones razonablemente claras acerca de la naturaleza detallada del eón previo nos sería de ayuda el que podamos suponer que, en general, era esencialmente similar al nuestro. Entonces podemos considerar que el eón previo al nuestro se habría comportado en estrecho acuerdo con el tipo de comportamiento que vemos en el universo que nos rodea, y con la forma general con la que esperamos que evolucione en el futuro.

Y lo que es más evidente, esperaríamos que hubiera habido una expansión exponencial en el futuro remoto del eón previo, donde estamos suponiendo que una constante cosmológica positiva dominaba el comportamiento de dicho eón en su muy remoto futuro, como parece ser el caso de nuestro propio eón (si consideramos que Λ es constante). La resultante expansión exponencial de dicho eón anterior guardaría una tentadora similitud con la supuesta fase inflacionaria de la imagen actualmente preferida de la historia muy temprana del universo, aunque esta imagen actualmente convencional afirma que la ex-

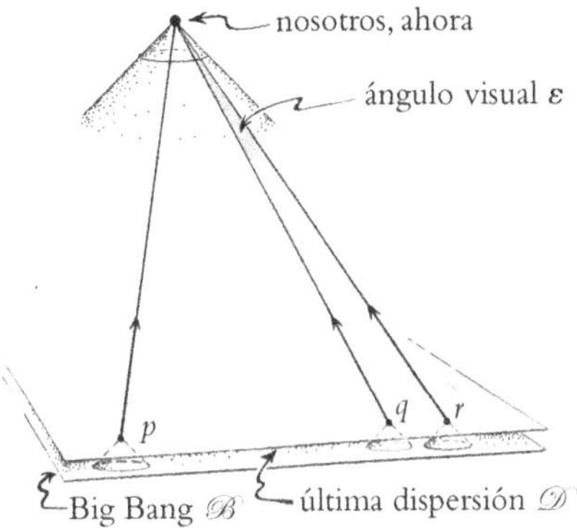

Fig. 3.23. Las cosmologías (preinflacionarias) estándar podrían implicar que puntos en el CMB celestes, más alejados que los dados por $\varepsilon = 2°$ en la figura, no deberían estar correlacionados (puesto que los conos de luz pasados de q y r no se cortan), mientras que tales correlaciones se observan hasta ~60°, como sucede con puntos como p y r.

pansión exponencial tiene lugar entre unos 10^{-32} s y 10^{-36} s en nuestro propio eón (véanse §2.1 y §2.6), muy poco después del propio Big Bang. Por el contrario, la CCC situaría esta «fase inflacionaria» *antes* del Big Bang, identificándola con la expansión exponencial del futuro remoto del eón previo. De hecho, como se ha mencionado en §3.3, una idea de esta naturaleza fue propuesta por Gabriele Veneziano en 1998,[3.81] aunque su esquema dependía fuertemente de ideas de la teoría de cuerdas.

Un aspecto importante de esta idea general es que dos pruebas observacionales clave que parecían proporcionar un apoyo crucial para la imagen ahora estándar de la cosmología inflacionaria, como se deducen de las ligeras variaciones de temperatura vistas en el CMB, parecen ser también abordadas por teorías pre-Big-Bang de esta naturaleza. Una de estas es que existen *correlaciones* observadas en las variaciones de temperatura en el CMB sobre ángulos en el cielo (hasta unos 60°, de hecho) que serían incompatibles con las cosmologías estándar de tipo Friedmann o Tolman (§2.1 y §3.3), si se considera que el propio Big Bang está intrínsecamente libre de correlaciones. Esta incompatibilidad se muestra en los diagramas conformes esquemáticos de la Fig. 3.23, donde vemos que la superficie de última dispersión $\mathscr{D}$ (desacopla-

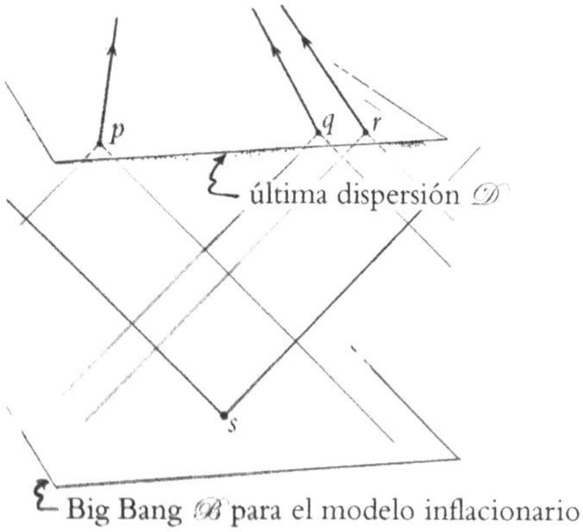

Fig. 3.24. Un efecto de la inflación es aumentar la separación entre 𝒟 y ℬ, de modo que pueden darse las correlaciones de la Fig. 3.23.

miento; véase §2.2) ocurre demasiado próxima a la 3-superficie Big Bang $\mathscr{B}^-$ para que efectos que vistos desde nuestra posición parecen estar separados más de unos 2° en el cielo hayan estado nunca en contacto causal. Esto supone que todas esas correlaciones surgen de procesos que ocurren *después* del Big Bang, y los diferentes puntos de $\mathscr{B}^-$ están de hecho completamente descorrelacionados. La inflación puede conseguir tales correlaciones porque la «fase inflacionaria» aumenta la separación entre $\mathscr{B}^-$ y $\mathscr{D}$ en un diagrama conforme,[3.82] de modo que ángulos mucho mayores vistos desde nuestra posición se ponen en contacto causal; véase la Fig. 3.24.

El otro elemento de prueba clave, que parece dar un fuerte apoyo a la inflación, es que las fluctuaciones de densidad iniciales —que dan lugar a fluctuaciones de temperatura en el CMB— parecen ser *invariantes frente a escala*, en un rango muy amplio. La explicación que da la cosmología inflacionaria es que muy poco después del Big Bang había irregularidades iniciales completamente aleatorias —de naturaleza de *fluctuaciones cuánticas* inicialmente minúsculas en el «campo inflatón» (§2.6)— y que luego dominó la expansión exponencial inflacionaria, que expandió enormemente dichas irregularidades de modo que se transformaron finalmente[3.83] en las irregularidades de densidad actuales en la distribución de materia (principalmente oscura). Ahora bien, una expansión exponencial es un proceso autosimilar, de modo que uno puede imaginar que si hay aleatoriedad en la forma en la que las fluctuaciones iniciales están distribuidas en el espacio-tiempo, entonces el resultado de la actuación exponencial sobre dichas fluctuaciones será una distribución con cierta *invariancia de escala*. De hecho, mucho antes de que se hubiera propuesto el esquema inflacionario, E. R. Harrison y Y. B. Zel'dovich habían propuesto, en 1970, que las desviaciones de la uniformidad observadas en la primitiva distribución de materia en el universo podían explicarse si se supusiera que las fluctuaciones iniciales son *invariantes frente a escala*. No solo la inflación había dado un argumento lógico para esta suposición, sino que análisis de observaciones posteriores del CMB confirmaron una práctica invariancia de escala sobre un rango aún mucho más amplio que antes, lo que daba apoyo considerable a la idea inflacionaria, especialmente dado que había sido difícil ver qué otro tipo de explicación podía dar una base teórica a esta invariancia de escala observada.

De hecho, si se va a rechazar la imagen inflacionaria hay que encontrar *alguna* explicación alternativa tanto para la invariancia de escala como para las correlaciones más allá del tamaño del horizonte en las irregularidades de densidad iniciales. En la CCC (como en el esquema anterior de Veneziano) estos dos puntos se tratan desplazando la fase inflacionaria del universo de manera que de ocurrir en un momento que sigue inmediatamente al Big Bang pasa a ocurrir en una fase de expansión que *precede* al Big Bang, tal como se ha descrito antes. Puesto que seguimos teniendo una fase de universo en expansión efectivamente autosimilar, igual que lo que sucede con inflación, cabe esperar que esto podría llevar a fluctuaciones de densidad con una naturaleza invariante frente a escala. Además, de nuevo cabe esperar correlaciones fuera de la escala del horizonte de los modelos de Friedmann o Tolman, pero ahora estas correlaciones se establecen a través de sucesos que tuvieron lugar en el eón previo al nuestro. Véase la Fig. 3.25.

Para ser más explícito acerca de cuáles serían probablemente estos sucesos, según la CCC, debemos tratar de entender cuáles van a ser probablemente los procesos más relevantes que tienen lugar en el eón previo al nuestro. Antes de que podamos entrar en gran detalle, debemos abordar una pregunta especialmente importante. Pues existe la

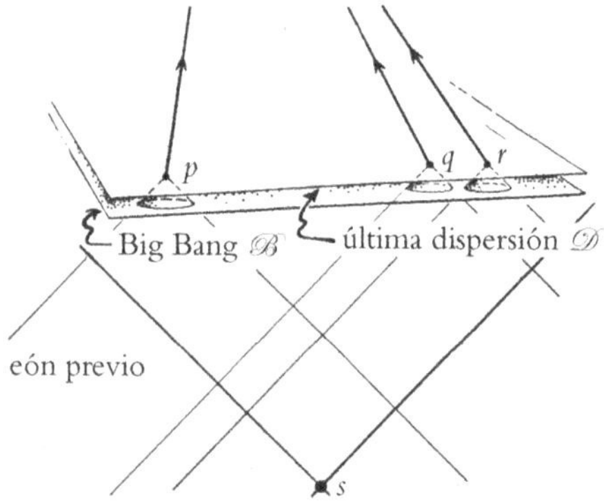

Fig. 3.25. En la CCC, las correlaciones requeridas de la Fig. 3.23 pueden ser resultado de actividades en el eón previo.

posibilidad, señalada en §3.3, de que tengamos que tomar en serio la sugerencia de John A. Wheeler de que las constantes fundamentales de la naturaleza pudieran *no* haber tenido exactamente los mismos valores en el eón previo que los que tienen en el nuestro. La más obvia (y más simple) de tales posibilidades sería que el gran número N, mencionado al final de §3.2, que en nuestro eón toma el valor $N \approx 10^{20}$, podría tomar otro valor en el eón previo. Hay, por supuesto, dos caras en esta cuestión. Ciertamente haría la vida más fácil si solo podemos suponer que constantes numéricas fundamentales tales como N tenían el mismo valor en el eón previo que en el nuestro, o que las observaciones serían insensibles a alteraciones (razonables) en los valores de tales números. Pero, por otra parte, si cambiar un número tal como N pudiera tener efectos claramente distinguibles, entonces existe la posibilidad potencialmente excitante de *determinar* realmente si un número semejante podría ser o no una constante fundamental (quizá calculable matemáticamente en principio) o si realmente cambia de un eón a otro, posiblemente de una manera matemática específica que podría estar ella misma sujeta a un test observacional.

Un conjunto complementario de preguntas están relacionadas con nuestras expectativas sobre la evolución de nuestro propio eón en el futuro muy remoto. Aquí, los requisitos y expectativas de la CCC son algo más claros. En concreto, Λ debe ser realmente una *constante* cosmológica, y nuestro eón continúa su expansión exponencial por toda la eternidad. La evaporación de Hawking de los agujeros negros debe ser una *realidad* y debe continuar hasta que todos los agujeros hayan desaparecido, depositando virtualmente toda su energía en reposo en fotones de baja energía y radiación gravitatoria; y esto ocurrirá incluso para los agujeros más grandes que cabe esperar que aparezcan, hasta que finalmente desaparecen. ¿Podría esta radiación de Hawking ser realmente *detectable* si ocurre en el eón previo al nuestro? Debemos tener en cuenta que toda la masa-energía de un agujero negro, por muy grande que pudiera ser inicialmente, tendría que depositarse en última instancia en esta radiación electromagnética de baja frecuencia. Esta energía encontraría finalmente su camino a la superficie de tránsito y dejaría su huella sutil en el CMB de nuestro propio eón. No es en absoluto descartable, si la CCC es correcta, que esta información pudiera finalmente reconstruirse a partir de las minúsculas irregularidades en el CMB. Esto sería muy notable, si sucede, puesto que normalmente se consideraría que la radiación de Hawking en nuestro propio eón ¡tiene un efecto tan absurdamente minúsculo que sería por completo inobservable!

Una consecuencia menos convencional de la CCC es que las masas en reposo de todas las partículas deberían desaparecer finalmente en los vastos abismos de eternidad (§3.2), de modo que en el límite asintótico todas las partículas supervivientes, incluidas las cargadas, serían partículas sin masa. Según este esquema, la desintegración de la masa en reposo sería una característica universal de las partículas masivas, de modo que cabría imaginar que fuera un efecto observable. Sin embargo, en nuestro estado de conocimiento presente, el esquema no ha proporcionado ninguna receta del ritmo al que debería desintegrase la masa. El ritmo de desintegración podría muy bien ser extraordinariamente lento, y entonces sería difícil defender que el hecho de que todavía no se haya observado tal desintegración es una prueba en contra de este aspecto de la CCC. Un punto digno de mención aquí es que si todos los diferentes tipos de partículas tienen ritmos de desintegración de masa aproximadamente proporcionales a las masas respectivas, entonces el efecto se parecería a un debilitamiento muy lento de la constante gravitatoria. Hasta 1998,[3.84] la mejor cota experimental para un ritmo de decaimiento de la constante gravitatoria fija un valor menor que aproximadamente $1{,}6 \times 10^{-12}$ por año. Sin embargo, debemos tener presente que una escala de tiempo de 10^{12} años es una minucia comparada con los períodos de tiempo de al menos 10^{100} años que es necesario considerar para permitir que desaparezcan todos los agujeros negros. Cuando escribo esto no conozco ninguna propuesta observacional precisa que pusiera a prueba seriamente el aspecto de la CCC que demanda la desintegración final de la masa en reposo.

Hay, sin embargo, una clara consecuencia de la CCC que debería poder dirimirse mediante un análisis apropiado del CMB. El efecto en cuestión es la radiación gravitatoria producida por encuentros de agujeros negros extremadamente masivos (principalmente los que se localizan en los centros galácticos). ¿Cuál sería el resultado de tales encuentros? Si los agujeros pasaran muy cerca uno del otro, cabría esperar que cada uno de ellos desviaría el movimiento del otro de forma suficientemente violenta para que hubiera una ráfaga de radiación gravitatoria que podría llevarse una cantidad importante de energía del par, y sus movimientos relativos quedarían reducidos de forma apreciable. Si se acercaran todavía más, entonces podrían quedar mutuamente atrapados en órbitas uno alrededor del otro, que se harían cada vez más cerradas por pérdida de energía en ondas gravitatorias, de lo que resul-

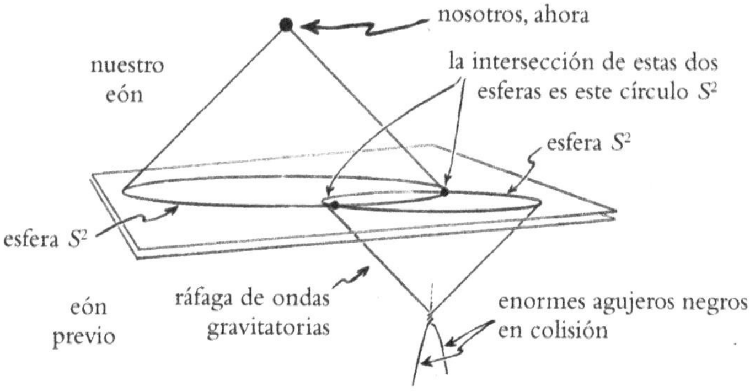

Fig. 3.26. Encuentros entre enormes agujeros negros en el eón previo darían como resultado ráfagas notables de radiación gravitatoria. Esto se manifestaría como un círculo de temperatura aumentada o disminuida (dependiendo de la geometría general) en el CMB del cielo.

taría una enorme pérdida de energía total hasta que se engulleran mutuamente para formar un único agujero negro. En casos extremos, este único agujero podría ser el resultado de un impacto directo, y el agujero resultante estaría inicialmente fuertemente distorsionado antes de que el agujero se asentara mediante la radiación gravitatoria. En cualquier caso, habría una enorme emisión de ondas gravitatorias que probablemente se llevaría una nada despreciable proporción de la enorme masa combinada de los dos agujeros.

En una escala de tiempo como la que aquí nos interesa, toda esta ráfaga de ondas gravitatorias sería prácticamente instantánea. En ausencia de otros grandes efectos distorsionadores a lo largo del universo, esta radiación estaría esencialmente contenida dentro de una fina capa casi esférica que se dispersa para siempre, desde el punto de encuentro *e*, a la velocidad de la luz. En términos de una imagen conforme (esquemática) esta ráfaga de energía estaría representada como un cono de luz hacia fuera $\mathscr{C}^{+}(e)$ que se extiende desde *e* a $\mathscr{I}^{\wedge}$ (donde $\mathscr{I}^{\wedge}$ es el «$\mathscr{I}^{+}$» del eón previo al nuestro). Aunque podría pensarse que esta radiación se atenuaría indefinidamente con el paso del tiempo, hasta ser por completo insignificante cuando finalmente se alcanza $\mathscr{I}^{\wedge}$, si examinamos la situación de la forma correcta encontramos que en realidad no es así. Recordemos de §3.2 que el campo gravitatorio puede describirse por un $[^{0}_{4}]$-tensor **K**, que satisface una ecuación de ondas conformemente invariante $\nabla\mathbf{K} = 0$. Puesto que esta ecuación de ondas es conformemente invariante, podemos considerar que **K** se propaga en el espacio-tiempo mostrado en la Fig. 3.26, donde podemos tomar la frontera futura $\mathscr{I}^{\wedge}$ como una 3-esfera de tipo espacio ordinaria. La onda llega a $\mathscr{I}^{\wedge}$ en un período finito, y **K** tiene allí un valor finito que puede estimarse a partir de la geometría de la Fig. 3.26.

Ahora bien, debido a la relación entre **K** y el tensor conforme **C** en el escalado de la métrica conforme que utilizaríamos para la Fig. 3.26 (el «$\hat{\mathbf{C}} = \Omega\hat{\mathbf{K}}$» de §3.2), encontramos que el tensor conforme **C** alcanza el valor cero en $\mathscr{I}^{\wedge}$, pero tiene una derivada normal distinta de cero a través de $\mathscr{I}^{\wedge}$ (véase la Fig. 3.27; compárese con la Fig. 3.6). A partir de los argumentos del apéndice B12 encontramos que la presencia de esta derivada normal tiene dos efectos directos. Uno de estos es influir en la *geometría conforme* de la superficie de tránsito ($\mathscr{I}^{\wedge}/\mathscr{B}^{-}$),

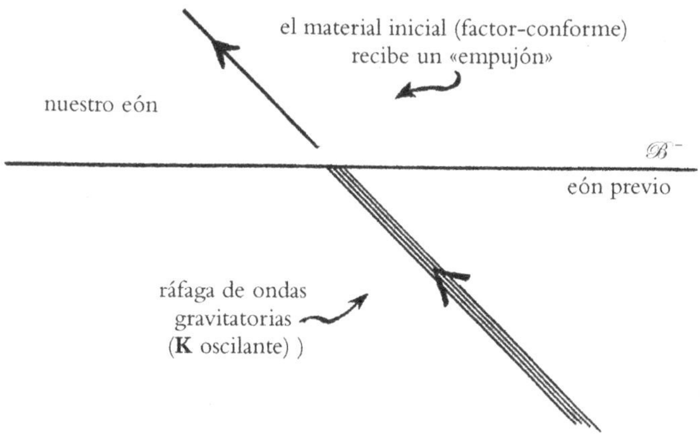

Fig. 3.27. Cuando la ráfaga de ondas gravitatorias encuentra a la 3-superficie de tránsito, da al material inicial del eón sucesivo un «empujón» en la dirección de la onda.

mediante una magnitud de curvatura conforme conocida como el tensor de «Cotton-York», de modo que no podemos esperar que la geometría espacial del eón sucesivo (el nuestro) sea exactamente del tipo FLRW en el momento del Big Bang, sino que debe haber ligeras irregularidades. El segundo efecto, y más inmediatamente observable, sería dar al material del ϖ-campo —que, en §3.2, se ha argumentado que es la fase inicial de nueva *materia oscura*— un importante «empujón» en la dirección de la radiación; véase la Fig. 3.27.

Si el punto u representa nuestra localización actual en el espacio-tiempo, entonces el cono de luz pasado $\mathscr{C}^-(u)$ de u representa esa parte del universo que podemos «ver» directamente. La intersección de $\mathscr{C}^-(u)$ con la superficie de desacoplamiento $\mathscr{D}$ representa así lo que se puede observar directamente en el CMB, pero puesto que en una representación conforme estricta $\mathscr{D}$ está muy próxima (a aproximadamente un 1 por ciento de la altura total del eón entero, en la figura) a la superficie de cruce $\mathscr{B}^-$ no nos equivocaremos demasiado[3.85] si consideramos esto como la intersección de $\mathscr{C}^-(u)$ con $\mathscr{B}^-$. Ignorando posibles efectos de no uniformidad de la densidad de materia dentro de nuestro propio eón, esto será una *esfera* geométrica. El cono de luz futuro $\mathscr{C}^+(e)$ de e también cortará a $\mathscr{I}^\wedge(= \mathscr{B}^-)$ en una esfera geométrica, suponiendo que podamos ignorar la no uniformidad de densidad en este eón previo. Así pues, la parte de la radiación procedente del encuentro del agujero negro en *e* que es directamente visible para nosotros a través de su efecto en el CMB será la intersección de estas dos esferas en $\mathscr{B}^-$, siendo esta intersección un *círculo* geométrico preciso *C*, donde estoy ignorando la pequeña diferencia entre las 3-superficies $\mathscr{B}^-$ y $\mathscr{D}^-$.

El «empujón» que la ráfaga de ondas gravitatorias impartirá a la (presunta) materia oscura primordial tendrá una componente en nuestra dirección que podría ser hacia nosotros o podría alejarse de nosotros, dependiendo de la relación geométrica entre *u*, *e* y la superficie de tránsito. Este efecto de ser hacia nosotros o alejarse de nosotros sería el mismo a lo largo de todo el círculo *C*. Así pues, esperamos que para cada uno de estos encuentros de agujeros negros en el eón previo, para el que se cortan estas dos esferas, habría un círculo en el CMB del cielo que contribuye o positiva o negativamente a la temperatura del CMB promediada sobre el cielo

Como analogía útil, imaginemos un estanque sobre el que cae una lluvia ligera, en un día tranquilo y sin viento. Cada gota de lluvia provocará una onda circular que se mueve hacia fuera desde el punto de impacto; pero si hay muchos de estos impactos pronto será difícil distinguir las ondas individuales que continuamente se mueven hacia fuera y se solapan de formas complicadas. Cada impacto debe considerarse análogo a uno de los encuentros de agujeros negros antes imaginados. Al cabo de un tiempo, la lluvia cesa (el equivalente a la desaparición final de los agujeros negros mediante evaporación de Hawking) y nos quedamos con una pauta de ondas de aspecto aleatorio, de modo que a partir de una fotografía de dicha pauta sería difícil averiguar que había sido producida de esa manera. No obstante, si se realiza un análisis estadístico adecuado de esa pauta, debería ser posible (si la lluvia no se ha prolongado durante mucho tiempo) reconstruir la configuración espaciotemporal de los impactos de las gotas de lluvia originales y confiar en que la pauta ha aparecido realmente a partir de impactos discretos de este tipo.

A mí me parecía que un análisis estadístico del CMB debería proporcionar un buen test de la propuesta CCC. Por ello, al tener la ocasión de visitar la Universidad de Princeton a principios de mayo de

2008, aproveché la oportunidad para consultar a David Spergel, que es un experto mundial en el análisis de datos del CMB. Le pregunté si alguien había visto un efecto semejante en los datos del CMB, a lo que él respondió «No»; después de lo cual añadió, «pero nadie ha mirado hasta ahora». Más tarde, él planteó el problema a uno de sus ayudantes posdoctorales, Amir Hajian, quien posteriormente llevó a cabo un análisis preliminar de los datos observacionales proporcionados por el satélite WMAP para tratar de ver si hay alguna evidencia de un efecto de este tipo.

Lo que hizo Hajian fue escoger una serie de radios alternativos, empezando en un radio angular de aproximadamente 1° y luego aumentando este radio en pasos de aproximadamente 0,4° hasta llegar a un radio angular de aproximadamente 60° (para 171 radios diferentes en total). Para cada radio dado, se calculaba la temperatura CMB promedio a lo largo de círculos de este radio centrados en 196.608 puntos diferentes uniformemente dispersos sobre el cielo. Luego se construía un histograma para ver si había alguna desviación significativa respecto de lo que cabía esperar del «comportamiento gaussiano» de datos completamente aleatorios. Al principio se veían ciertos «picos» que parecían presentar una clara evidencia de varios círculos individuales de la naturaleza predicha por la CCC. Sin embargo, pronto quedó claro que eran completamente espurios, pues los círculos en cuestión cruzaban ciertas regiones del cielo, algunas de ellas relacionadas con el posicionamiento de nuestra Vía Láctea, que se sabía que eran más calientes o más frías que el cielo CMB normal. Para eliminar tales efectos había que suprimir la información de regiones próximas al plano galáctico, y así se eliminaron efectivamente los «picos» espurios.

Un punto digno de mención en esa etapa es que, en cualquier caso, muchos de los círculos que daban las picos tenían radios de más de 30° en el cielo, y no deberían haber aparecido en ningún caso, según la CCC, si realmente el eón previo al nuestro tuvo una historia general más o menos similar a la que se prevé para nuestro propio eón. La razón para ello es que los encuentros de agujeros negros galácticos que se consideran aquí no deberían haber aparecido antes de lo que hubiera sido «el tiempo presente» en el eón previo, que en nuestro eón ocurre a aproximadamente ⅔ del camino en el diagrama conforme (Fig. 3.28).

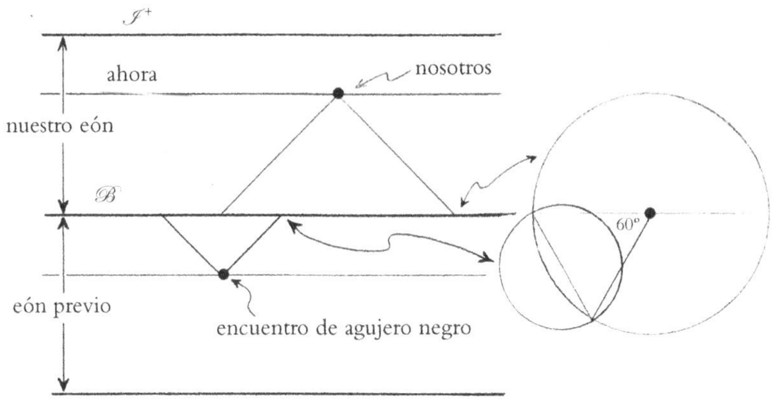

Fig. 3.28. Parece que estamos a aproximadamente ⅔ del camino en nuestro eón, en un diagrama conforme. Si esto es válido también para los primeros encuentros de agujeros negros en el eón previo, entonces cabe esperar un corte en las correlaciones angulares a 60°.

simple geometría (véase la Fig. 3.29) muestra que los encuentros de agujeros negros, con *e* ocurriendo más tarde que ⅔ del camino en el diagrama conforme del eón previo, darían lugar necesariamente a círculos de radios menores que 30° desde nuestra posición en *u* (en desacuerdo con muchos de los picos). Por consiguiente, las correlaciones de temperaturas que podrían producir estos efectos no se extenderían en la esfera celeste tanto como 60°. Es un hecho curioso que correlaciones en la temperatura del CMB observada *sí* parecen decaer a unos 60°, lo que no se explica en la imagen inflacionaria estándar, hasta donde yo sé, y quizá puede considerarse que esto representa un apoyo para la propuesta CCC.

Con la eliminación de estos picos, parece que siguen quedando varias desviaciones sistemáticas aparentemente significativas respecto a la aleatoriedad gaussiana en el análisis de Hajian. Tales desviaciones, que implican un aparente exceso de círculos fríos en un rango de radios angulares entre aproximadamente 7° y 15°, parecían en particular notables y, en mi opinión, requerían explicación. Pudiera ser que estos efectos fueran el resultado de algunos ingredientes espurios que no tienen nada que ver con la CCC, pero me parecía que una cuestión crucial era si las desviaciones de la aleatoriedad tenían que ver específica-

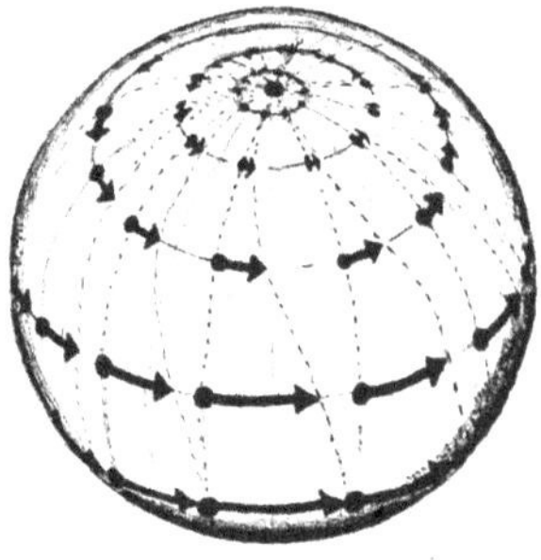

Fig. 3.29. Girando el CMB en coordenadas polares esféricas (utilizando la fórmula $\theta' = \theta, \phi' = \phi + 3a\pi\theta^2 - 2a\theta^3$). Esto convierte los círculos en formas más elípticas.

mente con el hecho de que las regiones del cielo sobre las que se estaba promediando eran realmente *círculos* y no alguna otra forma, pues la naturaleza circular real de las presuntas perturbaciones en el CMB parecerían ser una característica de esta predicción de la CCC. Por consiguiente, sugerí que se repitiera al análisis, pero con un «giro» que conserva el área aplicado a la esfera celeste (véase la Fig. 3.29), de modo que círculos reales en la esfera celeste parecerían tener una forma más elíptica según el análisis. Yo había propuesto que se hicieran tres versiones diferentes del análisis, una sin giro celeste, otra con un pequeño giro, y otra con un giro mayor. Había previsto que la CCC debería predecir que el efecto no gaussiano debería ser máximo cuando no hay giro, algo reducido cuando hay un giro pequeño, y quizá totalmente ausente con el giro grande.

Sin embargo, el resultado de este análisis (realizado por Hajian en el otoño de 2008) me sorprendió. De forma sistemática sobre el rango de radios de 8,4° a 12,4° (que englobaban 12 histogramas distintos sucesivos), la pequeña cantidad de giro celeste *aumentaba* en realidad este efecto particular de forma muy clara, mientras que el giro celeste más grande hacía que desapareciera. En otras partes de los histogramas había indicios similares de una sensibilidad a la circularidad de la forma que se estaba examinando. Al principio quedé algo perplejo por este hallazgo, al ser incapaz de imaginar cómo podía explicarse la ampliación debida a la pequeña cantidad de giro, pero luego se me ocurrió la posibilidad de que hubiera grandes inhomogeneidades en la distribución de masa (preferiblemente) en nuestro propio eón que sirven para distorsionar ligeramente imágenes circulares y transformarlas en elípticas.[3.86] Recordemos de §2.6 las importantes distorsiones de imágenes que puede producir la presencia de curvatura de Weyl (véase la Fig. 2.49). La ampliación del efecto que había producido el pequeño giro podía aparecer (según la imagen que yo sugería) de un fortuito acuerdo, en algunas regiones del cielo, entre la cantidad de giro celeste artificial que se había introducido y la distorsión real debida a curvatura de Weyl. En otras regiones el giro llevaría a mayor desacuerdo, pero el efecto bien podría ser una ampliación general, en circunstancias apropiadas, pues los debidos al desacuerdo podrían perderse fácilmente en el «ruido».

Por desgracia, la probable presencia de distorsiones significativas, debidas a la curvatura de Weyl interpuesta, complica considerablemente el análisis. Podría ser útil descomponer el cielo en regiones más pequeñas para tratar de identificar dónde podría haber curvatura de Weyl importante a lo largo de la visual entre u y la 3-superficie de desacoplamiento $\mathscr{D}$. Quizá esto podría relacionarse con inhomogeneidades conocidas en la distribución de masa en el universo (por ejemplo, los grandes «vacíos»[3.87]). En cualquier caso, hay algo tentador en la situación en la que parecen habernos dejado las observaciones por el momento. Ciertamente hay que esperar que estas cuestiones se aclaren en un futuro no demasiado lejano, y que no pase mucho tiempo antes de que se pueda establecer claramente el estatus físico de la cosmología cíclica conforme.

Epílogo

Tom miró con incredulidad a la tía Priscilla, y luego dijo: «¡Esa es la idea más descabellada que he oído nunca!».

Tom se encaminó a zancadas al automóvil de su tía que le iba a llevar a casa, y su tía le siguió unos pasos detrás. Pero se detuvo, para examinar las gotas de lluvia que caían en un estanque a un lado del molino. La lluvia había amainado considerablemente, para convertirse en un ligero goteo, y se veían con claridad los impactos de las gotas individuales. Tom las observó un rato, y no pudo dejar de preguntarse...

Apéndice A: Reescalado conforme, 2-espinores, teoría de Maxwell y Einstein

Muchas de las ecuaciones detalladas que doy aquí se aprovechan del formalismo de los 2-espinores. Este formalismo no es estrictamente necesario, puesto que la más familiar descripción mediante 4-tensores habría ofrecido una buena alternativa. Sin embargo, el formalismo de 2-espinores no solo es más simple cuando se trata de expresar propiedades de invariancia conforme (véase A6), sino que también proporciona una visión de conjunto más sistemática cuando se trata de entender la propagación de campos sin masa y la correspondiente ecuación de Schrödinger para sus partículas constituyentes.

Los convenios aquí utilizados, incluido el uso de índices abstractos, son los de Penrose y Rindler (1984, 1986),[A.1] salvo que Λ denota aquí la constante cosmológica, en lugar de la «λ» de aquel trabajo, y la magnitud de curvatura escalar «Λ» que allí aparece sería $(1/24)R$, que en lo que sigue se expresará como $(1/6)\Lambda$. Referencias a ecuaciones que empiezan con «P&R» remiten a dicho trabajo, y de hecho todas las ecuaciones necesarias pueden encontrarse en el volumen 2 de 1986. El tensor de Einstein E_{ab} aquí utilizado es el *negativo* del «tensor de Einstein» $R_{ab} - (1/2)Rg_{ab}$ utilizado allí (con el mismo signo del tensor de Ricci R_{ab} que se adoptó allí), de modo que las ecuaciones de campo de Einstein se convierten en (como en §2.6 y §3.5)

$$E_{ab} = \frac{1}{2}Rg_{ab} - R_{ab} = 8\pi GT_{ab} + \Lambda g_{ab}.$$

A1. La notación 2-espinorial: ecuaciones de Maxwell

El formalismo 2-espinorial utiliza cantidades con índices espinoriales abstractos (para el espacio de espín 2-dimensional complejo) para los que uso letras latinas mayúsculas en itálica, ya sea no primadas (A, B, C, ...) o primadas (A', B', C', ...), que se intercambian bajo conjugación compleja. El espacio tangente (complejificado) en cada punto espaciotemporal es el producto tensorial del espacio de espín no primado por el primado. Esto nos permite adoptar la identificación de índices abstractos

$$a = AA', \ b = BB', \ c = CC', \ldots$$

donde los índices en letras latinas minúsculas en itálica se refieren a los espacios tangentes espaciotemporales. Más concretamente, los índices en posición *superior* se refieren a espacios tangentes y los índices en posición *inferior* a espacios cotangentes.

El tensor de campo de Maxwell antisimétrico $F_{ab}(= -F_{ba})$ puede expresarse en forma 2-espinorial en términos de un 2-espinor de 2 índices simétrico φ_{AB} $(= \varphi_{BA})$ por

$$F_{ab} = \varphi_{AB}\,\varepsilon_{A'B'} + \bar{\varphi}_{A'B'}\,\varepsilon_{AB}$$

donde $\varepsilon_{AB}(= -\varepsilon_{BA} = \overline{\varepsilon_{A'B'}})$ es la cantidad que define la estructura simpléctica compleja del espacio de espín y está relacionada con la métrica por la ecuación de índices abstractos

$$g_{ab} = \varepsilon_{AB}\,\varepsilon_{A'B'},$$

donde los índices espinoriales son elevados o descendidos de acuerdo con las siguientes prescripciones (¡donde el orden de los índices en los epsilones es importante!)

$$\xi^A = \varepsilon^{AB}\,\xi_B, \ \ \xi_B = \xi^A\varepsilon_{AB}, \ \ \eta_{B'} = \varepsilon^{A'B'}\eta_{B'}, \ \ \eta_{B'} = \eta^{A'}\varepsilon_{A'B'}.$$

Las ecuaciones de campo de Maxwell (denotadas colectivamente por $\boldsymbol{\nabla}\mathbf{F} = 4\pi\mathbf{J}$ en §3.2, con fuente en el vector de carga corriente J^a, son

$$\nabla_{[a}F_{bc]} = 0, \ \ \nabla_a F^{ab} = 4\pi\, J^b,$$

(donde los paréntesis cuadrados alrededor de los índices denotan antisimetrización, y los paréntesis redondos, simetrización), siendo la ecuación de conservación de carga-corriente

$$\nabla_a J^a = 0.$$

Estas toman las respectivas formas 2-espinoriales (P&R 5.1.52, P&R 5.1.54)

$$\nabla^{A'B}\,\varphi^{A}_{\ B} = 2\pi J^{AA'} \text{ y } \nabla_{AA'}J^{AA'} = 0.$$

Cuando no hay fuentes ($J^a = 0$), obtenemos las ecuaciones de Maxwell libres (denotadas por $\nabla\mathbf{F} = 0$ en §3.2)

$$\nabla^{AA'}\,\varphi_{AB} = 0.$$

A2. Ecuación (de «Schrödinger») de campo libre sin masa

Esta última ecuación es el caso $n = 2$ de la ecuación de campo libre sin masa (P&R 4.12.42), o «ecuación de Schrödinger»[A.2] para una partícula sin masa de espín ½n (> 0):

$$\nabla^{AA'}\phi_{ABC\,\ldots\,E} = 0,$$

donde $\phi_{ABC\,\ldots\,E}$ tiene n índices y es totalmente simétrico

$$\phi_{ABC\,\ldots\,E} = \phi_{(ABC\,\ldots\,E)}.$$

En el caso $n = 0$, es habitual considerar que la ecuación de campo es $\Box\phi = 0$, donde el operador d'alembertiano $\Box$, está definido por

$$\Box = \nabla_a\nabla^a,$$

pero en un espacio-tiempo curvo necesitamos el operador ∇_a para denotar la derivada *covariante*, y aquí se preferirá la forma de la ecuación (P&R 6.8.30)

$$\left(\Box + \frac{R}{6}\right)\phi = 0$$

que es conformemente invariante, en el sentido al que pronto llegaremos (A6), siendo $R = R_a^{\ a}$ la curvatura escalar.

A3. Cantidades de curvatura espaciotemporal

El tensor de *curvatura* (de Riemman-Christoffel) R_{abcd} tiene las simetrías

$$R_{abcd} = R_{[ab][cd]} = R_{cdab}, \quad R_{[abc]d} = 0,$$

y se relaciona con los conmutadores de las derivadas a través de (P&R 4.2.31)

$$(\nabla_a \nabla_b - \nabla_a \nabla_b) V^d = R_{abc}{}^d V^c.$$

Esto fija la elección de convenio de signo para R_{abcd}. Aquí definimos los tensores de Ricci y de Einstein y el escalar de Ricci, respectivamente, por

$$R_{ac} = R_{abc}{}^b, \quad E_{ab} = \frac{1}{2} R g_{ab} - R_{ab}, \quad \text{donde} \quad R = R_a{}^a,$$

y el tensor conforme de Weyl C_{abcd} se define por (P&R 4.8.2)

$$C_{ab}{}^{cd} = R_{ab}{}^{cd} - 2\, R_{[a}{}^{[c} g_{b]}{}^{d]} + \frac{1}{3} R g_{[a}{}^c g_{b]}{}^d,$$

que tiene las mismas simetrías que R_{abcd} pero, además, todas las trazas se anulan

$$C_{abc}{}^b = 0.$$

En términos espinoriales encontramos que podemos escribir (P&R 46.41)

$$C_{abcd} = \Psi_{ABCD}\, \varepsilon_{A'B'}\, \varepsilon_{C'D'} + \bar{\Psi}_{A'B'C'D'}\, \varepsilon_{AB}\, \varepsilon_{CD}$$

donde el *espinor conforme* Ψ_{ABCD} es totalmente simétrico

$$\Psi_{ABCD} = \Psi_{(ABCD)}.$$

La información restante en R_{abcd} está contenida en la curvatura escalar R y la parte libre de traza del tensor de Ricci (o de Einstein), este último codificado en la cantidad espinorial $\Phi_{ABC'D'}$ con simetrías y hermiticidad

$$\Phi_{ABC'D'} = \Phi_{(AB)(C'D')} = \overline{\Phi_{CDA'B'}}.$$

donde (P&R 4.6.21)

$$\Phi_{ABA'B'} = -\frac{1}{2} R_{ab} + \frac{1}{8} R g_{ab} = \frac{1}{2} E_{ab} - \frac{1}{8} R g_{ab}.$$

A4. Fuentes gravitatorias sin masa

En el apéndice B estaremos particularmente interesados en las ecuaciones de campo de Einstein cuando el tensor fuente (simétrico) T_{ab} es *libre de traza*

$$T_a^{\ a} = 0,$$

puesto que este es adecuado para fuentes *sin masa* (es decir, de masa en reposo cero), lo que nos dice que la cantidad con índices espinoriales $T_{ABA'B'} = \bar{T}_{A'B'AB} = T_{ab}$ tiene la simetría

$$T_{ABA'B'} = T_{(AB)(A'B')}.$$

La ecuación de la divergencia $\nabla^a T_{ab} = 0$, es decir, $\nabla^{AA'} T_{ABA'B'} = 0$ puede reexpresarse como

$$\nabla_B^{A'} T_{CDA'B'} = \nabla_{(B}^{A'} T_{CD)A'B'}.$$

Las ecuaciones de Einstein anteriores son ahora (P&R 4.6.32)

$$\Phi_{ABA'B'} = 4\pi G T_{ab}, \quad R = 4\Lambda.$$

Cuando hay presente masa en reposo, de modo que T_{ab} tiene una traza

$$T_a^{\ a} = \mu,$$

entonces las ecuaciones de Einstein toman la forma

$$\Phi_{ABA'B'} = 4\pi G T_{(AB)(A'B')}, \quad R = 4\Lambda + 8\pi G\mu.$$

A5. Identidades de Bianchi

La identidad de Bianchi general $\nabla_{[a} R_{bc]de} = 0$, en forma de índices espinoriales, se convierte en (P&R 4.10.7, 4.10.8)

$$\nabla_B^A \Psi_{ABCD} = \nabla_{(B}^{A'} \Phi_{CD)A'B'} \ \text{ y } \ \nabla^{CA'} \Phi_{CDA'B'} + \frac{1}{8} \nabla_{DB'} R = 0.$$

Cuando R es constante —una situación que se da con las ecuaciones de Einstein cuando las fuentes son *sin masa*— tenemos

$$\nabla^{CA'} \Phi_{CDA'B'} = 0, \ \text{ de donde } \ \nabla_{B'}^A \Psi_{ABCD} = \nabla_B^{A'} \Phi_{CDA'B'},$$

donde a la derecha está implicada la simetría en *BCD*. Incorporando la ecuación de Einstein, con fuentes sin masa, obtenemos

$$\nabla^{A}_{B'}\Psi_{ABCD} = 4\pi G \nabla^{A'}_{B} T_{CDA'B'}$$

(véase P&R 4.10.12). Nótese que cuando $T_{ABC'D'} = 0$, obtenemos la ecuación (P&R 4.10.9)

$$\nabla^{AA'}\Psi_{ABCD} = 0,$$

que es la ecuación de campo libre sin masa en A2, en el caso $n = 4$ (es decir, para espín 2).

A6. Reescalados conformes

De acuerdo con el reescalado conforme (con $\Omega > 0$ variando suavemente)

$$g_{ab} \mapsto \hat{g}_{ab} = \Omega^2\, g_{ab},$$

adoptamos las relaciones de índices abstractos

$$\hat{g}^{ab} = \Omega^{-2}\, g^{ab},$$
$$\varepsilon_{AB} = \Omega\, \varepsilon_{AB},\ \hat{\varepsilon}^{AB} = \Omega^{-1}\varepsilon^{AB}$$
$$\varepsilon_{A'B'} = \Omega\, \varepsilon_{A'B'},\ \hat{\varepsilon}^{A'B'} = \Omega^{-1}\varepsilon^{A'B'}.$$

El operador ∇_a debe transformarse ahora

$$\nabla_a \mapsto \hat{\nabla}_a$$

de modo que la acción de ∇_a sobre una cantidad general escrita con índices espinoriales está generada por

$$\hat{\nabla}_{AA'}\phi = \nabla_{AA'}\phi,\ \hat{\nabla}_{AA'}\xi_B = \nabla_{AA'}\xi_B - \Upsilon_{BA'}\xi_A,\ \hat{\nabla}_{AA'}\eta_{B'} = \nabla_{AA'}\eta_{B'} - \Upsilon_{AB'}\eta_{A'},$$

donde

$$\Upsilon_{AA'} = \Omega^{-1}\, \nabla_{AA'}\Omega = \nabla_a \log \Omega,$$

y el tratamiento de una cantidad con muchos subíndices se elabora a partir de estas reglas, un término por cada índice. (Los superíndices tienen un tratamiento correspondiente, pero esto no será necesario aquí.)

Escogemos el escalado para un campo sin masa $\phi_{ABC...E}$ como

$$\hat{\phi}_{ABC...E} = \Omega^{-1}\ \phi_{ABC...E}$$

y, aplicando las prescripciones anteriores, encontramos que

$$\hat{\nabla}^{AA'}\hat{\phi}_{ABC...E} = \Omega^{-3}\ \nabla^{AA'}\phi_{ABC...E}$$

de modo que la anulación de uno cualquiera de los miembros implica la anulación del otro, de donde se sigue que la satisfacción de las ecuaciones de campo libre sin masa es conformemente invariante. En el caso de las ecuaciones de Maxwell con fuentes, encontramos que la invariancia conforme del sistema total $\nabla^{A'B}\varphi^{A}{}_{B} = 2\pi J^{AA'}$, $\nabla_{AA'}J^{AA'} = 0$ (P&R 5.1.52, P&R 5.1.54 en A2) se conserva con los escalados

$$\hat{\varphi}_{AB} = \Omega^{-1}\ \varphi_{AB} \quad \text{y} \quad \hat{J}^{AA'} = \Omega^{-3}\ J^{AA'},$$

puesto que encontramos

$$\hat{\nabla}^{A'B}\hat{\varphi}_{AB} = \Omega^{-4}\ \nabla^{A'B}\varphi_{AB} \quad \text{y} \quad \hat{\nabla}^{AA'}\hat{J}_{AA'} = \Omega^{-4}\ \nabla^{AA'}J_{AA'}.$$

A7. Campos de Yang-Mills

Es importante observar que las ecuaciones de Yang-Mills, que son la base de nuestra comprensión actual de las fuerzas fuerte y débil de las interacciones entre partículas, son también conformemente invariantes, siempre que podamos ignorar la introducción de *masa* que puede considerarse que se produce por la actuación posterior del campo de Higgs. Las intensidades de campo de Yang-Mills pueden describirse por una cantidad tensorial (una «curvatura fibrada»)

$$F_{ab\Theta}{}^{\Gamma} = -F_{ba\Theta}{}^{\Gamma},$$

donde los índices (abstractos) $\Theta, \Gamma, \ldots$ se refieren al grupo de simetría interna (U(2), SU(3), o cualquiera que sea) de relevancia para las simetrías de las partículas. Podemos representar esta curvatura fibrada en términos de una cantidad espinorial $\varphi_{AB\Theta}{}^{\Gamma}$ (P&R 5.5.36) por

$$F_{ab\Theta}{}^{\Gamma} = \varphi_{AB\Theta}{}^{\Gamma}\varepsilon_{A'B'} + \bar{\varphi}_{A'B'}{}^{\Gamma}{}_{\Theta}\varepsilon_{AB}$$

donde, en el caso de un grupo interno unitario, el complejo conjugado de un subíndice interno se convierte en un superíndice interno, y viceversa. Las ecuaciones de campo reflejan los de las ecuaciones de Maxwell, donde añadimos los índices internos adicionales como se ha indicado. Por consiguiente, la invariancia conforme de la teoría de Maxwell se aplica también a las ecuaciones de Yang-Mills, puesto que los índices Θ, Γ, ... no se ven afectados por el reescalado conforme.

A8. Escalado de tensores de energía de masa en reposo cero

Hay que señalar que para un tensor de energía T_{ab} que es libre de traza ($T_a^{\ a} = 0$), encontramos que el escalado (P&R 5.9.2)

$$\hat{T}_{ab} = \Omega^{-2}\, T_{ab}$$

preserva la ecuación de conservación $\nabla^a T_{ab} = 0$, puesto que encontramos

$$\hat{\nabla}^a \hat{T}_{ab} = \Omega^{-4}\, \nabla^a T_{ab}.$$

En la teoría de Maxwell tenemos una expresión para el tensor de energía en términos de F_{ab} que se traduce en forma espinorial como (P&R 5.2.4)

$$T_{ab} = \frac{1}{2\pi}\varphi_{AB}\bar{\varphi}_{A'B'}.$$

En el caso de la teoría de Yang-Mills, simplemente tenemos índices extra

$$T_{ab} = \frac{1}{2\pi}\varphi_{AB\Theta}{}^{\Gamma}\bar{\varphi}_{A'B'}{}^{\Theta}{}_{\Gamma}.$$

Para un campo escalar sin masa, sujeto a la ecuación $(\Box + R/6)\phi = 0$ antes considerada (P&R 6.8.30), tenemos la invariancia conforme (P&R 6.8.32)

$$\left(\Box + \frac{\hat{R}}{6}\right)\hat{\phi} = \Omega^{-3}\left(\Box + \frac{R}{6}\right)\phi,$$

donde

$$\hat{\phi} = \Omega^{-1}\phi,$$

y entonces su tensor de energía (a veces llamado «nuevo tensor mejorado»)[A.3] (P&R 6.8.36)

$$T_{ab} = C\{2\nabla_{A(A'}\phi_{B')}\phi - \phi\nabla_{A(A'}\nabla_{B')}\phi + \phi^2\,\Phi_{ABA'B'}\} =$$
$$= \frac{1}{2}C\{4\nabla_a\phi\nabla^a\phi - g_{ab}\nabla_c\phi\nabla^c\phi - 2\phi\nabla_a\nabla_b\phi + \frac{1}{6}R\phi^2 g_{ab} - \phi^2 R_{ab}\},$$

siendo C una constante positiva, satisface las condiciones requeridas

$$T_a^{\ a} = 0,\ \ \nabla^a T_{ab} = 0,\ \ \text{y}\ \hat{T}_{ab} = \Omega^{-2}T_{ab}$$

A9. Escalados conformes del tensor de Weyl

El espinor conforme Ψ_{ABCD} codifica la información de la curvatura conforme del espacio-tiempo, y es conformemente invariante (P&R 6.8.4)

$$\hat{\Psi}_{ABCD} = \Psi_{ABCD}.$$

Advirtamos la curiosa (pero importante) discrepancia entre esta invariancia conforme y la necesaria para preservar que se satisfagan las ecuaciones de campo libre sin masa, donde habría un factor Ω^{-1} a la derecha. Para acomodar esta discrepancia podemos definir una cantidad ψ_{ABCD} que es en todas partes proporcional a ψ_{ABCD}, pero que escala de acuerdo con

$$\hat{\psi}_{ABCD} = \Omega^{-1}\,\psi_{ABCD}$$

y encontramos que nuestra «ecuación de Schrödinger» para gravitones[A.4] (P&R 4.10.9)

$$\nabla^{AA'}\psi_{ABCD} = 0,$$

en el vacío ($T_{ab} = 0$) es conformemente invariante. En §3.2, la ecuación anterior se escribe

$$\nabla\mathbf{K} = 0$$

y correspondiente al tensor de Weyl C_{abcd} anterior (A3, P&R 4.6.41) podemos definir

$$K_{abcd} = \psi_{ABCD}\, \varepsilon_{A'B'}\, \varepsilon_{C'D'} + \overline{\varphi}_{A'B'C'D'}\, \varepsilon_{AB}\, \varepsilon_{CD}$$

y encontramos los correspondientes escalados (escritos C = Ω^2**C** y K = Ω**K** en 3.2)

$$\hat{C}_{abcd} = \Omega^2 C_{abcd},\ \hat{K}_{abcd} = \Omega K_{abcd}.$$

Apéndice B: Ecuaciones en el tránsito

Como en el apéndice A, los convenios sobre el uso de índices abstractos son los utilizados en Penrose y Rindler (1984, 1986), pero con la constante cosmológica denotada aquí por Λ, en lugar de la «λ» de dicho trabajo, y siendo $\frac{1}{24}R$ la magnitud de curvatura escalar a la que allí se llama «Λ», y que en lo sucesivo aquí es $\frac{1}{6}\Lambda$. Algunos aspectos del análisis detallado presentado en lo que sigue son incompletos y provisionales, y es probable que se necesiten refinamientos de estas propuestas para un tratamiento más completo. No obstante, parece que tenemos ecuaciones clásicas bien definidas que nos permiten pasar de una manera consistente y plenamente determinada desde el futuro remoto de un eón a la región post big bang del siguiente.

B1. Las métricas $\hat{g}_{ab}$, $\mathfrak{g}_{ab}$, y $\check{g}_{ab}$

Examinemos la geometría en el entorno de una 3-superficie de tránsito $\mathscr{X}$, de acuerdo con las ideas de la Parte 3, donde se supone que hay un *cuello* $\mathscr{C}$, de espacio-tiempo conforme suave que contiene a $\mathscr{X}$, que se extiende tanto al pasado como al futuro de $\mathscr{X}$, dentro del cual solo hay presentes campos sin masa dentro de $\mathscr{C}$ antes del tránsito $\mathscr{B}$. Escogemos un tensor métrico suave $\mathfrak{g}_{ab}$ en este cuello, compatible con la estructura conforme dada, al menos localmente y de una manera algo arbitraria inicialmente. Sea g_{ab} la métrica *física* de Einstein en la 4-región $\mathscr{C}^\wedge$, inmediatamente anterior a $\mathscr{X}$, y sea $\check{g}_{ab}$ la métrica en la 4-región $\mathscr{C}^\vee$ inmediatamente posterior a $\mathscr{X}$, donde

$$\hat{g}_{ab} = \Omega^2 \mathfrak{g}_{ab} \text{ y } \check{g}_{ab} = \omega^2 \mathfrak{g}_{ab}.$$

(Nótese que estos no son exactamente los convenios utilizados en §3.2, puesto que allí se utilizaba el g_{ab} «sin gorro» para la métrica física de Einstein. Sin embargo, las fórmulas explícitas dadas en el apéndice A siguen siendo válidas aquí tal como están.) Como «regla mnemotécnica» podemos relacionar los símbolos «∧» y «∨» con las respectivas porciones de los conos nulos en los puntos de $\mathscr{X}$. En cada una de estas dos regiones vamos a suponer que son válidas las ecuaciones de Einstein, con una constante cosmológica fija Λ, y que todas las fuentes gravitatorias en la región *anterior* $\mathscr{C}^\wedge$ van a tomarse *sin masa*, de modo que su tensor de energía total $\hat{T}_{ab}$ es *libre de traza*

$$\hat{T}_a^{\ a} = 0.$$

Por razones que saldrán a relucir más tarde, utilizaré una letra diferente $\check{U}_{ab}$ para el tensor de energía en $\mathscr{C}^\vee$, y resulta, por consistencia con el formalismo, que este tensor realmente tiene que adquirir una pequeña traza

$$\check{U}_a^{\ a} = \mu,$$

de modo que una componente de masa en reposo para el tensor de energía empieza a emerger en $\mathscr{C}^\vee$. Puede conjeturarse que esto tiene algo que ver con la emergencia de masa en reposo de acuerdo con el mecanismo de Higgs,[B.1] pero esta idea no se examina aquí. (Habría que señalar que las cantidades «con gorro» tales como $\hat{T}_{ab}$ tienen sus índices elevados y descendidos respectivamente por $\hat{g}^{ab}$ y $\hat{g}_{ab}$ o, correspondientemente, $\hat{\varepsilon}^{AB}$, $\hat{\varepsilon}^{A'B'}$, ε_{AB} y $\hat{\varepsilon}_{A'B'}$, mientras que las cantidades «con gorro invertido» tales como $\check{U}_{ab}$ utilizarían $\check{g}^{ab}$, $\check{g}_{ab}$, $\check{\varepsilon}^{AB}$, $\check{\varepsilon}^{A'B'}$, $\check{\varepsilon}_{AB}$ y $\check{\varepsilon}_{A'B'}$). Las ecuaciones de Einstein son válidas en las respectivas regiones $\mathscr{C}^\wedge$ y $\mathscr{C}^\vee$, de modo que tenemos versiones «con gorro» y «con gorro invertido»:

$$\hat{E}_{ab} = 8\pi G T_{ab} + \Lambda \hat{g}_{ab},$$
$$\check{E}_{ab} = 8\pi G \check{U}_{ab} + \Lambda \check{g}_{ab},$$

donde supongo que la *misma*[B.2] constante cosmológica es válida en las dos regiones, de modo que

$$R = 4\Lambda, \ \check{R} = 4\Lambda + 8\pi G\mu.$$

Por el momento, la métrica $\mathfrak{g}_{ab}$, que está a caballo en la 3-superficie de tránsito $\mathscr{X}$, se escoge con completa libertad, pero de forma suave y compatible con las estructuras conformes dadas de $\mathscr{C}^\wedge$ y $\mathscr{C}^\vee$. Más adelante ofrezco una propuesta que parece fijar un escalado único para $\mathfrak{g}_{ab}$ de una manera canónica y adecuada, de modo que finalmente se proporciona una elección concreta de $\mathfrak{g}_{ab}$, para la que propongo la notación «g_{ab}»en tipo itálico estándar. También utilizo tipo itálico para las magnitudes de curvatura R_{abcd}, etc., ya se haga o no la especialización de $\mathfrak{g}_{ab}$ a g_{ab}.

B2. Ecuaciones para $\mathscr{C}^\wedge$

En lo que sigue considero en primer lugar las ecuaciones relativas a la región $\mathscr{C}^\wedge$ y trato después $\mathscr{C}^\vee$ (véase B11). Podemos expresar la ley de transformación del tensor de Einstein (y de Ricci) como (P&R 6.8.24).

$$\Phi_{ABA'B'} - \Phi_{ABA'B'} = \Omega\nabla_{A(A'}\nabla_{B')B}\Omega^{-1} = -\Omega^{-1}\nabla_{A(A'}\nabla_{B')B}\Omega$$

junto con (P&R 6.8.25)

$$\Omega^2 R - R = 6\,\Omega^{-1}\Box\Omega,$$

es decir,

$$\left(\Box + \frac{R}{6}\right)\Omega = \frac{1}{6}R\,\Omega^3.$$

Esta última ecuación tiene un considerable interés puramente matemático, al ser un ejemplo de lo que se conoce como la *ecuación de Calabi*.[B.3] Pero también tiene interés *físico*, al ser la ecuación para un campo escalar autoacoplado conformemente invariante ϖ que, con $R = 4\Lambda$, podemos escribir como

$$\left(\Box + \frac{R}{6}\right)\varpi = \frac{2}{3}\Lambda\,\varpi^3.$$

Toda solución de esta «ϖ-ecuación», como la llamaré en lo sucesivo, nos proporciona una nueva métrica $\varpi^2\mathfrak{g}_{ab}$ cuya curvatura escalar tiene el valor constante 4Λ. La invariancia conforme de la ϖ-ecuación se expresa en el hecho de que si escogemos un *nuevo* factor conforme

$\tilde{\Omega}$ y hacemos la transformación desde g_{ab} a una nueva métrica $\tilde{g}_{ab}$ conformemente relacionada

$$g_{ab} \mapsto \tilde{g}_{ab} = \tilde{\Omega}^2 b_{ab},$$

entonces el escalado conforme para el ϖ-campo

$$\tilde{\varpi} = \tilde{\Omega}^{-1}\varpi$$

nos da (como ya se ha comentado, en A8; véase P&R 6.8.32)

$$\left(\tilde{\Box} + \frac{\tilde{R}}{6}\right)\tilde{\varpi} = \tilde{\Omega}^{-3}\left(\Box + \frac{R}{6}\right)\varpi,$$

de donde se sigue inmediatamente la requerida invariancia conforme de la ϖ-ecuación no lineal. (Nótese que cuando $\tilde{\Omega} = \Omega$ y $\varpi = \Omega$ simplemente volvemos a la métrica $\hat{g}_{ab}$ de Einstein, con $\varpi = 1$, y la ecuación se convierte en la identidad $\frac{2}{3}\Lambda = \frac{2}{3}\Lambda$.)

Hemos visto en A8 que el *tensor de energía* para semejante ϖ-campo físicamente considerado, cuando el término ϖ^3 está *ausente*, sería (P&R 6.8.36)

$$\begin{aligned} T_{ab}[\varpi] &= C\{2\nabla_{A(A'}\varpi\nabla_{B')}\varpi - \varpi\nabla_{A(A'}\nabla_{B')}\varpi + \varpi^2\,\Phi_{ABA'B'}\} = \\ &= C\varpi^2\{\varpi\nabla_{A(A'}\nabla_{B')B}\varpi^{-1} + \Phi_{ABA'B'}\} \end{aligned}$$

donde C es una constante. Además, encontramos que el término ϖ^3 en la ϖ-ecuación no perturba la ecuación de conservación $\nabla^a T_{ab}[\varpi] = 0$, de modo que también podemos adoptar esta expresión para el tensor de energía para el ϖ-campo, y por consistencia con lo que sigue, escogeré

$$C = \frac{1}{4\pi G}.$$

Comparando esto con (P&R 6.8.24, B2), encontramos

$$T_{ab}[\Omega] = \frac{1}{4\pi G}\Omega^2\,\hat{\Phi}_{ABA'B'} = \Omega^2\hat{T}_{ab}$$

a partir de la ecuación de Einstein

$$\hat{\Phi}_{ABA'B'} = 4\pi G\hat{T}_{ab},$$

que es válida para la métrica $\hat{g}_{ab}$. Para un tensor de energía libre de traza, encontramos que el escalado $\hat{T}_{ab} = \Omega^{-2}T_{ab}$ (A8, P&R 5.9.2) preserva la ecuación de conservación, de modo que nos vemos llevados a la notable reformulación de la teoría de Einstein, referida a la métrica $\mathfrak{g}_{ab}$, para fuentes sin masa T_{ab}:

$$T_{ab} = T_{ab}[\Omega].$$

B3. El papel del campo fantasma

Llamaré a Ω, considerado como un caso particular del campo ϖ conformemente invariante, autoacoplado y sin masa, el campo *fantasma*.[B.4] No nos proporciona grados de libertad físicamente independientes; su presencia (en la $\mathfrak{g}_{ab}$-métrica) simplemente nos permite la libertad de escalado que necesitamos, de modo que podemos reescalar la métrica física para obtener una métrica suave $\mathfrak{g}_{ab}$, conforme a la métrica física de Einstein, que cubre suavemente cada una de las uniones entre un eón y el siguiente. Con la ayuda de tales métricas que cubren las 3-superficies de tránsito, somos capaces de estudiar en detalle las conexiones específicas entre eones, de acuerdo con los requisitos de la CCC, utilizando ecuaciones diferenciales clásicas explícitas.

El papel del campo fantasma es precisamente «seguir la pista» de la métrica física *real* de Einstein diciéndonos cómo escalar de nuevo la métrica $\mathfrak{g}_{ab}$ a la métrica física (mediante $\hat{g}_{ab} = \Omega^2\mathfrak{g}_{ab}$). Entonces expresamos la satisfacción de las ecuaciones de Einstein en el espacio pretránsito $\hat{\mathscr{C}}$, pero ahora escrito en términos de la $\mathfrak{g}$-métrica, simplemente como $T_{ab} = T_{ab}[\Omega]$; es decir, las ecuaciones de campo de Einstein se expresan en la exigencia de que el tensor de energía total T_{ab} de todos los campos de materia físicos en la región espaciotemporal $\hat{\mathscr{C}}$ (supuestos sin masa y con el escalado conforme correcto) debe ser igual al tensor de energía del campo fantasma $T_{ab}[\Omega]$. Aunque esto puede considerarse simplemente una reformulación de la teoría de Einstein (utilizando $\mathfrak{g}_{ab}$) dentro de la región abierta $\hat{\mathscr{C}}$, es en realidad algo más sutil. Nos permite extender nuestras ecuaciones hasta, e incluso más allá de su superficie frontera futura $\mathscr{I}^+$. Pero para hacerlo de manera efectiva necesitaremos examinar con más cuidado las ecuaciones relevantes que gobiernan las magnitudes de interés, y sus comportamientos esperados cuando nos acercamos a $\mathscr{X}$. Además, tendremos que entender, y luego eliminar, la libertad en la elección inicialmente algo arbitraria de la $\mathfrak{g}$-métrica —es decir, del factor conforme Ω— que se ha escogido para el «cuello» $\mathscr{C}$ que nos interesa.

Hay, de hecho, una considerable libertad en Ω, tal como están las cosas. Todo lo que se ha exigido, hasta ahora, es que Ω sea tal que la $\mathfrak{g}_{ab}$, obtenida a partir de la métrica física de Einstein $\hat{g}_{ab}$ por $\mathfrak{g}_{ab} = \Omega^{-2}\hat{g}_{ab}$ sea finita, distinta de cero y suave a través de $\mathscr{X}$. Incluso exigir la existencia de un tal Ω puede parecer un requisito fuerte, pero hay poderosos resultados debidos a Helmut Friedrich[B.5] que nos llevan a esperar, cuando hay una constante cosmológica positiva Λ, que la libertad completa en los campos de radiación sin masa en un modelo de universo en plena expansión libre de fuentes masivas, es incorporada por una $\mathscr{I}^+$ suave (de tipo espacio). Para decirlo de otra manera, cabe esperar encontrar una suave frontera futura conforme $\mathscr{I}^+$, para $\mathscr{C}^\wedge$, como una consecuencia más o menos automática del hecho de que el modelo se expande indefinidamente, y todas las fuentes gravitatorias son campos sin masa que se propagan de acuerdo con ecuaciones conformemente invariantes. Habría que señalar que, en esta etapa, no se exige que la curvatura escalar R de la $\mathfrak{g}$-métrica sea una constante, y mucho menos de que $R = 4\Lambda$, de modo que el factor conforme Ω^{-1} que nos lleva de nuevo a la $\hat{g}_{ab}$ de Einstein no satisfaría necesariamente la ϖ-ecuación $(\Box + 1/6\hat{R})\varpi = 2/3\Lambda\varpi^3$ en la $\hat{g}$-métrica.

B4. La normal N a $\mathscr{X}$

Observamos que $\Omega \mapsto \infty$, cuando nos acercamos a $\mathscr{I}^+(= \mathscr{X})$ desde abajo, puesto que el papel de Ω es escalar hacia arriba la $\mathfrak{g}$-métrica finita en $\mathscr{I}^+$ en una cantidad infinita, para convertirse en el futuro remoto del eón anterior. Sin embargo, encontramos que la cantidad

$$\omega = -\Omega^{-1}$$

se aproxima a *cero* desde abajo, en $\mathscr{I}^+$, de una manera suave (el signo menos es necesario para lo que sigue), y lo hace de modo que la cantidad

$$\nabla^a\omega = N^a$$

es distinta de cero en la 3-superficie de tránsito $\mathscr{X}$ (= $\mathscr{I}^+$), y así nos proporciona, en puntos de $\mathscr{X}$, un 4-vector **N** de tipo tiempo que apunta al futuro y es *normal* a $\mathscr{X}$. La idea consiste en tratar de disponer las cosas de modo que este particular «ω» continúa suavemente a través de $\mathscr{X}$, desde $\mathscr{C}^\wedge$ a la región $\mathscr{C}^\vee$, y con derivada distinta de cero, de modo que realmente se convierte en la *misma* cantidad (positiva) «ω» como es requerido para la métrica de Einstein $\check{g}_{ab} = \omega^2 \mathsf{g}_{ab}$ para $\mathscr{C}^\vee$ (y por esto se necesita el signo menos en «$\omega = -\Omega^{-1}$»). Puede señalarse que la condición de «renormalización» (P&R 9.6.17)

$$\mathsf{g}_{ab} N^a N^b = \frac{1}{3}\Lambda$$

es una propiedad general automática del infinito conforme (aquí $\mathscr{X}$) cuando hay solo fuentes sin masa para el campo gravitatorio, de modo que

$$\mathsf{g}\left(\frac{3}{\Lambda}\right)^{\frac{1}{2}}\mathbf{N}$$

es una normal unitaria a $\mathscr{X}$, independientemente de la elección concreta del factor conforme Ω.

B5. Área del horizonte de sucesos

Como comentario de pasada, vemos que de esto podemos deducir fácilmente el hecho, señalado en §3.5, de que el área que limita la sección transversal de cualquier *horizonte de sucesos cosmológico* debe ser $12\pi/\Lambda$. Cualquier horizonte de sucesos (tomado en el eón anterior) es el cono de luz pasado C del punto extremo futuro o^+, en $\mathscr{X}$, de un observador inmortal en dicho eón, como en §2.5 (véase la Fig. 2.43). Entonces el área que limita la sección transversal de C cuando nos acercamos a o^+ desde abajo es $4\pi r^2$, donde r (en la g-métrica) es el radio espacial de la sección transversal. En la $\hat{g}_{ab}$-métrica, esta área se convierte en $4\pi r^2\Omega^2$, y encontramos fácilmente de lo anterior (B4) que Ωr se aproxima a $(\frac{1}{3}\Lambda)^{-\frac{1}{2}}$ en el límite, cuando la sección transversal se aproxima a o^+, de modo que el área requerida de nuestro horizonte de sucesos es $4\pi \times (3/\Lambda) = 12\pi/\Lambda$. (Aunque este argumento se ha presentado en el contexto de la CCC, todo lo que se requiere es un pequeño grado de suavidad para el infinito conforme de tipo espacio que, como ha mostrado el trabajo de Friedrich,[B.6] es una hipótesis muy moderada, cuando $\Lambda > 0$.)

B6. La propuesta recíproca

Existe por supuesto la dificultad, en la situación particular en que nos encontramos, de que al describir la transición de $\mathscr{C}^{\wedge}$ a $\mathscr{C}^{\vee}$ no tengamos una única cantidad con variación suave en Ω o ω que describe el escalado de vuelta a *ambas* métricas de Einstein $\hat{g}_{ab}$ y $\check{g}_{ab}$ de un modo uniforme. Pero una propuesta adecuada para abordar esta cuestión parece consistir en adoptar la *propuesta recíproca* $\omega = -\Omega^{-1}$, antes mencionada, y es entonces conveniente considerar la 1-forma $\mathbf{\Pi}$, definida por

$$\mathbf{\Pi} = \frac{d\Omega}{\Omega^2 - 1} = \frac{d\omega}{1 - \omega^2}$$

es decir,

$$\Pi = \frac{\nabla_a\Omega}{\Omega^2 - 1} = \frac{\nabla_a\Omega}{1 - \omega^2}$$

puesto que esta 1-forma es entonces finita y suave a través de $\mathscr{X}$ mientras nos atengamos a las hipótesis que están implícitas en la propuesta recíproca anterior. La cantidad $\mathbf{\Pi}$ codifica la información del escalado métrico del espacio-tiempo, aunque (necesariamente) de una manera ligeramente ambigua.[B.7] Podemos integrar para obtener un parámetro τ, de modo que

$$\mathbf{\Pi} = d\tau, \quad -\coth\tau = \Omega \ (\tau < 0), \quad \tanh\tau = \omega \ (\tau \geqslant 0).$$

Advertimos que incluso aquí existe la difícil cuestión de un cambio de signo, porque aunque $\mathbf{\Pi}$ es insensible a la sustitución de Ω por Ω^{-1}, o a la sustitución de ω por ω^{-1}, hay un cambio de signo cuando pasamos de Ω^{-1} a ω. Podríamos adoptar el punto de vista de que el signo del factor conforme es irrelevante, en cualquier caso, puesto que en los reescalados de la métrica $\hat{g}_{ab} = \Omega^2 \mathsf{g}_{ab}$ y $\check{g}_{ab} = \omega^2 \mathsf{g}_{ab}$, los factores conformes Ω y ω aparecen elevados al *cuadrado*, de modo que adoptar el valor positivo antes que el valor negativo de cada uno de estos factores conformes podría considerarse una pura convención. Sin embargo, como recordamos del apéndice A, hay numerosas cantidades que escalan con Ω (o ω) sin que esté elevado al cuadrado, y muy especialmente existe la discrepancia entre los escalados $\hat{\Psi}_{ABCD} = \Psi_{ABCD}$ y $\hat{\psi}_{ABCD} = \Omega^{-1}\psi_{ABCD}$, que lleva a

$$\Psi_{ABCD} = \Omega^{-1}\psi_{ABCD} \text{ es decir, } \mathbf{C} = \Omega^{-1}\mathbf{K}$$

en el espacio $\mathscr{C}^{\wedge}$, puesto que allí la métrica física de Einstein es $\hat{g}_{ab}$, lo que nos da

$$\hat{\Psi}_{ABCD} = \hat{\psi}_{ABCD} \text{ es decir, } \hat{\mathbf{C}} = \hat{\mathbf{K}}$$

(convenio que difiere del que se ha adoptado en §3.2 puesto que ahora las ecuaciones de Einstein son válidas en la métrica «con gorro»). Así pues, cuando se considera el comportamiento suave de cantidades a través de $\mathscr{X}$, donde Ω y ω cambian de signo (al cruzar ∞ y 0 respectivamente), debemos tener cuidado en seguir la pista de la importancia física de estos signos.

La relación recíproca específica entre Ω y ω que aquí se esta invocando depende, no obstante, de una restricción en la elección del escalado para la métrica $\mathfrak{g}_{ab}$, a saber, que sea válida la condición

$$R = 4\Lambda$$

junto con $\hat{R} = 4\Lambda = \check{R} - 8\pi G\mu$ (véase B1). Este escalado es fácil de conseguir, localmente al menos, escogiendo simplemente una nueva métrica (local) $\tilde{g}_{ab}$ para $\mathscr{C}$

$$\tilde{g}_{ab} = \tilde{\Omega}^2\mathfrak{g}_{ab}$$

donde $\tilde{\Omega}$ es una solución suave de la ϖ-ecuación sobre el tránsito. Sin embargo, la $\tilde{g}$-métrica no es aún la única g-métrica que estamos buscando para cubrir el tránsito de una manera canónica, puesto que hay muchas soluciones posibles $\tilde{\Omega}$ de la ϖ-ecuación que se podrían escoger. Pronto llegaremos a otros requisitos adicionales, cuya satisfacción podría ser requerida para nuestra métrica canónica g_{ab}. Por el momento, supongamos simplemente que nuestra métrica $\mathfrak{g}_{ab}$ se ha escogido de modo que $R = 4\Lambda$ (es decir, reetiquetamos el $\tilde{g}_{ab}$ anterior como nuestra nueva elección de $\mathfrak{g}_{ab}$). Sin una restricción como $R = 4\Lambda$, esta relación recíproca entre Ω y ω podría no ser precisa, aunque para el tipo de factor conforme ω que esperamos encontrar con la propuesta de Tod[B.8] (véase el final de §2.6, §3.1 y §3.2), el comportamiento del factor conforme para el caso de un big bang con radiación pura como fuentes gravitatorias, como sucede con las soluciones llenas de radiación de Tolman[B.9] (véase 3.3), se comporta, en el límite pasado cuando nos aproximamos al big bang, como si fuera *proporcional* a la recíproca de la continuación suave de un factor de escala Ω para un eón previo. La elección de $R = 4\Lambda$ para la métrica de $\mathscr{C}$, en $\mathscr{X}$, es la que fija que este factor de proporcionalidad sea (–)1. Esto se ilustra en la notable relación (que resulta cuando operamos sobre Π_a con el operador divergencia ∇^a y luego aplicamos la ϖ-ecuación para Ω)

$$\Omega = \frac{\nabla^a\Pi_a}{\frac{2}{3}\Lambda - 2\Pi_b\Pi^b},$$

que aparece cuando se impone esta restricción sobre R, con la elección específica de la forma Π (antes que una forma más general $d\Omega/(\Omega^2 - A)$, pongamos por caso); y depende de esta restricción que el factor conforme Ω se propague para convertirse en (menos) su inverso $\omega =$ $= -1/\Omega$, antes que, digamos, en $-A/\Omega$. Nótese que en $\mathscr{X}$, cuando $\Omega = \infty$, debemos tener

$$\Pi_b\Pi^b = \frac{1}{3}\Lambda$$

y que en $\mathscr{X}$ tenemos también $\Pi_a = \nabla_a\omega = N_a$, el vector normal a $\mathscr{X}$, de longitud $\sqrt{\Lambda/3}$, como se ha señalado antes (P&R 9.6.17)

B7. Dinámica a través de $\mathscr{X}$

¿Cómo esperamos que nuestras ecuaciones dinámicas nos permitan la propagación a través de $\mathscr{X}$ de un modo inequívoco? Estoy suponiendo que en el futuro remoto del eón anterior las ecuaciones de Einstein son válidas, todas las fuentes son sin masa y se propagan de acuerdo con ecuaciones clásicas deterministas y conformemente invariantes bien definidas. Podemos suponer que estas son las ecuaciones de Maxwell, las ecuaciones de Yang-Mills sin masa, y cosas como la ecuación de Dirac-Weyl $\nabla^{AA'}\phi_A = 0$ (la ecuación de Dirac en el límite de masa cero), con algunas partículas actuando como fuentes para los campos gauge, todos tomados en el límite en que la masa en reposo se trata como si hubiera llegado a cero, de acuerdo con §3.2. El acoplamiento de estas con el campo gravitatorio se expresa en la ecuación $T_{ab} = T_{ab}[\Omega]$, donde Ω es el campo fantasma. Sabemos que $T_{ab}[\Omega]$ debería ser finito en $\mathscr{X}$, pese a que Ω se hace infinito allí, porque el propio T_{ab} debería ser finito en $\mathscr{X}$, y la propagación de los campos incluidos en T_{ab} es conformemente invariante y por consiguiente no especialmente relacionada con la localización de $\mathscr{X}$ dentro de $\mathscr{C}$. La propuesta de la CCC es que, hasta que la situación se haga más complicada, quizá por fuentes gravitatorias ordinarias que empiezan a adquirir masa en reposo, etc., mediante el mecanismo de Higgs, o cualquier otra propuesta alternativa que pudiera resultar finalmente más exacta, estas *mismas* ecuaciones conformemente invariantes para las fuentes de materia deben continuar en la región post-big-bang $\mathscr{C}^{\vee}$. Veremos, sin embargo, que incluso con la sencilla situación aquí imaginada no somos capaces de escapar a la aparición de masa en reposo de alguna forma, inmediatamente después de que se ha cruzado $\mathscr{X}$ (véase B11).

B8. Operador D_{ab} conformemente invariante

Para ayudarnos a entender las consecuencias físicas para $\mathscr{C}^{\vee}$, y ver cómo operarán las ecuaciones de Einstein para dicha región, examinemos primero $T_{ab}[\Omega]$ explícitamente:

$$T_{ab}[\Omega] = \frac{1}{4\pi G}\,\Omega^2\{\Omega\nabla_{A(A'}\nabla_{B')B}\Omega^{-1} + \Phi_{ABA'B'}\}$$

que, con $\omega = -\Omega^{-1}$, podemos reescribir como

$$\{\nabla_{A(A'}\nabla_{B')B} + \Phi_{ABA'B'}\}\,\omega = 4\pi G\omega^3 T_{ab}[\Omega].$$

Esta es una ecuación interesante en la que el operador de segundo orden

$$D_{ab} = \nabla_{(A|(A'}\nabla_{B')|B)} + \Phi_{ABA'B'}$$

a la izquierda, cuando actúa sobre una cantidad escalar de peso conforme 1 (donde la simetría extra sobre AB no desempeña ningún papel cuando el operador actúa, como aquí, sobre un escalar), es conformemente invariante, como ya había sido apuntado por Eastwood y Rice[B.10] En términos tensoriales podemos escribir esto (con los convenios de signos para R_{ab} aquí adoptados) como

$$\mathrm{D}_{ab} = \nabla_a \nabla_b - \frac{1}{4} g_{ab} \Box - \frac{1}{2} R_{ab} + \frac{1}{8} R g_{ab}.$$

La cantidad ω tiene peso conforme 1, puesto que si g_{ab} es reescalado *adicionalmente* de acuerdo con

$$g_{ab} \mapsto \tilde{g}_{ab} = \tilde{\Omega}^2 g_{ab}$$

entonces, tomando la definición de $\tilde{\omega}$, para la $\tilde{g}$-métrica, para reflejar la de ω, para la g-métrica,

$$\tilde{g}_{ab} = \tilde{\omega}^2 \hat{g}_{ab} \text{ para reflejar } g_{ab} = \tilde{\omega}^2 \hat{g}_{ab},$$

encontramos

$$\omega \mapsto \tilde{\omega} = \tilde{\Omega}\omega$$

(es decir, ω tiene peso conforme 1). Así,

$$\tilde{\mathrm{D}}_{ab}\tilde{\omega} = \tilde{\Omega}\mathrm{D}_{ab}\omega.$$

Podemos escribir esta invariancia conforme en la forma de operador

$$\tilde{\mathrm{D}}_{ab} \circ \tilde{\Omega} = \tilde{\Omega} \circ \mathrm{D}_{ab}.$$

Las ecuaciones de Einstein para la $\hat{g}$-métrica, escrita en la g-métrica en los términos antes dados

$$\mathrm{D}_{ab}\omega = 4\pi G \omega^3 T_{ab},$$

nos dice que la cantidad $D_{ab}\omega$ debe anularse a *tercer orden* a través del propio $\mathscr{X}$, cuando (como cabría esperar) T_{ab} es suave a través de $\mathscr{X}$. En particular, el hecho de que $D_{ab}\omega = 0$ en $\mathscr{X}$ nos dice que

$$\nabla_{A|(A'}\nabla_{B')|B}\omega \; (= -\omega\Phi_{ABA'B'}) = 0 \text{ en } \mathscr{X},$$

y podemos reescribirlo como

$$\nabla_{(a}N_{b)} = \frac{1}{4} g_{ab} \nabla_c N^c \text{ en } \mathscr{X}$$

(con $N_c = \nabla_c \omega$, como en B4 anterior), que nos dice que las normales a $\mathscr{X}$ son «libres de cizalla» en $\mathscr{X}$, que es la condición para que $\mathscr{X}$ sea «umbilical» en cada uno de sus puntos.[B.11]

B9. Manteniendo positiva la constante gravitatoria

Podemos hacernos una mejor idea de la interpretación de la física que implica la CCC, si examinamos la interacción entre las fuentes de campos gravitatorios sin masa, descritos por T_{ab}, y el campo gravitatorio (o «campo de gravitones») ψ_{ABCD}, implicado por la ecuación (P&R 4.10.12) de A5, tomada en la forma «con gorro», y reescrita en términos de $\omega = -\Omega^{-1}$. Tenemos

$$\nabla^{A}_{B'}(-\omega\ \psi_{ABCD}) = 4\pi G \nabla^{A'}_{B}((-\omega)^2 T_{CDA'B'}),$$

de la que derivamos la ecuación equivalente, en términos de las cantidades «sin gorro»

$$\nabla^{A}_{B'}\psi_{ABCD} = -4\pi G\{\omega \nabla^{A'}_{B} T_{CDA'B'} + 3N^{A'}_{B} T_{CDA'B'}\}.$$

Notemos que esta ecuación sigue comportándose bien cuando ω aumenta suavemente cruzando cero (de negativa a positiva) Esto ilustra el hecho de que la familia de ecuaciones en derivadas parciales que gobiernan la evolución del sistema entero, en términos de la $\mathfrak{g}$-métrica, no encuentra dificultades cuando cruza $\mathscr{X}$, de $\mathscr{C}^{\wedge}$ a $\mathscr{C}^{\vee}$.

Imaginemos que volvemos al uso de la $\hat{g}$-métrica original cuando entramos en $\mathscr{C}^{\vee}$. Entonces (aparte del «corrimiento» inicial en $\mathscr{X}$), la imagen que nos proporcionarían nuestras ecuaciones clásicas para la evolución del espacio-tiempo $\mathscr{C}^{\vee}$, sería un modelo de universo en colapso, que se contrae de una forma exponencial invertida, desde el infinito hacia adentro, y que se parece mucho a una inversión en el tiempo de lo que se imagina para el futuro remoto de nuestro universo. Sin embargo, hay aquí una importante cuestión de interpretación, porque cuando ω cambia de signo, de negativo a positivo, la «constante gravitatoria efectiva» (como se ve particularmente en el $-G\omega$ en la fórmula anterior cuando este primer término de la derecha empieza a dominar a medida que ω se hace más grande), ha cambiado de signo después de que se cruza $\mathscr{X}$.[B.12] La interpretación alternativa que nos presenta la CCC es que, debido a condiciones de compatibilidad física con la teoría cuántica de campos, etc., esta interpretación particular (con constante gravitatoria negativa) de la física en la primitiva región $\mathscr{C}^{\vee}$ no puede mantenerse de una manera física cuando las interacciones gravitatorias se hacen importantes. El punto de vista de la CCC es que cuando entramos en la región $\mathscr{C}^{\vee}$ se hace más adecuado adoptar la interpretación física que proporciona la $\check{g}$-métrica, donde el factor conforme ω ahora positivo reemplaza al Ω ahora negativo, y la constante gravitatoria efectiva se hace ahora de nuevo positiva.

B10. Para eliminar la libertad $\mathfrak{g}$-métrica espuria

Una cuestión que se presenta en esta etapa es que, según los requisitos de la CCC, queremos una *única* propagación en $\mathscr{C}^{\vee}$. Esto no sería problemático si no fuera por la libertad adicional indeseada que surge de una arbitrariedad en el factor conforme. Tal como están las cosas, esta libertad nos proporciona algunos grados de libertad espurios, que influyen de manera inadecuada en la dinámica gravitatoria no conformemente invariante de $\mathscr{C}^{\vee}$. Estos grados de libertad espurios deben ser eliminados para que la propagación a través de $\mathscr{X}$ no sea dependiente de estos datos adicionales, indeterminados por la física de $\mathscr{C}^{\wedge}$. Esta «libertad gauge» espuria en la elección de la $\check{g}$-métrica puede representarse como un factor conforme $\tilde{\Omega}$ que puede aplicarse a $\mathfrak{g}_{ab}$ para darnos una nueva métrica $\mathfrak{g}_{ab}$ (en acuerdo con lo que teníamos antes);

$$\mathfrak{g}_{ab} \mapsto \tilde{g}_{ab} = \tilde{\Omega}^2\, \mathfrak{g}_{ab},$$

y donde, como antes, adoptamos

$$\omega \mapsto \tilde{\omega} = \tilde{\Omega}\omega.$$

Todo lo que hemos exigido de $\tilde{\Omega}$ hasta ahora es que sea un campo escalar de valor positivo que varía suavemente en $\mathscr{C}$ (al menos en regiones locales), lo que satisface la ϖ-ecuación en la $\mathfrak{g}$-métrica —esto se exige para que la curvatura escalar $\tilde{R}$ permanezca igual a 4Λ. La ϖ-ecuación es una ecuación hiperbólica de segundo orden de tipo estándar, de modo que deberíamos esperar obtener una solución única para $\tilde{\Omega}$ (para un cuello suficientemente estrecho de $\mathscr{X}$) si el *valor* de $\tilde{\Omega}$ y el valor de su *derivada normal* son especificados como funciones suaves en $\mathscr{X}$. Esto sería directo si conociésemos qué valores deberían escogerse para conseguir una caracterización distintiva para la $\tilde{g}$-métrica. Entonces surge la pregunta: ¿qué condición sobre esta métrica podemos exigir para eliminar esos grados de libertad espurios?

Lo que *no podemos* conseguir, no obstante, sería una condición en la $\tilde{g}$-métrica (quizá junto con el $\tilde{\omega}$-campo) que sea conformemente invariante dentro de la clase de reescalados que preservan $\tilde{R} = 4\Lambda$. Así, como ejemplo trivial, no podemos utilizar como uno de nuestros requisitos la exigencia de que la curvatura escalar $\tilde{R}$ de la $\tilde{g}$-métrica tome un valor distinto de 4Λ, y la exigencia de que realmente tome el valor 4Λ no representa una condición adicional sobre el campo, y por ello no puede ser utilizada como una restricción más para reducir la libertad espuria que queremos eliminar. Lo mismo se aplicaría, de forma algo más sutil, a una exigencia propuesta de que el cuadrado de la longitud $\tilde{g}_{ab}\tilde{N}^a\tilde{N}^b$ del vector normal $\tilde{N}^a = \nabla^a\tilde{\omega}$ a $\mathscr{X}$ tenga un valor particular (índices elevados y descendidos utilizando la $\tilde{g}$-métrica). Pues si dicho valor se escogiera diferente de $\Lambda/3$, entonces (como ya hemos visto; P&R 9.6.17) la condición no podría satisfacerse; mientras que si el valor se escoge realmente $\Lambda/3$, entonces la condición no representa la más mínima restricción sobre nuestra libertad espuria.

Problemas similares aparecerían también con una exigencia tal como

$$\tilde{\mathrm{D}}_{ab}\tilde{\omega} = 0,$$

que no representa ninguna condición sobre la elección de factor conforme debido a la propiedad de invariancia conforme (ya señalada)

$$\tilde{\mathrm{D}}_{ab}\omega = \tilde{\Omega}\mathrm{D}_{ab}\omega,$$

de modo que $\tilde{\mathrm{D}}_{ab}\tilde{\omega} = 0$ es equivalente a $\mathrm{D}_{ab}\omega = 0$. Una condición como $\tilde{\mathrm{D}}_{ab}\tilde{\omega} = 0$ no valdría en cualquier caso tal como está, porque hay varias componentes, y lo que se requiere es algo que representa precisamente dos condiciones por punto de $\mathscr{X}$ (como la especificación de ω y su derivada normal en cada punto de $\mathscr{X}$). Cabe señalar, además, que (como ya hemos visto) $\mathrm{D}_{ab}\omega$ *necesariamente* se anula en $\mathscr{X}$ hasta tercer orden, es decir,

$$\tilde{\mathrm{D}}_{ab}\tilde{\omega} = O(\tilde{\omega}^3)$$

debido a la relación $D_{ab}\omega = 4\pi G\omega^3 T_{ab}$. Sin embargo, una condición razonable que podría exigirse sería que $\tilde{N}^a\tilde{N}^b\tilde{\Phi}_{ab} = 0$ en $\mathscr{X}$. Más concretamente, podríamos escribir esta sugerencia como

$$\tilde{N}^a\tilde{N}^b\tilde{\Phi}_{ab} = O(\omega).$$

De hecho, podríamos exigir que esta cantidad se anule hasta *segundo orden* en $\mathscr{X}$, es decir,

$$\tilde{N}^a\tilde{N}^b\tilde{\Phi}_{ab} = O(\omega^2).$$

lo que podría darnos un candidato adecuado para las dos condiciones requeridas por punto de $\mathscr{X}$ que serían necesarias para fijar $\tilde{\Omega}$, y con ello la g-métrica mediante $g_{ab} = \tilde{\Omega}^2 \mathfrak{g}_{ab}$. A partir de la definición de D_{ab}, estas condiciones alternativas serían equivalentes a exigir que

$$\tilde{N}^{AA'}\tilde{N}^{BB'}\tilde{\nabla}_{A(A'}\tilde{\nabla}_{B')B}\tilde{\omega} = O(\omega^2), \text{ o } O(\omega^3).$$

respectivamente. En notación tensorial, las dos diferentes expresiones anteriores son

$$\tilde{N}^a\tilde{N}^b\left(\frac{1}{8}\tilde{g}_{ab} - \frac{1}{2}\tilde{R}_{ab}\right) \text{ y } \tilde{N}^a\tilde{N}^b\left(\tilde{\nabla}_a\tilde{\nabla}_b - \frac{1}{4}\tilde{g}_{ab}\tilde{\Box}\right)\tilde{\omega},$$

donde notamos (quitando las tildes por el momento) que

$$\nabla_{A(A'}\nabla_{B')B} = \nabla_a\nabla_b - \frac{1}{4}g_{ab}\Box.$$

También notamos que

$$N^{AA'}N^{BB'}\nabla_{A(A'}\nabla_{B')B}\omega = N^aN^b\nabla_a\nabla_b\omega - \frac{1}{4}N_aN^a\Box\,\omega =$$

$$= N^aN^b\nabla_a\nabla_b - \frac{1}{2}N_aN^a\left\{\omega^{-1}\left(N^bN_b - \frac{1}{3}\Lambda\right) + \frac{1}{3}\Lambda\,\omega\right\}.$$

Esto sugiere que una condición alternativa razonable, o par de condiciones, a imponer podrían ser, respectivamente,

$$N^aN^b\nabla_aN_b = O(\omega), \text{ o } O(\omega^2),$$

pues esto simplifica mucho la condición anterior (donde notamos que entonces $N^bN_b - ⅓\Lambda$ se anula a segundo y tercer orden, respectivamente). Recíprocamente, *si* $N^bN_b - ⅓\Lambda$ se anula a segundo orden, en $\mathscr{X}$, entonces

$$N^aN^b\nabla_aN_b = \frac{1}{2}N^a\nabla_a(N^bN_b) = \frac{1}{2}N^a\nabla_a\left(N^bN_b - \frac{1}{3}\Lambda\right) = 0 \text{ en } \mathscr{X},$$

de modo que una u otra de estas condiciones equivalentes (en la forma $\tilde{N}^a\tilde{N}^b\tilde{\nabla}_a\tilde{N}_b = O(\omega)$ o $\tilde{N}^b\tilde{N}_b - \frac{1}{3}\Lambda = O(\omega^2)$) pueden considerarse alternativamente como una de las restricciones requeridas sobre $\tilde{\Omega}$. Nótese que la expresión anterior $\Omega = \nabla^a\Pi_a/(\frac{2}{3}\Lambda - 2\Pi_b\Pi^b)$, que se ha dado en B6, requiere un polo simple para Ω en $\mathscr{X}$, de modo que si el denominador se anula a segundo orden, el numerador $\nabla^a\Pi_a$ debe anularse a primer orden; en realidad $\tilde{\nabla}^a\tilde{\Pi}_a = O(\omega)$ es también una forma razonable de una única condición a imponer, y recordemos de B8 que $\nabla_{(a}N_{b)} = \frac{1}{4}g_{ab}\nabla_cN^c$ en $\mathscr{X}$ de donde $4N^aN^b\nabla_aN_b - N_aN^a\nabla_cN^c = O(\omega)$.

Veremos en B11 que el tensor de energía U_{ab} de $\check{\mathscr{C}}$ adquiere necesariamente una *traza* μ, según los procedimientos adoptados, lo que indica la emergencia de fuentes gravitatorias con masa en reposo. Sin embargo, encontramos que esta traza se anula cuando $3\Pi^a\Pi_a = \Lambda$. Se podría adoptar el punto de vista de que la filosofía de la CCC se sirve mejor si la presencia de esta masa en reposo se retrasa lo más posible tras el big bang. Por consiguiente, podríamos muy bien considerar que exigir

$$3\tilde{\Pi}^a\tilde{\Pi}_a - \Lambda = O(\omega^3)$$

proporciona los dos números por punto de $\mathscr{X}$ necesarios para fijar la g-métrica. Encontraremos realmente

$$2\pi G\mu = \omega^{-4}(1-\omega^2)^2\,(3\Pi^a\Pi_a - \Lambda),$$

que se hace infinito en $\mathscr{X}$ si el cero en $3\Pi^a\Pi_a - \Lambda$ no es al menos de cuarto orden. Pero esto no es un problema, porque μ aparece solo en la $\check{g}$-métrica, en la que $\mathscr{X}$ representa el big bang singular donde otras cantidades de curvatura infinita dominarían sobre μ si consideramos que el cero en $3\Pi^a\Pi_a - \Lambda$ es de tercer orden.

Vemos que hay varias posibilidades alternativas para las dos condiciones por punto de $\mathscr{X}$ requeridas, que podrían bastar para fijar unívocamente $\tilde{\Omega}$, y por consiguiente la g-métrica. En el momento de escribir este libro no tengo claro todavía cuál sería la más adecuada (y cuáles de estas condiciones son independientes de cuáles otras). Mi preferencia, sin embargo, es exigir que se anule $3\tilde{\Pi}^a\tilde{\Pi}_a - \Lambda$ a tercer orden, como se ha descrito antes.

B11. El contenido de materia de $\mathscr{C}^{\vee}$

Para ver qué aspecto tienen nuestras ecuaciones en la región post-big-bang $\mathscr{C}^{\vee}$, debemos reescribir las cosas en términos de cantidades con «gorro invertido», con la métrica $\check{g}_{ab} = \omega^2 g_{ab}$, con $\Omega = \omega^{-1}$. Como ya se ha mencionado, escribiré el tensor de energía post-big-bang total como U_{ab}, para evitar confusiones con el tensor de energía conformemente reescalado de la materia (sin masa) que entra en $\mathscr{C}^{\vee}$ desde $\mathscr{C}^{\wedge}$:

$$\check{T}_{ab} = \omega^{-2} T_{ab}. \\ = \omega^{-4} \hat{T}_{ab}.$$

Puesto que $\hat{T}_{ab}$ no tiene traza y es libre de divergencia, esto también debe ser válido para $\check{T}_{ab}$ (estando los escalados de acuerdo con A8):

$$\check{T}^a_a = 0, \quad \nabla^a \check{T}_a = 0.$$

Encontraremos que el tensor de energía post-big-bang completo debe incluir dos componentes adicionales libres de divergencia, de modo que

$$\check{U}_{ab} = \check{T}_{ab} + \check{V}_{ab} + \check{W}_{ab}$$

Aquí, $\check{V}_{ab}$ se refiere a un campo sin masa, que va a ser el campo fantasma Ω, que ahora se ha convertido en un campo *real* autoacoplado conformemente invariante en la $\check{g}$-métrica, puesto que $\varpi = \Omega$ satisface ahora la ϖ-ecuación en la $\check{g}$-métrica

$$\left(\Box + \frac{R}{6}\right)\varpi = \frac{2}{3}\Lambda\varpi^3,$$

que, puesto que la $\bar{\omega}$-ecuación es conformemente invariante y es satisfecha por $\varpi = -1$ en la g-métrica, debe convertirse en $\varpi = -\omega^{-1} = \Omega$ en la $\check{g}$-métrica. Esto es leer las cosas al revés de lo que hemos hecho para $\mathscr{C}^{\wedge}$, donde el «campo fantasma» Ω se consideraba una solución de la $\bar{\omega}$-ecuación en la $\mathfrak{g}$-métrica, y se interpretaba meramente como el factor de escala que nos devuelve a la $\hat{g}$-métrica física de Einstein. En dicha métrica el campo fantasma es simplemente «1», y por ello no tiene contenido físico independiente. Ahora, estamos considerando Ω como un campo físico real en la métrica física de Einstein $\check{g}_{ab}$ y su interpretación como un factor conforme es la opuesta, puesto que nos dice cómo volver a la g-métrica, en la que el campo sería «1». Para esta interpretación es esencial que los factores conformes ω y Ω sean recíprocos uno de otro, aunque también necesitamos incorporar el signo menos, de modo que es realmente $-\Omega$ el que proporciona el escalado de vuelta de $\check{g}_{ab}$ a g_{ab}. Esta interpretación inversa es compatible con las ecuaciones porque es Ω, y no ω, el que tiene que satisfacer la ϖ-ecuación en la métrica apropiada.

Por consiguiente, el tensor ∇_{ab} es el tensor de energía de este campo Ω en la $\check{g}$-métrica:

$$\check{V}_{ab} = \check{T}_{ab}[\Omega].$$

Encontramos

$$\begin{aligned} 4\pi G\check{T}_{ab}[\Omega] &= \Omega^2\{\Omega\nabla_{A(A'}\nabla_{B')B}\Omega^{-1} + \Phi_{ABA'B'}\} = \\ &= \Omega^2 D_{ab}\Omega^{-1} = \omega^{-3}D_{ab}\omega = \omega^{-2}D_{ab}1 = \\ &= \omega^{-2}\Phi_{ABA'B'}. \end{aligned}$$

Nótese que son válidas las propiedades de ser libre de traza y de divergencia:

$$\check{V}_a^a = 0 \text{ y } \nabla^a\check{V}_{ab} = 0.$$

Es importante advertir que la ecuación satisfecha por ω en la g-métrica no es la ϖ-ecuación, pues hemos visto que es Ω, a saber (-1 multiplicado por) el inverso de ω, el que satisface esta ecuación, de donde

$$\left(\Box + \frac{R}{6}\right)\omega^{-1} = \frac{2}{3}\Lambda\,\omega^{-3},$$

es decir,

$$\Box\omega = 2\omega^{-1}\nabla^a\omega\nabla_a\omega + \frac{2}{3}\Lambda\{\omega - \omega^{-1}\}.$$

Por consiguiente, la curvatura escalar de la métrica *no* está obligada a ser igual a 4Λ. En su lugar (véase B2, P&R 6.8.25, A4), tenemos

$$\check{R} = 4\Lambda + 8\pi G\mu,$$

con

$$\omega^2\check{R} - R = 6\omega^{-1}\Box\omega,$$

de donde

$$\omega^2(4\Lambda + 8\pi G\mu) - 4\Lambda = 6\omega^{-1}\left\{2\omega^{-1}\left(\nabla^a\omega\nabla_a\omega - \frac{1}{3}\Lambda\right) + \frac{2}{3}\Lambda\omega\right\},$$

de lo que deducimos (véase B6)

$$\mu = \frac{1}{2\pi G}\omega^{-4}\,(1 - \omega^2)^2(3\Pi^a\Pi_a - \Lambda) =$$

$$= \frac{1}{2\pi G}\{3\nabla^a\Omega\nabla_a\Omega - \Lambda(\Omega^2 - 1)^2\} =$$

$$= \frac{1}{2\pi G}(\Omega^2 - 1)^2(3\Pi^a\Pi_a - \Lambda).$$

El tensor de energía completo $\check{U}_{ab}$ debe satisfacer las ecuaciones de Einstein, así que tenemos, además de $\check{R} = 4\Lambda + 8\pi G\mu$,

$$4\pi G\check{T}_{(AB)(A'B')} = \Phi_{ABA'B'}.$$

Puesto que ni $\check{T}_{ab}$ ni $\check{V}_{ab}$ tienen traza, corresponde a $\check{W}_{ab}$ recogerla;

$$\check{U}_a^{\ a} = \check{W}_a^{\ a} = \mu =$$

$$= \frac{1}{2\pi G}(3\Pi^a\Pi_a - \Lambda)(\Omega^2 - 1)^2$$

y suponiendo las expresiones para $\check{U}_a^{\ a}$, $\check{T}_{ab}$ y $\check{V}_{ab}$ dadas antes, podemos calcular $\check{W}_{ab}$ de

$$4\pi G\check{W}_{ab} = 4\pi G(\check{U}_{ab} - \check{T}_{ab} - \check{V}_{ab})$$

para obtener la siguiente expresión para $4\pi G\check{W}_{ab}$

$$\frac{1}{2}(3\Pi^a\Pi_a + \Lambda)(\Omega^2 - 1)^2\check{g}_{ab} + (2\Omega^2 + 1)\Omega\nabla_{A(A'}\nabla_{B')B}\Omega -$$

$$- 2(3\Omega^2 + 1)\nabla_{A(A'}\Omega\nabla_{B')B}\Omega - \Omega^4\Phi_{ab}$$

que necesita más interpretación.

B12. Radiación gravitatoria en $\mathscr{X}$

Una propiedad del reescalado conforme infinito de la métrica, cuando pasamos de $\mathscr{C}^\wedge$ (con métrica $\hat{g}_{ab}$) a $\mathscr{C}^\vee$ (con métrica $\check{g}_{ab}$) mediante $\mathscr{X}$ (con métrica g_{ab}), es la manera en que los grados de libertad gravitatorios, inicialmente presentes y descritos en la $\hat{g}$-métrica por ψ_{ABCD} (normalmente distinto de cero en $\mathscr{X}$), se transfieren a otras magnitudes en la $\check{g}$-métrica. Mientras tenemos (A9, P&R 6.8.4)

$$\hat{\Psi}_{ABCD} = \Psi_{ABCD} = \check{\Psi}_{ABCD} = O(\omega)$$

el comportamiento conforme

$$\hat{\Psi}_{ABCD} = \hat{\psi}_{ABCD} = -\omega\ \psi_{ABCD} = -\omega^2\check{\psi}_{ABCD}$$

nos dice que

$$\psi_{ABCD} = O(\omega^2),$$

de modo que la radiación gravitatoria está muy suprimida en el big bang.

Sin embargo, los grados de libertad en la radiación gravitatoria descritos por ψ_{ABCD} en $\mathscr{C}^{\wedge}$ dejan su huella en las etapas tempranas de $\mathscr{C}^{\vee}$. Para verlo, notemos que derivando la relación

$$\Psi_{ABCD} = -\omega\psi_{ABCD}$$

obtenemos

$$\nabla_{EE'}\Psi_{ABCD} = -\nabla_{EE'}(\omega\psi_{ABCD}) = -N_{EE'}\psi_{ABCD} - \omega\nabla_{EE'}\psi_{ABCD},$$

de modo que mientras que la curvatura de Weyl se anula en $\mathscr{X}$, su derivada normal proporciona una medida de la radiación gravitatoria (gravitones libres) en $\mathscr{I}^{\wedge}$:

$$\Psi_{ABCD} = 0,\ \ N^e\nabla_e\Psi_{ABCD} = -N^eN_e\psi_{ABCD} = -\frac{1}{3}\Lambda\psi_{ABCD}\ \text{en}\ \mathscr{X}.$$

Además, de las identidades de Bianchi (A5, P&R 4.10.7, P&R 4.10.8)

$$\nabla^A_{B'}\Psi_{ABCD} = \nabla^{A'}_B\Phi_{CDA'B'}\ \text{y}\ \nabla^{CA'}\Phi_{CDA'B'} = 0,$$

obtenemos

$$\nabla^{A'}_B\Phi_{CDA'B'} = -N^A_B\psi_{ABCD}\ \text{en}\ \mathscr{X},$$

de lo que se deduce

$$N^{BB'}\nabla^{A'}_B\Phi_{CDA'B'} = 0\ \text{en}\ \mathscr{X}.$$

El operador $N^{B(B'}\nabla_B^{A')}$ actúa tangencialmente a lo largo de $\mathscr{X}$ (puesto que $N^{B(B')}N_B^{A'} = 0$), de modo que esta ecuación representa una ligadura sobre cómo se comporta $\Phi_{CDA'B'}$ en $\mathscr{X}$. Notemos también que

$$N_A^C \nabla_A^D \Phi_{BCB'D'} = -N_A^C N_B^D \psi_{ABCD}$$

de lo que se deduce que la *parte eléctrica*, la derivada normal del tensor de Weyl en $\mathscr{X}$

$$N_{A'}^C N_{B'}^D \psi_{ABCD} + N_{A'}^{C'} N_{B'}^{D'} \psi_{A'B'C'D'}$$

de ψ_{ABCD} en $\mathscr{X}$ es básicamente la cantidad

$$N^a \nabla_{[b} \Phi_{c]d} \text{ en } \mathscr{X}$$

mientras que la *parte magnética*

$$\mathrm{i} N_A^C N_B^D \psi_{ABCD} - \mathrm{i} N_A^{C'} N_B^{D'} \bar{\psi}_{A'B'C'D'}$$

es básicamente

$$\varepsilon^{abcd} N_a \nabla_{[b} \Phi_{c]e} \text{ en } \mathscr{X}$$

(siendo ε^{abcd} un tensor de Levi-Civita antisimétrico), que es el tensor de Cotton(-York) que describe la curvatura conforme intrínseca de $\mathscr{X}$.[B.13]

Notas

1.1. La teoría hamiltoniana es un marco que engloba toda la física clásica estándar y que proporciona el enlace esencial con la mecánica cuántica. Véase R.Penrose (2004), *The Road to Reality*, Random House, cap. 20 (hay trad. cast.: *El camino a la realidad*, Debate, Barcelona, 2006).

1.2. La fórmula de Planck: $E = h\nu$. Para una explicación de los símbolos, véase la nota 2.18.

1.3. Erwin Schrödinger (1950), *Statistical Thermodynamics*, 2.ª edic., Cambridge University Press.

1.4. El término «producto» es consistente con la multiplicación de enteros ordinarios en cuanto que el espacio producto de un espacio *m*-punto por un espacio *n*-punto es un espacio *mn*-punto.

1.5. En 1803 el matemático Lazare Carnot publicó *Fundamental Principles of Equilibrium and Movement*, donde señalaba las pérdidas de «momento de actividad», es decir, el trabajo útil realizado. Este fue el primer enunciado del concepto de transformación de energía o entropía. Sadi Carnot pasó a postular que «siempre se pierde algo de calórico» en el trabajo mecánico. En 1854 Clausius desarrolló la idea de «trabajo interno», es decir, «el que los átomos del cuerpo ejercen unos sobre otros» y «trabajo externo», esto es, «el que aparece de influencias externas a las que el cuerpo puede estar expuesto».

1.6. Claude E. Shannon y Warren Weaver (1949), *The Mathematical Theory of Communication*, University of Illinois Press.

1.7. En términos matemáticos, el problema aparece porque la indistinguibilidad macroscópica no es lo que se denomina *transitiva*, es decir, los estados *A* y *B* podrían ser indistinguibles y los estados *B* y *C* indistinguibles, y pese a ello ser *A* y *C* distinguibles.

1.8. El «espín» de un núcleo atómico es algo cuya comprensión adecuada requiere consideraciones de mecánica cuántica, pero podríamos hacernos una imagen física razonable imaginando que el núcleo está girando alrededor de un eje, como podría hacerlo una bola de críquet o de béisbol.* El valor total de este espín es el resultado en parte de los espines individuales de los protones y neutrones constituyentes, y en parte de los movimientos orbitales de cada uno de ellos alrededor de los otros.

1.9. E. L. Hahn (1950), «Spin echoes», *Physical Review* **80**, 580-594.

1.10. J. P. Heller (1960), «An unmixing demonstration», *Am. J. Phys.* **28**, 348-353.

1.11. Pudiera ser, sin embargo, que en el contexto de los agujeros negros el concepto de entropía adquiera algún grado de objetividad genuina. Examinaré esta cuestión en §§2.6 y 3.4.

2.1. Ocasionalmente se han propuesto otras posibles explicaciones del desplazamiento hacia el rojo: una de las más difundidas es una versión de una propuesta de «luz cansada», según la cual los fotones sencillamente «pierden energía» mientras viajan hacia nosotros. Otra versión propone que el tiempo avanzaba más lentamente en el pasado. Tales esquemas resultan ser o bien incompatibles con otras observaciones o principios bien establecidos, o «inútiles», en el sentido de que pueden reformularse para que sean *equivalentes* a la imagen de universo en expansión estándar, pero con definiciones inusuales de las medidas de espacio y tiempo.

2.2. A. Blanchard, M. Douspis, M. Rowan-Robinson y S. Sarkar (2003), «An alternative to the cosmological "concordance model"», *Astronomy & Astrophysics* **412**, 35-44. arXiv:astro-ph/0304237v2, 7 de julio de 2003.

2.3. Fue Fred Hoyle, que había sido un fuerte defensor de la «teoría del estado estacionario» rival (véase §2.2), quien acuñó este término, como descripción despectiva, durante una emisión radiofónica de la BBC el 28 de marzo de 1949. En este libro, cuando haga referencia a ese suceso particular que aparentemente ocurrió hace unos $1{,}37 \times 10^{10}$ años, utilizaré el término con mayúsculas, «Big Bang»; pero cuando haga referencia a otros sucesos similares que pueden ocurrir en la realidad o en modelos teóricos, utilizaré normalmente «big bang» sin mayúsculas.

2.4. La materia oscura no es «oscura» (como las grandes y visiblemente oscuras regiones de *polvo*, que se dejan ver claramente por su efecto oscurecedor); más apropiado es decir que es materia *invisible*. Además, lo que se conoce como «energía oscura» es completamente diferente de la energía que posee la materia ordinaria que, de acuerdo con la $E = mc^2$

* El verbo inglés *to spin* significa «girar». *(N. del T.)*

de Einstein, tiene una influencia *atractiva* sobre otra materia. En lugar de ello, la energía oscura es *repulsiva*, y sus efectos parecen estar, hasta ahora, en completo acuerdo con la presencia de algo totalmente diferente de la energía ordinaria, a saber, la *constante cosmológica* introducida por Einstein en 1917, y tomada en consideración por prácticamente todos los textos de cosmología estándar desde entonces. Esta constante es necesariamente *constante*, y por ello, a diferencia de la energía, no tiene grados de libertad independientes.

2.5. Harlan Arp y otros treinta y tres autores, «An open letter to the scientific community», *New Scientific*, 22 de mayo de 2004.

2.6. Un *púlsar* es una estrella de neutrones —un objeto extraordinariamente denso, de unos 10 km de diámetro, con una masa algo mayor que la del Sol— que tiene un campo magnético extraordinariamente intenso y gira a gran velocidad, enviando ráfagas de radiación electromagnética que se repiten con gran precisión y son detectables aquí en la Tierra.

2.7. Resulta curioso que el propio Friedmann no abordase explícitamente el caso más fácil en el que la curvatura espacial es *cero*: *Zeitschrift für Physik* **21**, 326-332.

2.8. Es decir, aparte de posibles identificaciones topológicas que no nos interesan aquí.

2.9. En los dos casos $K = 0$ y $K < 0$ hay versiones topológicamente reducidas (obtenidas identificando entre sí ciertos puntos distantes en la geometría espacial) en las que la geometría espacial es finita. Sin embargo, en todas estas situaciones se pierde la isotropía espacial global.

2.10. Una supernova es una explosión extraordinariamente violenta de una estrella moribunda (de masa algo mayor que la de nuestro Sol), que le permite alcanzar un brillo que, durante unos días, supera la emisión de toda la galaxia en la que reside. Véase §2.4.

2.11. S. Perlmutter *et al.* (1999), *Astrophysical J.* **517**, 565. A. Reiss *et al.* (1998), *Astrophysical J.* **116**, 1.009.

2.12. Eugenio Beltrami (1868), «Saggio di interpretazione della geometria non-euclidea», *Giornale di Mathematiche* **VI**, 285-315. Eugenio Beltrami (1868), «Teoria fondamentale degli spazii di curvatura constante», *Annali Di Mat., ser II* **2**, 232-235.

2.13. H. Bondi y T. Gold (1948), «The steady-state theory of the expanding universe», *Monthly Notices of the Royal Astronomical Society* **108**, 252-270. Fred Hoyle (1948), «A new model for the expanding universe», *Monthly Notices of the Royal Astronomical Society* **108**, 372-382.

2.14. Aprendí mucha física, y la emoción que produce, de mi íntimo amigo Dennis Sciama, un fuerte defensor en esa época del modelo del estado estacionario, y también asistí a lecciones motivadoras de Bondi y Dirac.

2.15. J. R. Shakeshaft, M. Ryle, J. E. Baldwin, B. Elsmore y J. H. Thomson (1955), *Mem RAS* **67**, 106-154.

2.16. Las medidas de temperatura en física fundamental suelen darse en unidades «Kelvin» (denotadas simplemente por la letra «K» tras el valor numérico de la medida de temperatura), que se refieren al número de unidades centígradas (o Celsius) sobre el *cero absoluto*.

2.17. También se utilizan a veces las abreviaturas CMBR, CBR y MBR.

2.18. Para una temperatura dada T, la fórmula de Planck para la intensidad de la radiación de cuerpo negro, para una frecuencia ν, es $2h\nu^3/(e^{h\nu/kT}-1)$, donde h y k son las constantes de Planck y de Boltzmann, respectivamente.

2.19. R. C. Tolman (1934), *Relativity, Thermodynamics, and Cosmology*, Clarendon Press.

2.20. El grupo local de galaxias (el cúmulo galáctico que incluye a la Vía Láctea) parece estar moviéndose a aproximadamente 630 km s^{-1} con respecto al sistema de referencia del CMB. A. Kogut *et al.* (1993), *Astrophysical J.* **419**, 1.

2.21. H. Bondi (1952), *Cosmology*, Cambridge University Press.

2.22. Una curiosa excepción parecen proporcionarla las chimeneas volcánicas en lugares especiales en el suelo oceánico, de las que dependen colonias de formas de vida extrañas. La actividad volcánica es resultado del calentamiento debido al material radiactivo, material que ha tenido su origen en otras estrellas que, en un pasado lejano, han expulsado dicho material en explosiones de supernova. El papel de baja entropía del Sol es entonces asumido por dichas estrellas, pero eso no cambia la idea general que se presenta en el texto.

2.23. Ligeras correcciones a esta ecuación proceden, por una parte, de la pequeña cantidad de calentamiento debida al material radiactivo mencionado en la nota 2.22, y, por otra, de efectos procedentes de la combustión de combustibles fósiles y el calentamiento global.

2.24. Este punto parece haber sido señalado por primera vez por Erwin Schrödinger en su notable libro de 1944 *¿Qué es la vida?*

2.25. R. Penrose (1989), *The Emperor's New Mind: Concerning Computers, Minds, and the Laws of Physics*, Oxford University Press (hay trad. cast.: *La nueva mente del emperador*, Mondadori, Madrid, 1991).

2.26. Es bastante habitual referirse a este cono nulo como «cono de luz», pero yo prefiero reservar *este* último término para el lugar geométrico en el conjunto del espacio-tiempo que es barrido por los rayos de luz que pasan por un suceso p. El *cono nulo*, por el contrario (en el sentido en que se utiliza aquí), es una estructura definida tan solo en el *espacio tangente* en el punto p (es decir, *infinitesimalmente* en p).

2.27. Para ser explícito acerca de la geometría de Minkowski, podemos escoger un sistema de referencia en reposo de un observador arbitrario y coordenadas cartesianas ordinarias (x, y, z) para especificar la localización espacial de un suceso, con una coordenada temporal t para la coordenada temporal de dicho observador. Tomando escalas de espacio y tiempo de modo que $c = 1$, encontramos que los conos nulos están dados por $\mathrm{d}t^2 - \mathrm{d}x^2 - \mathrm{d}y^2 - \mathrm{d}z^2 = 0$. El cono de luz (véase la nota 2.26) en el origen es entonces $t^2 - x^2 - y^2 - z^2 = 0$.

2.28. El concepto de masa al que nos referimos aquí («masiva», «sin masa») es el de *masa en reposo*. Volveré a esta cuestión en §3.1.

2.29. Como recordamos de §1.3, las ecuaciones ordinarias de la dinámica son reversibles con respecto al tiempo, de modo que, en lo que concierne al comportamiento dinámico —determinado por los ingredientes submicroscópicos de un sistema físico— podríamos decir igualmente que la «causación» puede propagarse del futuro al pasado. La noción de causación utilizada en el texto está, sin embargo, de acuerdo con la terminología estándar.

2.30. Longitud = $\int\sqrt{g_{ij}dx^i dx^j}$. Véase R. Penrose (2004), *The Road to Reality*, Random House, Fig. 14.20, p. 318.

2.31. J. L. Synge (1956), *Relativity: The General Theory*, North Holland Publishing.

2.32. Es la existencia de esta métrica natural la que realmente socava por completo el análisis aparentemente penetrante hecho por Poincaré, cuando argumentaba que la geometría del espacio es básicamente una cuestión de convención, y que la geometría euclidiana, siendo la más simple, siempre sería la mejor geometría que podía usar un físico. Véase Poincaré, *Science and Method* (hay trad. cast.: *Ciencia y método*, Espasa Calpe, Madrid, 1944).

2.33. La energía en reposo de una partícula es su energía en el sistema de referencia en que la partícula está en reposo, de modo que el *movimiento* de la partícula (*energía cinética*) no contribuye a esta energía.

2.34. La «velocidad de escape» es la velocidad que un objeto, situado en la superficie de un cuerpo gravitante, necesita adquirir para que pueda escapar por completo de dicho cuerpo y no volver a caer en su superficie.

2.35. Este era el cuásar 3C273.

2.36. Véase el apéndice de R. Penrose (1965), «Zero rest-mass fields including gravitation: asymptotic behaviour», *Proc. Roy. Soc.* **A284**, 159-203. El argumento es ligeramente incompleto.

2.37. La más bien extraña circunstancia que dio lugar a esto se narra en mi libro (1989), *The Emperor's New Mind*, Oxford University Press.

2.38. La existencia de una superficie atrapada es un ejemplo de lo que ahora solemos llamar una condición «cuasilocal». En este caso afirmamos la presencia de una 2-superficie topológica de tipo espacio cerrada (normalmente una 2-esfera topológica) cuyas normales nulas en la superficie, que apuntan al futuro, convergen en el futuro. En *cualquier* espaciotiempo habrá regiones locales de 2-superficies de tipo espacio cuyas normales tienen esta propiedad, de modo que la condición no es local; una superficie atrapada ocurre, sin embargo, solo cuando tales regiones pueden unirse para formar una superficie cerrada (es decir, de topología *compacta*).

2.39. R. Penrose (1965), «Gravitacional collapse and space-time singularities», *Phys. Rev. Lett.* **14**, 57-59. R. Penrose (1968), «Structure of spacetime», en *Batelle Rencontres* (C. M. De Witt y J. A. Wheeler, eds.) Benjamin, Nueva York.

2.40. El único requisito que tiene que satisfacer en este contexto un espaciotiempo no singular —y que la «singularidad» impediría— es lo que se denomina «completitud nula futura». Este requisito es que toda geodésica nula puede extenderse en el futuro a un valor indefinidamente grande de su «parámetro afín». Véase S. W. Hawking y R. Penrose (1996), *The Nature of Space and Time*, Princeton University Press (hay trad. cast.: *La naturaleza del espacio y el tiempo*, Debate, Madrid, 1996).

2.41. R. Penrose (1994), «The question of cosmic censorship», en *Black Holes and Relativistic Stars* (R. M. Wald, ed.), University of Chicago Press.

2.42. R. Narayan y J. S. Heyl (2002), «On the lack of type I X-rays bursts in black hole X-ray binaries: evidence for the event horizon?», *Astrophysical J.* **574**, 139-142.

2.43. La idea de un diagrama conforme *estricto* fue formalizada por primera vez por Brandon Carter (1966) tras las descripciones más relajadas de diagramas conformes *esquemáticos* que yo había estado utilizando sistemáticamente desde alrededor de 1962 (véase Penrose 1962, 1964 y 1965).

B. Carter (1966), «Complete analytic extension of the symmetry axis of Kerr's solution of Einstein's equations», *Phys. Rev.* **141**, 1.242-1.247. R. Penrose (1962), «The light cone at infinity», en *Proceedings of the 1962 Conference on Relativistic Theories of Gravitation, Warsaw*, Academia Polaca de Ciencias. R. Penrose (1964), «Conformal approach to infinity», en *Relativity, Groups and Topology. The 1963 Les Houches Lectures* (B. S. DeWitt y C. M. DeWitt, eds.), Gordon and Breach, Nueva York. R. Penrose (1965), «Gravitational collapse and space-time singularities», *Phys. Rev. Lett.* **14**, 57-59.

2.44. Casualmente, la palabra polaca *skraj* se pronuncia de la misma forma que «scri» y significa una frontera o un límite (aunque habitualmente de un bosque).

2.45. En un modelo de estado estacionario invertido respecto al tiempo, un astronauta, en movimiento libre, que siguiera una órbita semejante, encontraría que el movimiento hacia dentro del material ambiente se hace cada vez más rápido hasta que alcanza la velocidad de la luz, con infinitos impactos de momento, en un tiempo experimentado finito.

2.46. J. L. Synge (1950), *Proc. Roy. Irish Acad.* **53A**, 83. M. D. Kruskal (1960), «Maximal extension of Schwarzschild metric», *Phys. Rev.* **119**, 1.743-1745. G. Szekeres (1960), «On the singularities of a Riemannian manifold», *Publ. Mat. Debrecen* **7**, 285-301. C. Fronsdal (1959), «Completion and embedding of the Schwarzschild solution», *Phys. Rev.* **116**, 778-781.

2.47. S.W. Hawking (1974), «Black hole explosions?», *Nature* **248**, 30.

2.48. Las nociones de horizonte de sucesos cosmológico y horizonte de partículas fueron formuladas por primera vez por Wolfgang Rindler (1956), «Visual horizons in world-models», *Monthly Notices of the Roy. Astronom. Soc.* **116**, 662. La relación entre estas nociones y los diagramas conformes (esquemáticos) fue señalada en R. Penrose (1967), «Cosmological boundary conditions for zero rest-mass fields», en *The Nature of Time* (pp. 42-52) (T. Gold, ed.), Cornell University Press.

2.49. Hay que entender esto en el sentido de que $C^{-}(p)$ es la frontera (futura) del conjunto de puntos que pueden conectarse con un suceso p por una curva causal dirigida al futuro.

2.50. Tras mi propio trabajo que demostraba la inevitabilidad de aparición de singularidades en un colapso gravitatorio local (véase la referencia en la nota 2.36), mencionado en §2.4. Hawking publicó una serie de artículos que mostraban cómo podían obtenerse también resultados similares que se aplican de forma más general en un contexto cosmológico en varios artículos en los *Proceedings of the Royal Society* (véase S. W. Hawking y G. F. R. Ellis [1973], *The Large-scale Structure of Space-time*, Cambridge University Press). En 1970 unimos fuerzas para ofrecer un teorema muy general que cubría todas estas situaciones. S. W. Hawking y R. Penrose (1970), «The singularities of gravitational collapse and cosmology», *Proc. Roy. Soc. Lond.* **A314**, 529-548.

2.51. Presenté por primera vez un argumento de este tipo en Penrose (1990), «Difficulties with inflationary cosmology», en *Proceedings of the 14th Texas Symposium on Relativistic Astrophysics* (E. Fenves, ed.), Academia de Ciencias de Nueva York. Nunca he visto una respuesta de los defensores de la inflación.

2.52. D. Eardley ([1974], «Death of white holes in the early universe», *Phys. Rev. Lett.* **33**, 442-444) ha argumentado que los agujeros blancos en el universo primitivo serían altamente *inestables*. Pero esa no es una razón para que no sean parte del estado inicial, y es perfectamente compatible con lo que estoy diciendo aquí. Los agujeros blancos muy bien podrían desaparecer con ritmos diferentes, de la misma forma que, en la dirección opuesta del tiempo, pueden formarse agujeros negros con ritmos diferentes.

2.53. Compárese con A. Strominger y C. Vafa (1996), «Microscopic origin of the Bekenstein-Hawking entropy», *Phys. Lett.* **B379**, 99-104. A. Ashtekar, M. Bojowald y J. Lewandowski (2003), «Mathematical structure of loop quantum cosmology», *Adv. Theor. Math. Phys.* **7**, 233-268. K. Thorne (1986), *Black Holes: The Membrane Paradigm*, Yale University Press.

2.54. En otro lugar he dado esta cifra con el segundo exponente como «123» en lugar de «124», pero ahora estoy aumentando el valor para incluir una contribución de la materia oscura.

2.55. Dividiendo $10^{10^{124}}$ por $10^{10^{89}}$, obtenemos $10^{10^{124}-10^{89}} = 10^{10^{124}}$, tan cercano que no supone diferencia.

2.56. R. Penrose (1998), «The question of cosmic censorship», en *Black Holes and Relativistic Stars* (R. M. Wald, ed.), University of Chicago Press. Reimpreso en *J. Astrophys. Astr.* **20**, 233-248, 1999).

2.57. Véase el apéndice A3.

2.58. Utilizando los convenios del apéndice A.

2.59. Habrá, no obstante, efectos no lineales concernientes a cómo se «suman» los diferentes efectos de lentes a lo largo de una visual. Aquí los estoy ignorando.

2.60. A. O. Petters, H. Levine y J. Wambsganns (2001), *Singularity Theory and Gravitational Lensing*, Birkhauser.

2.61. Durante muchos años he estado proponiendo que una condición tal como «**C** = 0» es válida en singularidades de tipo inicial, frente a lo que evidentemente sucede en las singularidades de «tipo final» que se dan en los agujeros negros. R. Penrose (1979), «Singularities and time-asymmetry», en S. W. Hawking y W. Israel, *General Relativity: An Einstein Centenary Survey*, Cambridge University Press, pp. 581-638. S. W. Goode y J. Wainwright (1985), «Isotropic singularities in cosmological models», *Class. Quantum Grav.* **2**, 99-115. R. P. A. C. Newman (1993), «On the structure of conformal singularities in classical general relativity», *Proc. R. Soc. Lond.* **A443**, 473-549. K. Anguige y K. P. Tod (1999), «Isotropic cosmological singularities I. Polytropic perfect fluid spacetimes», *Ann. Phys. N.Y.* **276**, 257-293.

3.1. A. Zee (2003), *Quantum Field Theory in a Nutshell*, Princeton University Press.

3.2. Hay buenas razones teóricas (que tienen que ver con la conservación de la carga eléctrica) para pensar que los fotones carecen estrictamente de masa. Pero en lo que concierne a las observaciones, hay una cota superior $m < 3 \times 10^{-27}$ eV para la masa del fotón. G. V. Chibisov (1976), «Astrofizicheskie verkhnie predely na massu pokoya fotona», *Uspekhi fizicheskikh nauk* **119**, n.º 3, **19**, 624.

3.3. Hay un uso común del término «invariancia conforme» entre los físicos de partículas que es mucho más débil que el que se utiliza aquí, a saber, que la invariancia es una mera «invariancia de escala», exigida solamente para las transformaciones mucho más restringidas $\mathbf{g} \mapsto \Omega^2\mathbf{g}$ para las que Ω es una *constante*.

3.4. No obstante, puede haber una reserva con respecto a lo que se conoce como una *anomalía conforme*, según la cual una simetría de los campos clásicos (aquí la invariancia conforme estricta) puede no ser exactamente válida en el contexto cuántico. Esto no será de relevancia a las energías extremadamente altas con las que estamos tratando aquí, aunque podría desempeñar un papel clave en el modo en que «desaparece» la invariancia conforme a medida que empieza a introducirse la masa en reposo.

3.5. D. J. Gross (1992), «Gauge theory – Past, present, and future?», *Chinese J. Phys.* **30**, n.º 7.

3.6. El Gran Colisionador de Hadrones está diseñado para hacer que colisionen haces de partículas que se mueven en direcciones opuestas a una energía de 7×10^{12} electronvoltios (1,12 μJ) por partícula, o llevar núcleos a una energía de 574 TeV (92,0 μJ) por núcleo.

3.7. El tema de la inflación se discute en §§3.4 y 3.6.

3.8. S. E. Rugh y H. Zinkernagel (2009), «On the physical basis of cosmic time», *Studies in History and Philosophy of Modern Physics* **40**, 1-19.

3.9. H. Friedrich (1983), «Cauchy problems for the conformal vacuum field equations in general relativity», *Comm. Math. Phys.* **91**, n.° 4, 445-472. H. Friedrich (2002), «Conformal Einstein evolution», en *The Conformal Structure of Spacetime: Geometry, Analysis, Numerics* (J. Frauendiener y H. Friedrich, eds.), Lecture Notes in Physics, Springer. H. Friedrich (1998), «Einstein's equation and conformal structure», en *The Geometric Universe: Science, Geometry, and the Work of Roger Penrose* (S. A. Huggett, L. J. Mason, K. P. Tod, S. T. Tsou y N. M. J. Woodhouse, eds.), Oxford University Press.

3.10. Un ejemplo de uno de estos problemas de inconsistencia es la denominada paradoja del abuelo, en la que un hombre que viajó atrás en el tiempo mató a su abuelo biológico antes de que este último hubiera conocido a la abuela del viajero. Como resultado, uno de los padres del viajero (y por extensión el propio viajero) nunca habría sido concebido. Esto implicaría que no podría haber viajado atrás en el tiempo después de todo, lo que significaría que el abuelo seguiría estando vivo y el viajero habría sido concebido, lo que le permitiría viajar atrás en el tiempo y matar a su abuelo. Así, cada posibilidad parece implicar su propia negación, un tipo de paradoja lógica. René Barjavel (1943), *Le voyageur imprudent (The Imprudent Traveller).* (En realidad, el libro se refiere a un *ancestro* del viajero en el tiempo, y no a su abuelo.)

3.11. Esta medida en $\mathcal{P}$ es una potencia de «$\mathrm{d}p \wedge \mathrm{d}x$», donde $\mathrm{d}p$ se refiere a la variable momento correspondiente a la variable posición x; véase, por ejemplo, R. Penrose (2004), *The Road to Reality*, §20.2. Si $\mathrm{d}x$ escala en un factor Ω, entonces $\mathrm{d}p$ escala en Ω^{-1}. Esta invariancia de escala en $\mathcal{P}$ es válida independientemente de cualquier invariancia conforme de la física que se está describiendo.

3.12. R. Penrose (2008), «Causality, quantum theory and cosmology», en *On Space and Time* (Shahn Majid, ed.), Cambridge University Press. R. Penrose (2009), «The basic ideas of Conformal Cyclic Cosmology», en *Death and Anti-death*, vol. 6: *Thirty Years After Kurt Gödel (1906-1978)* (Charles Tandy, ed.), Ria University Press, Stanford, Palo Alto, CA.

3.13. Experimentos recientes en el detector Super-Kamiokande en Japón, que detecta radiación Cherenkov en agua, da una cota inferior para la vida media del protón de $6{,}6 \times 10^{33}$ años.

3.14. Básicamente aniquilación de pares; debo dar las gracias a J. D. Bjorken por haberme aclarado esta cuestión. J. D. Bjorken y S. D. Drell (1965), *Relativistic Quamtum Mechanics*, McGraw-Hill.

3.15. Por el momento, la situación observacional con respecto a los neutrinos es que las *diferencias* entre sus masas no puede ser cero, pero parece que sigue habiendo la posibilidad técnica de que *uno* de los tres tipos de neutrino carezca de masa. Y. Fukuda *et al.* (1998), «Measurements of the solar neutrino flux from Super-Kamiokande's first 300 days», *Phys. Rev. Lett.* **81** (6), 1.158-1.162.

3.16. Estos operadores son las cantidades que se pueden construir a partir de los generadores del grupo que *conmutan* con todos los elementos del grupo.

3.17. Para mí no es descartable una desintegración muy lenta de la masa en reposo. H.-M. Chand y S. T. Tsou (2007), «A model behind the standard model», *European Physical Journal* **C52**, 635-663.

3.18. Los operadores diferenciales miden cómo varían en el espacio-tiempo las magnitudes sobre las que actúan; véanse los apéndices para ver los significados explícitos de los operadores «∇» aquí utilizados.

3.19. R. Penrose (1965), «Zero rest-mass fields including gravitation: asymptotic behaviour», *Proc. R. Soc. Lond.* **A284**, 159-203.

3.20. De hecho, en el apéndice B1, mi convenio respecto a si es $\mathbf{g}$ o $\hat{\mathbf{g}}$ la métrica física de Einstein será el opuesto a este, de modo que será «Ω^{-1}» lo que tiende a cero.

3.21. Esto depende de que la naturaleza de la materia en $\mathscr{B}^-$ sea la de *radiación*, como en el modelo de radiación de Tolman descrito en §3.3, y no la del polvo del modelo de Friedmann.

3.22. La «diferencial» $d\Omega/(1 - \Omega^2)$ se interpreta, de acuerdo con el cálculo de Cartan de las formas diferenciales, como una *1-forma*, o *covector*, pero su invariancia bajo $\Omega \mapsto \Omega^{-1}$ se comprueba fácilmente utilizando reglas estándar del cálculo infinitesimal: véase, por ejemplo, R. Penrose (2004), *The Road to Reality*, Random House.

3.23. Personalmente, encuentro un poco extraña la tendencia moderna a hablar de «energía oscura» como una contribución a la densidad de materia del universo.

3.24. Incluso obtener un valor que es demasiado grande por 120 órdenes de magnitud requiere un acto de fe en un «procedimiento de renormalización», sin el cual se obtendría en su lugar el valor «∞» (véase §3.5)

3.25. Determinaciones basadas en mecánica celeste proporcionan límites a la variación de G de $(\mathrm{d}G/\mathrm{d}t)/G_0 \leqslant 10^{-12}$/año.

3.26. R. H. Dicke (1961), «Dirac's cosmology ad Mach's principle», *Nature* **192**, 440-441. B. Carter (1974), «Large number coincidences and the anthropic principle in cosmology», en *IAU Symposium 63: Confrontation of Cosmological Theories with Observational Data*, Reidel, pp. 291-298.

3.27. A. Pais (1982), *Subtle is the Lord: The Science and Life of Albert Einstein*, Oxford University Press (hay trad. cast.: *El Señor es sutil: la ciencia y la vida de Albert Einstein*, Ariel, Barcelona, 1984).

3.28. R. C. Tolman (1934), *Relativity, Thermodynamics, and Cosmology*, Clarendon Press.

3.29. La noción estricta de continuación analítica se describe en R. Penrose (2004), *The Road to Reality*, Random House, y W. Rindler (2001), *Relativity: Special, General, and Cosmological*, Oxford University Press.

3.30. Un denominado «número imaginario» es una cantidad a cuyo cuadrado es un número negativo, tal como la cantidad i, que satisface $i^2 = -1$. Véase R. Penrose (2004), *The Road to Reality*, Random House, §4.1.

3.31. B. Carter (1974), «Large number coincidences and the anthropic principle in cosmology», en *IAU Symposium 63: Confrontation of Cosmological Theories with Observational Data*, Reidel, pp. 291-298. John D. Barrow y Frank J. Tipler (1988), *The Anthropic Cosmological Principle*, Oxford University Press.

3.32. L. Susskind, «The anthropic landscape of string theory arxiv:hepth/0302219». A. Linde (1986), «Eternal chaotic inflation», *Mod. Phys. Lett.* **A1**, 81.

3.33. Lee Smolin (1999), *The Life of the Cosmos*, Oxford University Press.

3.34. Gabriele Veneziano (2004), «The myth of the beginning of time», *Scientific American*, mayo.

3.35. Paul J. Steinhardt y Neil Turok (2007), *Endless Universe: Beyond the Big Bang*, Random House, Londres.

3.36. Véase, por ejemplo, C. J. Isham (1975), *Quantum Gravity: An Oxford Symposium*, Oxford University Press.

3.37. Abhay Ashtekar y Martin Bojowald, «Quantum geometry and the Schwarzschild singularity». http://www.arxiv.org/gr-qc/0509075.

3.38. Véase, por ejemplo, A. Einstein (1931), *Berl. Ber.* 235, A. Einstein y N. Rosen (1935), *Phys. Rev. Ser.* 2 **48**, 73.

3.39. Véase la nota 2.50.

3.40. Véase la nota 3.11.

3.41. Hay buena evidencia a favor de agujeros negros mucho más grandes en otras galaxias; el récord actual es un enorme agujero negro de masa $\sim 1{,}8 \times 10^{10}\ M_{\odot}$, aproximadamente la misma masa que toda una galaxia pequeña, pero puede haber también numerosas galaxias cuyos agujeros negros son mucho más pequeñas que nuestro agujero $\sim 4 \times 10^{6}\ M_{\odot}$. La cifra exacta sugerida en el texto no tiene una importancia crucial para el argumento. Mi conjetura sería que está realmente en el lado bajo.

3.42. J. D. Bekenstein (1972), «Black holes and the second law», *Nuovo Cimento Letters* **4**, 737-740. J. Bekenstein (1973), «Black holes and entropy», *Phys. Rev.* **D7**, 2.333-2.346.

3.43. J. M. Bardeen, B. Carter y S.W. Hawking (1973), «The four laws of black hole mechanics», *Communications in Mathematical Physics* **31**(2), 162-170.

3.44. De hecho, solo se necesitan 10 números para caracterizar un agujero negro estacionario (en el vacío): su localización (3), su velocidad (3), su masa (1) y su momento angular (3), pese a los enormes números de parámetros que serían necesarios para describir cómo se formó. Así, estos 10 parámetros macroscópicos parecerían etiquetar una región absolutamente enorme del espacio de fases, que da un enorme valor para la entropía por la fórmula de Boltzmann.

3.45. http://www.xaonon.dyndns.org/hawking.

3.46. L. Susskind (2008), *The Black Hole War: My Battle with Stephen Hawking to Make the World Safe for Quantum Mechanics*, Little, Brown (hay trad. cast.: *La guerra de los agujeros negros*, Crítica, Barcelona, 2009).

3.47. D. Gottesman y J. Preskill (2003), «Comment on "The black hole final state"», hep-th/0311269. G. T. Horowitz y J. Maldacena (2003), «The black hole final state», hep-th/0310281. L. Susskind (2003), «Twenty years of debate with Stephen», en *The Future of Theoretical Physics and Cosmology* (G.W. Gibbons *et al.*, eds.), Cambridge University Press.

3.48. Hawking pronto hizo notar que el propio pop representaría, técnicamente, una momentánea «singularidad desnuda» que violaría la conjetura de censura cósmica. Esta es básicamente la razón por la que la hipótesis de censura cósmica está restringida a la teoría de la relatividad general clásica. R. Penrose (1994), «The question of cosmic censorship», en *Black Holes and Relativistic Stars* (R. M. Wald, ed.), University of Chicago Press.

3.49. James B. Hartle (1998), «Generalized quantum theory in evaporating black hole spacetimes», en *Black Holes and Relativistic Stars* (R. M. Wald, ed.), University of Chicago Press.

3.50. Un resultado bien conocido de la teoría cuántica, el «teorema de imposibilidad de clonación», prohíbe la copia de un estado cuántico desconocido. No veo ninguna razón por la que no se aplicara aquí. W. K. Wootters y W. H. Zurek (1982), «A single quantum cannot be cloned», *Nature* **299**, 802-803.

3.51. S. W. Hawking (1974), «Black hole explosions», *Nature* **248**, 30. S. W. Hawking (1975), «Particle creation by black holes», *Commun. Math. Phys.* **43**.

3.52. Para el más reciente argumento de Hawking, véase «Hawking changes his mind about black holes», publicado online por *Nature* (doi:10.1038/news040712-12). Se basa en conjeturas que tienen relación con la teoría de cuerdas. S. W. Hawking (2005), «Information loss in black holes», *Phys. Rev.* **D72**, 084013.

3.53. La ecuación de Schrödinger es una ecuación de primer orden *compleja*, y cuando se invierte el tiempo, el número «imaginario» i debe reemplazarse por $-i$ ($i = \sqrt{-1}$); véase la nota 3.30.

3.54. Para más información, véase R. Penrose (2004), *The Road to Reality*, caps. 21-23.

3.55. W. Heisenberg (1971), *Physics and Beyond*, Harper and Row, pp. 73-76 (hay trad. cast.: *Más allá de la física*, Biblioteca de Autores Cristianos, Madrid, 1974). Véase también A. Pais (1991), *Niels Bohr's Times*, Clarendon Press, p. 299.

3.56. Al parecer, Dirac no se tomó mucho interés en «interpretar» la mecánica cuántica tal como está para resolver el problema de la medida, y adoptó el punto de vista de que la teoría cuántica de campos actual es, en cualquier caso, tan solo una «teoría provisional».

3.57. P. A. M. Dirac (1982), *The Principles of Quantum Mechanics*, 4.ª edic., Clarendon Press (1.ª edic., 1930) (hay trad. cast.: *Los principios de la mecánica cuántica*, Ariel, Barcelona, 1958).

3.58. L. Diósi (1984), «Gravitation and quantum mechanical localization of macro-objects», *Phys. Lett.* **105A**, 199-202. L. Diósi (1989), «Models for universal reduction of macroscopic quantum fluctuations»,. *Phys. Rev.* **A40**, 1.165-1.174. R. Penrose (1986), «Gravity and state-vector reduction», en *Quantum Concepts in Space and Time* (R. Penrose y C. J. Isham, eds.), Oxford University Press, pp. 129-146. R. Penrose (2000), «Wavefunction collapse as a real gravitational effect», en *Mathematical Phy-*

sics 2000 (eds. A. Fokas, T. W. B. Kibble, A. Grigouriou y B. Zegarlinski), Imperial College Press, pp. 266-282. R. Penrose (2009), «Black holes, quantum theory and cosmology» (Fourth Internacional Workshop DICE 2008), *J. Physics Conf. Ser.* **174**, 012001. doi:10.1088/1742-6596/174/1/012001.

3.59. Al tratar con un universo que podría ser espacialmente infinito existe siempre el problema de que los valores *totales* de magnitudes como la entropía resultan infinitos. No obstante, esto no es demasiado importante ya que suponiendo una homogeneidad espacial general se puede trabajar, en su lugar, con un gran «volumen comóvil» (cuyas fronteras siguen el flujo general de materia).

3.60. S. W. Hawking (1976), «Black holes and thermodynamics», *Phys. Rev.* **D13**(**2**), 191. G. W. Gibbons y M. J. Perry (1978), «Black holes and thermal Green's function», *Proc. Roy. Soc. London* **A358**, 467-494. N. D. Birrel y P. C. W. Davies (1984), *Quantum Fields in Curved Space*, Cambridge University Press.

3.61. Comunicación personal de Paul Tod.

3.62. Véase la nota 3.11.

3.63. Creo que mi punto de vista con respecto a la «pérdida de información» que da lugar a la entropía de agujero negro difiere del que se expresa frecuentemente, en cuanto que yo no considero el horizonte como la localización crucial para esto (puesto que los horizontes no son localmente discernibles, en cualquier caso), sino que asumo la idea de que es realmente la *singularidad* la responsable de la destrucción de información.

3.64. Véase la nota 3.42.

3.65. W. G. Unruh (1976), «Notes on black hole evaporation», *Phys. Rev.* **D14**, 870.

3.66. G. W. Gibbons y M. J. Perry (1978), «Black holes and thermal Green's function», *Proc. Roy. Soc. London* **A358**, 467-494. N. D. Birrel y P. C. W. Davies (1984), *Quantum Fields in Curved Space*, Cambridge University Press.

3.67. Wolfgang Rindler (2001), *Relativity: Special, General, and Cosmological*, Oxford University Press.

3.68. H.-Y. Guo, C-G. Huang y B. Zhou (2005), *Europhys. Lett.* **72**, 1.045-1.051.

3.69. Cabría objetar que la región cubierta por los observadores de Rindler no es la totalidad de $\mathbb{M}$, pero está objeción es válida también para $\mathbb{D}$.

3.70. J. A. Wheeler y K. Ford (1995), *Geons, Black Holes, and Quantum Foam*, Norton.

3.71. A. Ashtekar y J. Lewandowski (2004), «Background independent quantum gravity: a status report», *Class. Quant. Grav.* **21**, R53-R152. doi: 10.1088/0264-9381/21/15/R01, arXiv:gr-qc/0404018.

3.72. J. W. Barret y L. Crane (1998), «Relativistic spin networks and quantum gravity», *J. Math. Phys.* **39**, 3.296-3.302. J. C. Baez (2000), *An introduction to Spin Foam Models of Quantum Gravity and BF Theory*, Lect. Notes Phys. 543, 25-94. F. Markopoulou y L. Smolin (1997), «Causal evolution of spin networks», *Nucl. Phys.* **B508**, 409-430.

3.73. H. S. Snyder (1947), *Phys. Rev.* **71**(**1**), 38-41. H. S. Snyder (1947), *Phys. Rev.* **72**(**1**), 68-71. A. Schild (1949), *Phys. Rev.* **73**, 414-415.

3.74. F. Dowker (2006), «Causal sets as discrete spacetime», *Contemporary Physics* **47**, 1-9. R. D. Sorkin (2003), «Causal sets: discrete gravity» (notas para la Valdivia Summer School), en *Proceedings of the Valdivia Summer School* (A. Gomberoff y D. Marolf, eds.), arXiv:gr-qc/0309009.

3.75. R. Geroch y J. B. Hartle (1986), «Computability and physical theories», *Foundations of Physics* **16**, 533-550. R. W. Williams y T. Regee (2000), «Discrete structures in physics», *J. Math. Phys.* **41**, 3.964-3.984.

3.76. Y. Ahmavaara (1965), *J. Math. Phys.* **6**, 87. D. Finkelstein (1996), *Quantum Relativity: A Synthesis of the Ideas of Einstein and Heisenberg*, Springer-Verlag.

3.77. A. Connes (1994), *Non-Commutative Geometry*, Academic Press. S. Majid (2000), «Quantum groups and noncommutative geometry», *J. Math. Phys.* **41**, 3.892-3.942.

3.78. B. Green (1999), *The Elegant Universe*, Norton (hay trad. cast.: *El universo elegante*, Crítica, Barcelona, 2001). J. Polchinski (1998), *String Theory*, Cambridge University Press.

3.79. J. Barbour (2000), *The End of Time: The Next Revolution in our Understanding of the Universe*, Phoenix. R. Penrose (1971), «Angular momentum: an approach to combinatorial space-time», en *Quantum Theory and Beyond* (T. Bastin, ed.), Cambridge University Press.

3.80. Para una exposición de la teoría de twistores, véase R. Penrose (2004), *The Road to Reality*, Random House, cap. 33.

3.81. G. Veneziano (2004), «The myth of the beginning of time», *Scientific American* (mayo). Véase también la nota 3.34.

3.82. R. Penrose (2004), *The Road to Reality*, Random House, §28.4.

3.83. «Realizar» una fluctuación cuántica como una irregularidad real en una distribución de materia clásica requiere realmente una manifestación del proceso **R** mencionado al final de §3.4, que no es parte de una evolución unitaria **U**.

3.84. D. B. Guenther, L. M. Krauss y P. Demarque (1998), «Testing the constancy of the gravitational constant using helioseismology», *Astrophys. J.* **498**, 871-876.

3.85. De hecho, hay procedimientos estándar para tener en cuenta la evolución desde $\mathscr{B}^-$ a $\mathscr{D}$. No obstante, esto no se aplicó en el análisis preliminar de Hajian de los datos de CMB (que se describirán brevemente en el texto).

3.86. Tales distorsiones de la forma circular podrían darse también en el eón previo, aunque conjeturo que sería un efecto menor. En cualquier caso, si se dan, sus efectos serían mucho más difíciles de tratar, y sería una gran molestia para el análisis, por muchas razones.

3.87. V. G. Gurzadyan, C. L. Bianco, A. L. Kashin, H. Kuloghlian y G. Yegorian (2006), «Ellipticity in cosmic microwave background as a tracer of large-scale universe», *Phys. Lett.* **A363**, 121-124. V. G. Gurzadyan y A. A. Kocharyan (2009), «Porosity criterion for hyperbolic voids and the cosmic microwave background», *Astronomy and Astrophysics* **493**, L61-L63. [DOI: 10.1051/000-6361:200811317.]

A.1. R. Penrose y W. Rindler (1984), *Spinors and Space-time*, vol. I: *Two-spinor Calculus and Relativistic Fields*, Cambridge University Press. R. Penrose y W. Rindler (1986), *Spinors and Space-time*, vol. II: *Spinor and Twistor Methods in Space-time Geometry*, Cambridge University Press.

A.2. P. A. M. Dirac (1982), *The Principles of Quantum Mechanics*, 4.ª edic., Clarendon Press. (1.ª edic., 1930). E. M. Corson (1953), *Introduction to Tensors, Spinores, and Relativistic Wave Equations*, Blackie and Sons Ltd.

A.3. C. G. Callan, S. Coleman y R. Jackiw (1970), *Ann. Phys (NY)* **59**, 42. E. T. Newman y R. Penrose (1968), *Proc. Roy. Soc., Ser.* **A305**, 174.

A.4. Esta es la ecuación de Dirac-Fierz de espín 2, en el límite linealizado de la relatividad general. P. A. M. Dirac (1982), *The Principles of Quantum Mechanics*, 4.ª edic., Clarendon Press (1.ª edic., 1930). M. Fierz y W. Pauli (1939), «On relativistic wave equations for particles of arbitraty spin in an electromagnetic field», *Proc. Roy. Soc. Lond.* **A173**, 211-232.

B.1. Es posible que el formalismo actual deba modificarse de modo que incorpore también una desintegración de masa en reposo en $\mathscr{C}^\wedge$, de acuerdo con §3.2. Sin embargo, es probable que esto complicara las cosas de forma considerable, así que por el momento restrinjo la atención a situaciones que pueden tratarse con la hipótesis de que nuestro «cuello» no contiene masa en reposo en $\mathscr{C}^\wedge$.

B.2. No creo que $\hat{\Lambda} = \check{\Lambda}$ sea, en sí misma, una hipótesis fuerte; es tan solo una cuestión de conveniencia. Tal como están las cosas, se trata meramente de disponer que cualesquiera cambios en las constantes físicas que pudieran ocurrir de un eón al siguiente son asumidos por otras cantidades. Como comentario adicional, puede señalarse que como alternativa a las «unidades de Planck» estándar introducidas en §3.2, se podría considerar el reemplazar la condición $G = 1$ por $\Lambda = 3$, pues esto encaja con el formalismo de la CCC tal como se presenta aquí.

B.3. E. Calabi (1954), «The space of Kähler metrics», *Proc. Internat. Congress Math. Amsterdam*, pp. 206-207.

B.4. Campo fantasma: este término ha sido también utilizado, en la literatura, en otros sentidos algo diferentes.

B.5. Véase la nota 3.9.

B.6. Véase la nota 3.9.

B.7. La libertad plena está dada por el reemplazamiento $\Omega \mapsto (A\Omega + B)/(B\Omega + A)$ con A y B constantes, por lo que $\Pi \mapsto \Pi$. Pero esta ambigüedad se trata exigiendo que Ω tenga un polo (y ω un cero) en X.

B.8. K. P. Tod (2003), «Isotropic cosmological singularities: other matter models», *Class. Quant. Grav.* **20**, 521-534. [DOI: 10.1088/0264-9381/20/3/309.]

B.9. Véase la nota 3.28.

B.10. Al parecer, este operador fue introducido por C. R. LeBrun ([1985], «Ambi-twistors and Einstein equations», *Classical Quantum Gravity* **2**, 555-563) en su definición de «fibra de Einstein», en la teoría de twistores. Forma parte de una familia de operadores mucho más generales introducida por Eastwood y Rice (M. G. Eastwood y J. W. Rice [1987], «Conformally invariant differential operators on Minkowski space and their curved analogues», *Commun. Math. Phys.* **109**, 207-228, Erratum, *Commun. Math. Phys.* **144** [1992], 213). También es relevante en otros contextos (M. G. Eastwood [2001], «The Einstein bundle of a nonlinear graviton», en *Further Advances in Twistor Theory*, vol. III, Chapman & Hall/CRC, pp. 36-39. T. N. Bailey, M. G. Eastwood y A. R. Gover [1994], «Thomas's structure bundle for conformal, projective, and related structures», *Rocky Mtn. Jour. Math.* **24**, 1.191-1.217). Ha llegado a conocerse como el operador «conforme a Einstein». Véase también nota a pie de página en p. 124 de R. Penrose y W. Rindler (1984), *Spinors and Space-time*, vol. II: *Spinor and Twistor Methods in Space-time Geometry*, Cambridge University Press.

B.11. Esta interpretación me fue señalada por K. P. Tod. En Penrose y Rindler (1986) se llama a esta condición la «condición de Einstein asintótica». R. Penrose y W. Rindler (1986), *Spinors and Space-time*, vol. II: *Spinor and Twistor Methods in Space-time Geometry*, Cambridge University Press.

B.12. Hay otras maneras de ver este cambio de signo efectivo en la constante gravitatoria: una consiste en comparar el «comportamiento Grgin» del campo de radiación con el «comportamiento anti-Grgin» de las fuentes gravitatorias cuando se cruza el infinito conforme; véase Penrose y Rindler (1986), §9.4, pp. 329-332. R. Penrose y W. Rindler (1986), *Spinors and Space-time*, vol. II: *Spinor and Twistor Methods in Space-time Geometry*, Cambridge University Press.

B.13. K. P. Tod, comunicación personal.

Índice alfabético

Nota: Los números romanos (IX, X) hacen referencia al prefacio; los números en cursiva a las figuras; las notas finales se citan en la página en que aparecen, por ejemplo, 272n.[3.29]; CCC = cosmología cíclica conforme, CMB = fondo cósmico de microondas.